气候变化：政治绑架科学？

王子忠 著

中国财政经济出版社

图书在版编目（CIP）数据

气候变化：政治绑架科学？/王子忠著．—北京：中国财政经济出版社，2010.7

ISBN 978-7-5095-2334-6

Ⅰ．①气…　Ⅱ．①王…　Ⅲ．①气候变化-对策-研究-世界　Ⅳ．①P467

中国版本图书馆CIP数据核字（2010）第127336号

责任编辑：付克华　　责任校对：徐艳丽
封面设计：张　凯　　版式设计：王　荣

中国财政经济出版社出版

URL：http：//www.cfeph.cn

E-mail：cfeph@cfeph.cn

社址：北京市海淀区阜成路甲28号　邮政编码：100142

发行处电话：88190406　财经书店电话：64033436

涿州市新华印刷有限公司印刷　各地新华书店经销

787×1092毫米　16开　17.25印张　272 000字

2010年8月第1版　2010年8月河北第1次印刷

定价：30.00元

ISBN 978-7-5095-2334-6/F·1877

（图书出现印装问题，本社负责调换）

本社质量投诉电话：010-88190744

目 录

为什么复杂的气候问题成为了普通大众的谈资？为什么“虚无缥缈”的气候变化成为了政治家谈判的主题？他将对世界及其中国带来什么样的影响？气候变化会导致新的国际政治经济秩序，甚至带来新的文明模式？

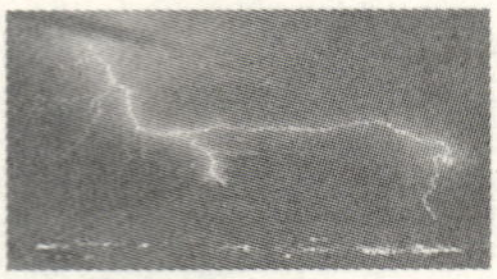

目　录

气候变化所导致的海平面上升、干旱、极端天气将可能成为压死中东、非洲以及中亚等赤道地带的最后一个稻草，我们需要重新阐释这些“热点”地区冲突的根源；北冰洋地区冰层的融化使得这一地区逐渐具备了通航的条件，其丰富的资源随着技术的进步可能将使世界地缘政治的中心北移，北极时代行将结束，我们将进入一个新的地缘政治时代。

如果说 19 世纪最重要的资源是煤炭，20 世纪最宝贵的资源是石油，那么 21 世纪最宝贵的资源就是碳。20 世纪最伟大的经济学家米尔顿·弗里德曼曾经说过：“世界上所有的好东西都是要花钱的，包括新鲜的空气和优美的环境”，的确在这个空气都能卖钱的时代我们要重新定义什么是美好的东西。

重新建立我们的能源结构，重新构建我们的交通体系，重新设计我们的房屋住宅，重新思考我们最需要的技术。

提高电气化水平是实现节能的最好途径，提升可再生能源的并网比例是实现能源结构转变的关键，实现多网合并是发展的趋势，发展智能化家电（包括电动汽车）是未来的方向，建立用户与电网的互动机制是时代的要求，而这一切都依赖于智能电网。

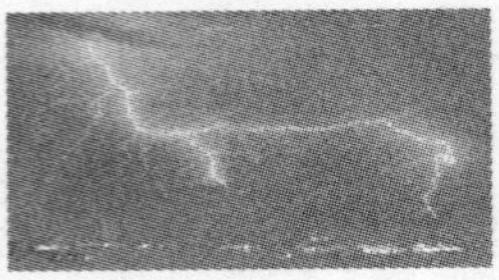

威廉·帕克曾经做过一个诙谐的比喻："金融与生产的分离就像性与生育分离一样，如果适度还可以接受，如果过度将导致不稳定、混乱和萧条。"而现在清洁技术和金融资本就处于非常适度的恋爱时期。

历史总是存在，观点、态度和制度在发生变化，资本主义的特征不会发生变化，国民经济将逐步进入清洁化、节能化时代。

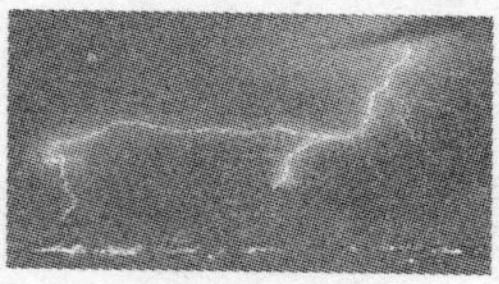

虽然还有些人对气象证据表示怀疑，但是提高能源效率和发展清洁能源无疑是美国发展的正确方向，因为未来哪个国家引领清洁能源经济，哪个国家就能引领全球经济，我相信美国一定会是这个领袖国家——美国总统奥巴马

中国的城镇化过程与西方有所不同，中国城市化进程面临着气候变化、能源短缺、环境恶化等诸多挑战，而西方国家在城镇化过程中受资源、环境的约束和制约要小得多。

引 论
气候变化、国际政治经济新秩序及其变迁

本书试图突破刻板的理论，力图以通俗的文笔来叙述气候变化所涉及到的重大国际政治经济问题，让众多的读者能够容易地理解气候变化，这是本书一直坚持的写作基本原则，虽然最终的效果可能不尽如意。因此，我尽最大的努力来避免过多地使用晦涩的理论，但是这并不意味着本书没有理论体系；相反，大量的事实材料、数据的背后有一个严密的逻辑支撑。我曾阅读大量的政治学、经济学、国际政治经济学、历史学的著作，我从这些经典的著作中找到了分析问题的主要方法以及对现实和未来的判断。也正是这些理论让我有勇气写作本书，或者说我是用“老”的理论来作解释新问题，这也是让我感到兴奋的地方。

本书的目的在于构建一个具有启发性的思维框架，而不是给历史强行穿上一件紧身衣。历史充满了大量的例外和独立事件，但是我们的目的在于从一片混沌之中梳理出因果秩序的链条，将庞杂的历史事件按照有意义的发生次序编排，虽然这样做要冒很大的风险，但是我认为这种尝试仍然值得，当然这也需要很大的勇气。我在书中对影响人类生产、生活方式的一些有意义的事件进行梳理，从而让我们更好地理解现在。同时，本书的写作目的不在于解决什么问题，而是希冀提出未来一些重大的问题以给读者一些启发，如果能够达到这个目的，我就感到甚是宽慰了。

如果要用一句话概括本书的内容，就是本书利用国际政治经济学的分析框架来分析气候变化给我们带来的政治、经济、文化的影响。

灾难是我们变革的根本动力，这也是我的世界观。在欧洲基督教世界的中世纪中，宗教高度重视男女信徒怎样才能获得拯救和永生的问题，因此掌握着这一生杀大权的天主教会和主要的宗教团体建立了权威，并控制着各国统治者、商贾和能工巧匠，不过14世纪中叶欧洲的黑死病动摇了人们对宗教的信仰，启蒙运动的发展粉碎了后来的宗教体系，新教发展起来，科学成为普遍信仰，大约到17世纪末期，西欧两个主要国家英国和法国，几乎同时承认科学研究和发展对于一个国家的财富和权力的重要性，分别建立了“皇家促进科学发展协会”和“法兰西科学院”。1684年《威斯特伐利亚合约》的签订标志着国家的权威和主权是毫无争议的，在科学与国家两大支柱的主导之下，工业革命迅速发展，英国迅速崛起，并通过军事实力瓜分和侵占了世界领土，建立了日不落帝国，统治这个世界长达两个多世纪。

但是英帝国的霸权在大萧条、两次世界大战之后明显衰落，美国、德国在20世纪初期明显地超过英国，第二次世界大战后的美国成为毫无疑问的世界霸主，无论是军事、科技、经济还是文化，特别是伴随着新自由主义的兴起，世界出现了第二次全球化。在这次全球化中，美国通过世界银行、WTO、国际货币基金等国际组织和国际规则来统治这个世界。

全球化的发展带来了工业文明的传播和工业化的加速发展，也导致了大量化石能源的消耗，自然和环境问题逐渐成为21世纪最大的问题之一，也是地球人共同的灾难。为解决这个灾难，我们必须改变我们的政治、经济和文化。因为气候变化会严重影响到国家安全、生产、金融与贸易、知识技术、能源、福利等重大问题，本书试图论述3个世纪以来这些重大问题的变迁，也希望通过反复强调这3个时段来充分认识气候变化所带来的深刻变革，从而正确判断我们所处的时代。

从发展方式上来讲，气候变化所带来的低碳发展是继农业文明、工业文明以来的第三次发展文明，即生态文明。从经济演变的角度来讲，这是继棉花、铁和水力时代，铁路、蒸汽机和机械化时代，钢铁、重工业和电气化时代，石油、汽车及大规模生产时代，信息通讯时代以来的新材料、

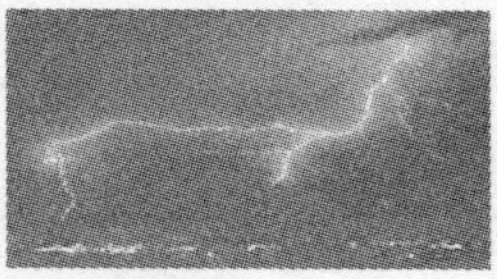

可再生能源和节能时代，也可以说是第六次康德拉基耶夫周期长波。从能源结构的转变来讲，这是继木柴、煤炭和石油以来的第三次能源结构大转变，即以低碳排放为特征的清洁能源。当然，这次转变过程比第二次转变过程更为艰苦和缓慢，但转变的速度肯定将大大加速。

这是一个由自然环境引起的新的国际政治秩序、新的生产生活方式、新的经济增长点和新的能源结构。因此，气候变化是一个科学家抛出的命题，但是需要政治家、历史学家、人类学家、社会学家、经济学家以及能源学家共同应对，这也是本书想要强调的一个命题：气候变化需要全社会的人来参与，从不同的角度贡献自己的力量和智慧，为人类共同的命运、国家的利益、企业的发展以及个人的生活作出贡献。

本书重点分析气候变化可能引起的重大问题，通过大量资料的阅读和观察，重点分析了气候变化对传统安全、国际金融与贸易、技术进步、生产、能源等方面的影响，并且这种影响将改变一个国家的命运。正是这种关系到国家最为核心利益的重大影响，将引起制度变迁、经济变迁以及技术变迁（参见下图）。

第一，国家安全。国家安全是一个国家最基本也是最重要的问题，这里有三层涵义。一是气候变化将引起很多国家边界的模糊和重新划分，比如基里巴斯（太平洋中一岛国，由33座岛屿组成）、马尔代夫（印度洋上的岛国）以及图瓦卢（南太平洋国家）等岛国，孟加拉国等低海平面国家，这些国家是受气候变化最为直接的国家，也是国际气候谈判的“一极”，只是其发挥的作用可能相对有限。二是由于气候变化，非洲、中东、南亚等赤道附近的贫困国家可能因为基本生活资源的匮乏而导致政治冲突以及大量的气候难民，南欧就非常担心非洲气候难民的大量涌入。而从气候、环境的角度而不是从宗教的角度来解释非洲、中东、南亚等地区的冲突，将可能对未来的国际援助带来深远的影响。气候变化对两极地区特别是北极地区的影响以及技术的进步可能带来北极的通航和大量石油资源的开发，从而引起全球地缘政治的北移，几个世纪的北极时代可能结束。三是各个国家对减排责任、资金与技术转移的争论是当前气候变化谈判中的核心，而出于不同利益诉求将形成新的气候变化的地缘政治，地缘政治的变化直接决定其国内减排责任的大小，从而关系到国内经济安全。

第二，金融与贸易。国际金融与国际贸易是现代文明时代国家间财富转移最为重要的途径。这里的金融有四个层面的意思。一是随着大量清洁技术、清洁产业的诞生，金融资本对相关领域的信贷支持将增加。更为重

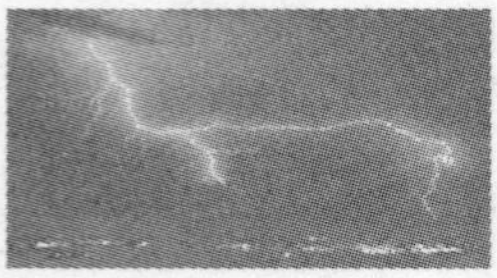

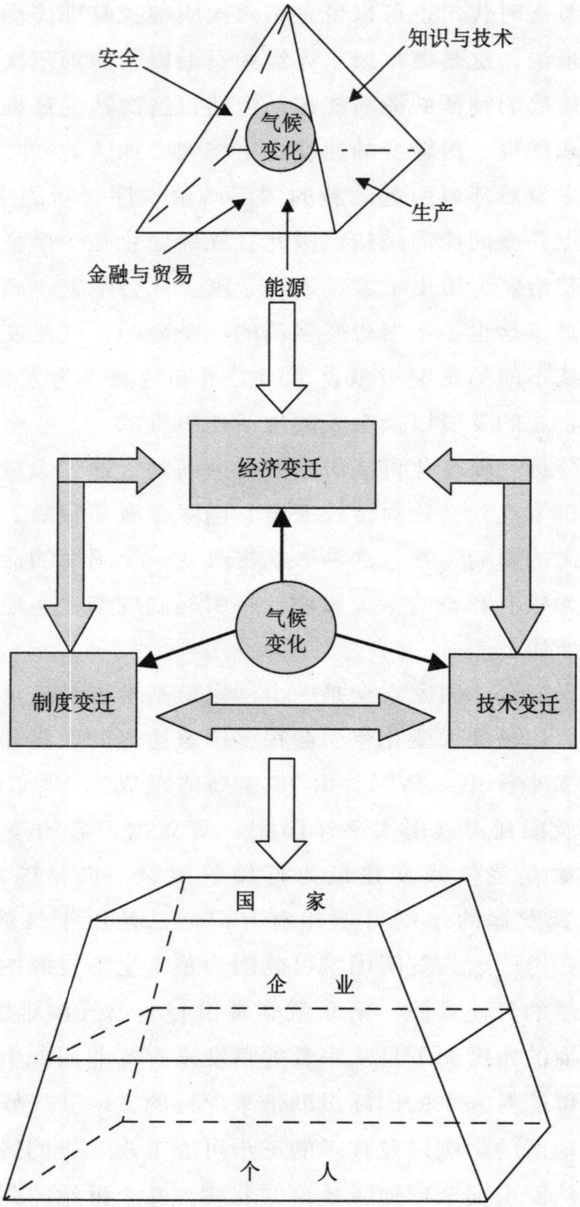

要的是从金融资本与生产资本的关系来讲，清洁技术长波的出现正好解决了目前国际资本泛滥、无处可去的问题。因为现在很多清洁技术都处于开发的初期，需要大量资金，特别是风险资本，所以这个时候是金融资本和生产资本结合的最好时期，也是第六次康德拉基耶夫技术长波中的初级阶段，在这里权且叫做清洁产业金融。二是为了在更大范围内降低减排的成本，越来越多的国家和地区实行碳交易制度，全球将产生一个庞大的碳交

易市场，并且这个市场可能要远远超过原来的国际石油期货市场的规模。如果如此大规模的碳交易市场诞生，那么金融资本将在更大的范围内决定碳的价格并进而影响到传统化石能源的价格以及清洁能源开发的进程，这也是金融资本大鳄进入碳交易市场的重要动机，我们权且称之为碳金融。三是随着气候变化所导致的极端天气事件发生频率的提高，保险损失将增加。同时，由于世界海岸线附近大都是财富非常集中的地区，从而承受风险的资产价值显著增加，风险财产的可保性降低，从而给保险业带来广泛而深远的影响，我们称之为碳保险。四是各个国家为防止发生所宣称的“碳泄露”，避免企业国际竞争力的丧失，有可能对进出口产品实行“边境调节税”，通俗地讲，也就是碳关税；并且从目前欧盟的做法来看，征收边境调节税的进程明显加速，而一旦开始实行边境调节税，那么将对国际贸易带来严重的影响，甚至全球国际贸易将发生转向。中国自加入WTO以来，出口迅速增长，出口顺差甚至成为中国的“负担”。但是一旦开始征收边境调节税，中国出口的产品可能会大幅度减少，而对节能产品的进口需求将增加，从而对中国的进出口产生重大影响。所以，如何应对“碳关税”将成为发达国家和发展中国家共同面对的问题。

第三，知识和技术。在这里的意思是指人们对世界的认识和信仰以及这个时代所需要的技术。一是减排的观念开始发生转变。发表于2006年的《斯特恩报告》证明了温室气体的排放与经济的持续发展并不矛盾，改变了人们对减排的认识并且低碳经济的发展将是未来经济竞争的核心内容，这也激发了世界建设低碳经济的热情。二是随着节能、环保等宣传舆论的增加，人们的节能、环保意识将增强，消费观念、时尚观念将逐渐发生改变，人们在产品的选择上，环保因素的影响将增加。三是对自由贸易、科学、工业化等问题的看法有所改变。工业革命以前的欧洲中世纪对宗教的绝对信仰使得宗教占领着欧洲的精神、物质世界，教皇掌握着最多财富。随着启蒙运动的发展，科学、理性开始占据上风，特别是工业革命以来，科学与国家占据了人们的中心，也创造了世界上从来没有过的物质财富。不过以科学为核心的工业化发展道路也带来很多问题，人们更加关注自由贸易所带来的环境问题，对科学的力量产生怀疑，对原有工业化发展道路的质疑越来越多，对可持续发展有了更多的关注，开始尊重多样性，“绿色运动”兴起。但是，这种观念的变化在不同的国家和地区有所不同。四是气候变化推动气象学、物理学、空间科学、生物学、材料科学等基础科学有了更多探索的领域，并进而推动清洁能源技术、新材料技术、节能技术、碳封存与捕捉技术、热电联产技术的发展，也就是这个时代的所需要的技术发生了转变。

第四，生产结构。在这里的意思是国家将如何创造财富，这也是各个国家最为关注的问题。所谓某个国家的兴衰，最根本的来讲就是每个国家在这个过程中创造财富的多少。如果不能把气候变化变成一个挣钱的事情，解决气候问题永远找不到答案。气候变化的出现导致创造性破坏的发生，创造财富的地方主要有几下几个方面：（1）气候变化对清洁能源的需求大幅度增加，而太阳能、风能、生物能源、核能等所谓的清洁能源从本质上讲是制造业，进而清洁能源市场将会有井喷式的增长，从而催生一个庞大的清洁能源市场；（2）气候变化将重构原有的交通、建筑和工业体系，从而产生很多新的产品，如新能源汽车、低能耗的飞机及轮船、节能建筑与节能材料、智能家电、高效的工业体系等；（3）低碳服务，比如为企业提供碳管理咨询，建立碳交易市场等。而如何生产、由谁生产，将决定创造财富的多少以及财富归谁所有。

第五，能源问题。能源是整个气候变化问题的核心，在这里也有三层意思：一是传统化石能源的低碳化，电煤的脱碳技术，特别是 CCS 技术在一定程度上将决定煤炭的前途，进而对国家的能源安全造成重大影响。二是大力发展可再生能源，实现人类能源从木柴到煤炭、石油再到可再生能源的第二次能源转变。三是能源基础设施的改变，为应对“分布式”能源的发展，以“互动、智能”为核心的电网将成为趋势，同时充电站的广泛分布将会对石油需求产生影响，进而影响到石油的地缘政治。

以上这五个方面之间是相互影响的，或者说每一个方面都会影响到其他方面，这也是本书要强调的气候变化问题是一个庞大而复杂的系统。

气候变化带来的传统安全问题，首先会影响到国际金融与贸易。受传统安全威胁的海平面低的岛国、非洲等贫困国家、北极地区等国家和地区对气候变化往往会采取“激进”的态度，从而影响气候谈判的进程，进而对国际碳市场的建立产生影响。北极地区冰层的变薄和技术的进步使北极的能源具备了开采的条件，北极地区石油的开采将在很大程度上决定着未来石油的可探明储量，进而影响石油的价格。我们知道，石油价格在一定程度上决定着国际碳市场的价格以及大家对碳关税的支持程度。更为明显的是，气候谈判的地缘政治决定着碳市场的前景和命运以及实行边境调节税的时间和幅度，比如美国和欧盟等国家和地区就声称如果气候变化的谈判再没有任何的进展，那么将适时启动边境调节税，而各个国家特别是

OPEC 国家在气候变化中达成的协议，决定着未来国际碳交易市场何时能够建立。其次，气候变化的传统安全会影响到知识技术结构。气候谈判的进程在一定程度上决定着世界对气候变化的态度，在国际气候谈判中各个国家截然不同的态度使得很多大众明显地改变了对气候变化的信任度和技术进步的速度。现在的国际气候谈判中一个重要的内容就是清洁技术的交流，如果国际气候谈判中对技术的转移能够达成较好的协议，一是会加速技术的进步和技术的扩散；另一方面国际气候谈判的结果在很大程度上决定着各个国家对待对清洁技术的重视程度，如果一个国家的减排压力非常大，那么这个国家在清洁技术上投入就会很大，反之，则会大幅度减弱。最后，气候变化的传统安全会影响到财富的创造，也就是生产。气候变化的经济学本质就是各个国家利用气候变化来获得财富的能力，这关系到气候变化问题能否解决。北极地区化石能源的开采将会影响到中东石油产出国的利益以及清洁能源发展的进程，美国、欧盟之所以对气候变化如此起劲，其重要的目的是开拓清洁产品的国际市场。

气候变化所引发的国际金融与贸易的变化，也会影响其他方面。首先是传统安全，碳交易价格是减排成本的反映，其价格的高低也决定着减排的进程，而减排的结果在一定程度上决定着太平洋岛国、北极地区的前途，从而影响全球地缘政治的变化。当然，减排成本的高低也是气候变化谈判的核心，因此碳交易价格将对气候变化谈判产生直接的影响。另外，国际贸易中的边境调节税一方面是“有效地”补充了气候谈判中的不足，从另一方面讲，边境调节税的实施将对国际贸易的规模产生重大影响，进而对整个世界的工业化生产产生影响，并最终决定了全球减排的进程。其次，其将对知识技术产生重要影响。碳交易价格或碳税对开发清洁技术有着直接的影响，比如目前 CDM 项目的开发在很大程度上决定于欧洲碳交易价格。当然，国际贸易中的边境调节税也直接影响着生产设备的技术水平和生产工序，从而决定清洁技术的开发速度。最后，将对生产产生重要的影响。目前的气候变化从根本上来讲是财富的重新分配，而国家间财富的转移和分配将通过国际碳交易市场和国际贸易来实现。

财富如何实现，也就是所说的气候变化的生产结构，将在很大程度上取决于气候变化的传统安全、国际金融与贸易结构以及知识技术。北极地区的能源开发是最为直接的例子。一方面，北极地区的化石能源在很大程度上决定着未来全球化石能源的前景，另一方面，谁将在北极地区占领绝对的主导权，谁就意味着掌握未来的“中东”，其中的财富不言自明。每个国家承诺的减排条件将在一定程度上决定着国内清洁产品的需求市场，特别是随着节能减排条件的不断严格，清洁产业的发展空间突然放大。在这个过程中，清洁技术相对发达的国家就会寻找到新的市场。随着减排压力的逐渐增加，使得我国的一些高耗能产业逐渐失去了国际竞争力，同时也催生了新的清洁产业的需求，而这个时候发达国家反而在中国寻找到了市场，这也是我国的国际贸易要长期面临的问题。清洁产业的发展在很大程度上取决于清洁技术的水平和清洁产业的需求，而清洁产业的需求在很大程度上取决于人们的节能意识。

气候变化对安全、生产、金融与贸易、知识技术产生如此大的影响，势必导致社会制度变迁、经济变迁以及技术变迁，从而引起一个新的技术—经济—社会范式的诞生。

社会制度的变迁是指对气候变化认识的变化以及应对气候变化的制度措施。斯特恩的《气候变化经济学》的一个重要贡献就是证明了温室气体减排与经济的持续发展并不矛盾，应对气候变化的经济活动——低碳经济将成为未来世界经济竞争的核心。奥巴马上台后，全球最大的碳排放国对气候变化的态度有了很大转变，世界各国征收碳税的障碍已经大大减少。无论是欧盟、日本、美国还是中国、印度、巴西，都在清洁技术领域进行了大量投资，一方面在国际气候谈判中，各个国家对气候变化的承诺锱铢必较，另一方面各个国家都早早开始了在清洁技术产业的竞争。同时，金融危机的爆发使得新凯恩斯主义、国际民族主义的思潮重新占领上风，政府需要在环境、劳工保护、经济等方面发挥更大作用的呼声日益上涨。

经济的变迁是指金融资本和生产资本的关系发生了变化。2008 年提的国际金融危机从根本上来讲是社会长期找不到新的概念和投资市场，催生了房地产市场的泡沫。金融危机之后人们逐渐认识到发展清洁技术产业有广阔的前景，金融资本将逐渐从房地产市场、金融市场退出，并进入以清洁技术产业为核心的实体经济领域。国际资本的泛滥将在一定程度上有所收敛，大量的新技术、新产业将加速诞生，从而带来新一轮的技术长波。目前，金融资本和生产资本正处于第六次清洁技术长波的爆发阶段的初期，或者说目前金融资本正处于与清洁技术结合的“恋爱”初期，金融资本的转向是这次技术长波能否发展起来的一个决定性因素。

技术变迁是本书强调的重点。目前全球技术发展的重点正从信息技术转向清洁技术，其包括的内容十分丰富。碳封存与捕捉技术、IGCC 发电技术、第四代核能技术、太阳能、风能、地热能、生物质能等可再生能源技术、分布式发电技术、新能源汽车、节能技术、智能电网、储能技术等将成为了本次技术革命的主题，相应地也诞生了大量的相关产业，电网、充电站等基础设施得到更新或改造，节能成为了本次清洁技术革命的核心。

当气候变化成为不可逆转的政策之后，如何减少温室气体排放成为了一个长期而艰巨的任务。作为国家来讲，制定节能的政策，大力扶持清洁技术的发展；对企业来讲就是如何让公司进行绿色转型，如何在这次技术长波中分得一杯羹；作为最终的消费者，对节能产品的选择以及生活习惯在一定程度上决定着整个减排的进程。当节能成为首要的考虑因素时，那么节能技术和节能产业也就有了更大的市场，节能社会的建设将不再遥远。

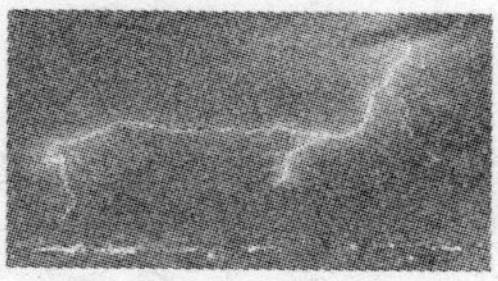

> 对环境失去控制以及疾病的产生不是文明衰落的原因，而是文明衰落的结果。
>
> ——汤因比

第一章
气候变化：历史及其未来

任何一项制度的改变几乎都是由于经济矛盾和政治压力使这些制度和规则无法继续发挥作用，或者因为一次大崩溃摧毁了信心。实际上再没有现实的威胁给人类带来的冲击更大了，人类也往往只有在发生了大的危机和灾难之后才会思考制度变革。特里芬在倡议改革国际货币体系时说：“我提出的可选方案现在或许并不可行，但可能有一天，在一场不可避免的大灾难之后，它们会重新被发现并加以利用。”索罗斯也是如此，他曾建议创立一家国际信贷保险公司，对发展中国家的贷款进行担保，他当时讲到："这个主意只有在贷款者和借款者面临严重的恐慌时才能被接收。"人类的确是这样。汤因比在《历史研究》第 21 章也正是沿着这样的思路，在浩大的历史事件中梳理出影响人类的重大历史事件，从中我们看到有意义的结果。

但气候变化这一问题不像历史上的疾病、战争那么直接，对气候变化的成因和影响的争议也一直存在。气候变化不仅是一个高度复杂的科学问题，也是一个系统、复杂的政治、经济、社会问题。任何科学的问题都不可能改变人类的历史，但是有了政治家、经济学家、社会学家以及广大民众的参与之后，气候变化就不再是一个单纯的科学问题。实际上，气候问题目前已经远远超过科学的层面，尽管联合国政府间气候变化专门委员会每隔几年还会发布《评估报告》（以前简称 IPCC 报告）。

气候变化：世纪惊天的骗局？

2009 年哥本哈根气候变化会议召开前夕，有黑客从英国东安吉利亚大学气候研究机构的服务器上窃取了大量科学家往来的电子邮件和文件，发现个别为 IPCC 第四次科学评估报告提供数据的科学家涉嫌剔除了对证明气候变暖不利的数据。

随后又有媒体指出，该报告所说的"喜马拉雅冰川到 2035 年总面积将由 50 万平方公里锐减到 10 万平方公里"，其中，2035 年疑为 2350 年，并且喜马拉雅冰川实际面积仅有 3.3 万平方公里，报告不仅引用文献不严谨，而且没有科学研究的支撑。此外，报告中关于"气候变化将威胁到 40% 的亚马逊雨林"，"由于全球变暖的影响，到 2020 年非洲杂粮作物生产可能减产 50%"等说法，也都存在资料援引不当的问题。联合国政府间气候变化专门委员会也深陷信任危机，其主席帕乔里一夜之间从防止气候变暖的英雄变成操纵气候科学的阴谋家。地球变暖是"不可忽视的真相"还是"世纪大骗局"，这一争论在 2009 年底又一次升温。

由于气候变化对人类直观感受的影响不像疾病和战争那样直接，同时，气候变化本身又是一个复杂的科学问题，因此自从这一问题提出后，争论就一直存在，特别在中国，气候变化阴谋论的观点在我国很有市场。

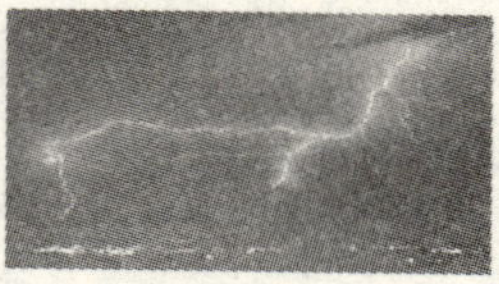

实际上，很多人怀疑气候变化是发达国家制约中国的阴谋，而且新能源、智能电网、电动汽车等领域由于前期的投资非常大，其发展前景不明朗，很多人自然把这些问题和美苏当年的星球大战联系在一起，怀疑这是不是发达国家通过提出气候变化、低碳经济来达到转移中国的发展优势，达到拖垮中国经济的目的？

但是，气候变化委员会发布的 IPCC 报告是全球 100 多个国家 2500 多名科学家共同撰写的，如果说英国一家大学的数据能够被操纵，而全球这么多科学家都会被操纵吗？而且包括中国的科学家也都参与并承认了这个报告。同时，温室气体减排有一定的成本，发达国家的主流观点也正视中国的发展历史并承认中国未来的发展权。直到目前为止，中国并没有在气候变化问题上吃亏，起码每年中国通过 CDM 市场从发达国家获得了 10 亿美元左右的资金支持，并转移了一些技术，尽管在这方面成就不大。发达国家内部也不是铁板一块，美国国内就有一种观点认为："气候变化是欧洲来制约美国的阴谋论"。而欧洲内部对环境的关注和建设低碳经济的努力确实是真实的，而不是专门针对中国。其实，目前想用这种方式来达到制约中国的目的也是不现实的，中国不再是当年的清政府，欧美国家一起拟定一个合约中国就得签字。随着中国实力的增强，中国已有一定的分辨能力和谈判能力，如果对中国造成太大的制约，中国完全可以不签协议。因此，想以气候变化来达到直接制约中国的目的并不容易，也是不现实的。但是我们必须做好长期战斗的准备，中国将在未来几十年内成为全球最大的碳排放国家，每年的气候变化会议会让中国在这方面的压力越来越大，中国必须做好气候变化的外交工作。

相反，我认为真正对中国形成威胁的是，发达国家可能通过经济技术的手段来达到制约中国的目的。气候变化最值得思考的不是气候变化存不存在，气候变化早就存在，北极的冰山、喜马拉雅山已经开始融化多年，值得思考的是，为什么气候变化是当前而不是更早或更晚的时候被国际社会广泛关注。目前世界面临的紧迫威胁太多了，为什么对一个个至今还存在很多争议的气候变化如此兴师动众？从整个环保主义的发展史来看，一是确实存在环境问题，特别是第二次世界大战以后，化石能源消耗巨大，其带来的环境问题日益显现；二是研究环境问题的科学技术发展迅速，可以找到足够的证据来证明人类生存环境日益恶化；三是媒体的广泛报道，因为环境，特别是气候，是一个非常强的公共产品，因此很容易成为媒体关注的焦点。虽然关乎每一个人的利益，但又不针对某一个人或某个利益

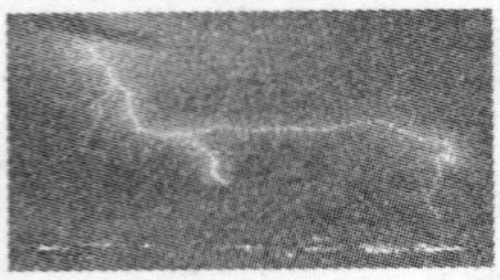

集团；四是很多国家希望通过气候变化来达到减少能源消耗、占领未来经济制高点、促进就业、实现经济转型的目的，也就是醉瓮之意不在酒。这也是为什么在金融危机之后气候问题突然受到关注的最重要的原因。因此，金融危机的到来反而加速了世界对气候变化的日益关注，因为每个希望发展低碳经济的国家都必须首先承认气候变化这个大问题，否则发展低碳经济就失去了广大的群众基础和政策支持；也就是希望通过解决气候变化这个环境问题来实现其能源、经济、社会的目标。

气候变化的历史谱系

人类历史也是气候变化的历史。在过去的300万年内，地球上大概每10万年就会有一次冰川期发生，其持续的时间大致是5万年至25万年。虽然我们所说的冰川期大概起始于更新世（1.64万年前），但是在这之前，地球就已经有过7次冰川期，一些科学家甚至提出应该是20次。在两个冰川期之间是气候较为温暖的间冰期，持续的时间大概是8000年到1.2万年，也就是全球气候始终是在冰川期和间冰期之间的循环，我们目前就处于间冰期①。

气候变化对地球历史的影响非常明显。大约始于1.2万年前的最近一次冰川期终于即将结束，冰原和高山冰川开始后退，气候逐渐变暖，气温回升。目前，伊拉克、伊朗、叙利亚和土耳其交界处的扎格罗斯山区，居住着依然靠狩猎为生的洞穴居民，他们狩猎的对象以绵羊和山羊为主。随着气候的转暖和扎格罗斯山冰川的后退，植物向海拔较高的地区生长。在底格里斯河和幼发拉底河之间的美索不达米亚平原上，农业生产逐渐起来，人们开始种植小麦和大麦，饲养的牲畜除绵羊外，还包括山羊和猪，甚至开始驯养狗，这个地带也就是人们所说的新月沃土。

公元前5000年到公元前3000年，欧洲地区的气候变化要比目前高出2℃。非洲埃及的尼罗河河谷和印度西北部的印度河河谷都已经有了非常发达的农业生产。

又过了一段时间，随着自西向东中纬度地区带来降水的低温带北移，气温开始下降，气候变得干燥。受其影响，阿拉伯、阿富汗、埃及和中亚

① 迈克尔·阿拉贝著，马晶译：《气候变化》，上海科学技术文献出版社2006年版，第67页。

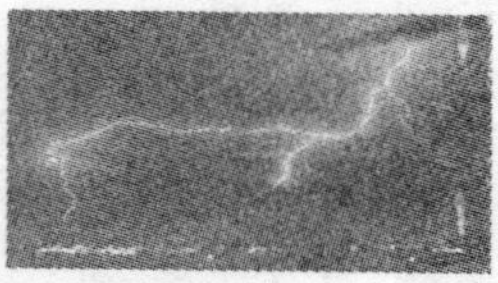

地区的草场面积及农作物种植面积明显减少。只是在一些受高山冰雪融化影响的大河河谷地区才有足够的水资源维持农业生产和牲畜饲养。不管出于哪一种原因，美索不达米亚平原和埃及的气候逐渐变得干燥和凉爽，世界上最早的城市开始出现。公元前2500年至公元前1700年之间，这里曾经有过极度的繁荣和兴旺，人们种植大麦、小麦、豌豆、芝麻、枣树、甜瓜，甚至棉花。考古学家在这里发现了世界上最早种植棉花的一些证据。当时，印度河河谷文明包括一百多个城市和村庄，在其鼎盛时期，印度河河谷文明的面积相当于美索不达米亚平原和尼罗河河谷面积的相加之和。公元前1900年左右，印度河文明开始逐渐衰落，到了公元前1700年左右，印度河河谷地区气候变得非常干燥，偶有的季风带来的降雨又使摩亨约达罗地区洪涝成灾，公元前1500年，摩亨约达罗被来自欧洲的雅丽安人攻占，印度河文明结束。

气候变化与人类历史的关系表现得最为明显的就是蒙古帝国。公元1200年前，里海早期的海岸线显示当时的水位要远远高于现在，并且一直呈上升趋势，蒙古一带牧草丰腴，人口增加，一片生机勃勃的景象。然而1200年左右气候突变，北极地区的冷空气南下，中亚地区变得干燥而寒冷，冷空气还一直向西移动，导致西欧地区出现小冰川期。随着草原面积的不断缩小，为了争夺草地和权力，各个部落之间发生了激烈的战争，为了生存下去，人们组成了部落联盟以对抗共同的敌人。1206年，铁木真，也就是我们所说的成吉思汗，凭借其出色的领导能力和军事才能，打败了其他部落，建立了蒙古草原上的统治。在他死后的1215年，成吉思汗的孙子忽必烈攻占北京，1276年定都中都（今北京），之后继续扩张领土。在1206～1635年整个蒙古帝国时期，蒙古帝国疆域面积多达3300万平方公里，东到太平洋，北抵贝加尔湖，西达黑海沿岸（鼎盛时期达匈牙利），南至南海，成为当时世界上疆土最为辽阔的国家。但到16世纪中期，蒙古帝国开始衰落，到18世纪终于彻底退出人们的视线。

创立于6世纪的高棉帝国，8世纪分裂成各个小国，到9世纪初被加亚巴尔曼二世统一，此后历代国王不断对该国进行扩张。这里以发达的农业为基础，有一套完整的灌溉技术和政府组织。高棉艺术中的杰出代表——吴哥窟成为世界上最大的宗教建筑群，高棉文化在1200年达到顶峰。1300年之后，这里的气候又开始变得潮湿闷热，1350年，高棉帝国逐渐衰落，并于1434年迁都金边，高棉帝国逐渐淹没在热带丛林之中。

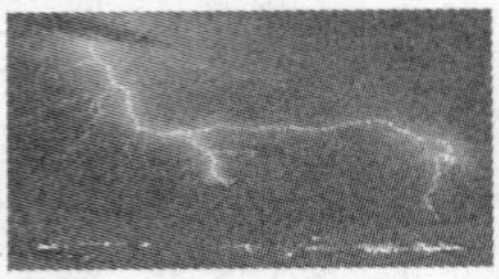

同样，气候变化与我国历史上的战争、社会动乱和朝代变迁之间的关系也非常明显。香港大学和中国科学院寒区旱区环境与工程研究所人员的研究表明：在中国唐朝末期到清朝灭亡的1061年之中，温度变化与战争数量、战争高频率期、社会大动乱期之间以及朝代更换时间与北半球冷空气之间存在着高度吻合的关系。

从公元850年起所有的7次国家大动乱大都发生在冷期中，在24次王朝的建立和灭亡的事件中，只有元朝的灭亡和明朝的建立，以及西夏王朝的建立发生在暖期中，元亡明立两次事件是冷期时元末农民起义延续的结果，仅仅发生在冷期结束之后8年（公元1368年），8个冷期有7个导致朝代的建立和灭亡以及国家大动乱[①]。

从长期来看，气候问题与人类的关系非常明显，特别在农业文明时期，气候条件几乎是决定性的因素之一。工业文明之后，人们对自然环境的依赖大大减少，“人定胜天，战胜自然”拥有了很大的市场。但是1962年《寂静的春天》一书的出版开始了人类第一次现代环保主义的历史，作者雷切尔·卡森通过对DDT——一种被广泛使用的杀虫剂毒素在食物链中的凝聚作用以及最后对人体和遗传所造成的危害，揭示出一个令人惊骇却又无法回避的事实：人们用来对付认为有害的昆虫的技术最终竟对准了自己。正像卡森所指出的：“一个狰狞的幽灵正向我们袭来。”该书连续31周成为了美国最畅销的书籍，销量达到50万册，从而引发了西方世界关于环境问题的广泛讨论。1972年罗马俱乐部发表第一个研究报告《增长的极限》，它预言经济增长不可能无限持续下去，因为石油等自然资源的供给是有限的，并预测世界灾难即将来临，并在全世界挑起了一场持续至今的大辩论。该书卖出了三千万本，被翻译成三十多种语言，成为了有关环境问题最畅销的出版物，环境问题已经成为了一个公共话题。这本书的热销更为深层次的意义在于：人们更为严肃地思考如何处理人和自然的关系，以及在处理这种关系时如何使用人的智慧和力量。1960～1972年，加入美国全国性环保组织的成员增长了38%。1970年4月22日，包括1500所大学在内的约2000万美国民众参加了“地球日”活动，这是美国环保主义蓬勃发展的象征性事件。同时，法国、德国、英国、瑞典和荷兰对环境问题的关注也与日俱增。到1973年，日本爆发了约3000次与环

① 章典、詹志勇、林初升、何元庆、李峰：“气候变化与中国的战争、社会动乱和朝代变迁”，《科学通讯》，2004年第23期。

境有关的公民运动。1972 年新西兰成立了世界上第一个绿党[①]，之后不久，绿党在大部分西欧国家都获得了足够的选票进入包括欧洲议会在内的各级议会。1983 年，在德国国内 15 名部长职务任职人员中有 3 名是绿党，绿党领袖约施卡·菲舍尔还担任了副总理兼外交部长的要职。此外，绿党还积极参与欧洲一体化的建设，成为欧盟的一支重要政治力量。20 世纪六七十年代很难找到其他的公共话题在如此短的时间内，在如此多的国家同时获得如此密切的关注。

20 世纪 80 年代末期，随着一系列环境灾难的发生，再次引发了公众对环境问题的关注。1984 年印度博帕尔的农药厂毒气泄漏，导致 2 万多人死亡，20 万人中毒。同年，瑞士的桑德兹化工厂仓库发生火灾，导致 30 吨有毒化学品流入莱茵河。1985 年非洲撒哈拉以南非洲地区发生严重饥荒。同年，英国科学家公布了一份研究报告，指出北极上空的臭氧层浓度急剧减少，从而确认了“臭氧空洞”的存在。1986 年，苏联乌克兰切尔诺贝利核电站的核泄漏事故更是惊动了整个世界，其导致的核辐射扩散至 21 个国家，再次提醒人们环境污染的跨境性质，并提出了相关国家的责任和义务问题。《时代》杂志将当年的“风云人物”改为“当年的风云星球——濒临威胁的地球”。

1970 年 4 月 22 日，当美国历史上第一个“地球日”示威发生时，有人曾骂它是一个“自十字军以来一次由一群乌合之众支持的马戏表演”，是“生态狂”。但是到了 1990 年，在“地球日”20 周年的时候，4 月 22 日成为一个国际性的节日，这一天世界上有 140 多个国家举行了各种新式的纪念活动。仅在纽约，就有 20 万人参加了在中央公园的庆祝活动[②]。1985～1989 年，绿色和平组织和地球之友的英国会员增加了 6 倍，在近几年的欧洲议会选举中，绿党党团力量一直名列第三，仅次于欧洲人民党和社会党，1993 年成立了欧洲绿党联盟。随后，在非洲、美洲和亚太地区同时成立了全球绿党协调和全球绿色网络两个组织。

而由温室效应引起的气候变化问题，法国科学家巴隆·富里叶早在 1827 年就提出来了，其认为大气犹如温室的玻璃，尽管它能够让太阳光通过，但是也阻止了地球的辐射热返回宇宙空间。直到第二次世界大战以

---

① 徐再荣：“环境问题：从科学共识到政治博弈”，《文化纵横》，2009 年第 5 期。

② 侯文惠：“20 世纪 90 年代的美国环境保护主义和环境保护主义运动”，《世界历史》，2000 年第 6 期。

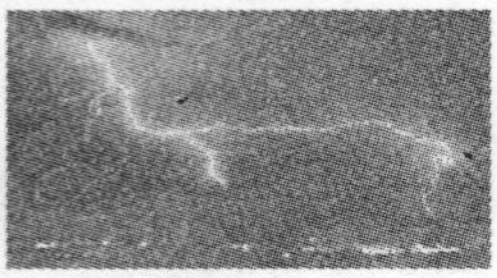

后，人类排放的二氧化碳会被海洋吸收的观点成为科学界的主流观点，因此不需要担心燃烧化石燃料引起的二氧化碳排放。但是到了 20 世纪 60 年代，随着第一次世界性环保运动的开始，人类能够控制气候、并对气候变化持乐观态度的思想开始逐渐消退。人们逐渐认识到，人类将会更多地依赖气候，科学界研究的重点转移到人类活动对气候的影响，这一转变的重要标志是 1970 年和 1971 年出版的两项研究成果——《重要环境问题研究》和《人类对气候影响的研究》。这些研究成果促使许多国家和国际机构开始将其作为重要议程，并成为 1972 年人类环境会议中有关气候变化问题的重要背景资料。

1971 年联合国人类环境会议的召开，标志着人类环境观念的重大转变。气候变化问题逐渐与粮食、水、荒漠问题等联系在了一起。1972 年在斯德哥尔摩举行的联合国人类环境研讨会上，正式提出了可持续发展的概念，气候研究也从短期天气模式转向了长期气候趋势和条件的研究。

1979 年 6 月，第八届世界气象组织大会正式建立了世界气候计划，为有关气候变化的研究提供了一个组织框架，并组织了 1985 年 10 月的奥地利维拉赫会议。此次会议旨在评估二氧化碳和其他温室气体在气候变化中的作用，并对全球气候变暖的趋势作出初步的预测。会议声明，最高级实验显示，大气层二氧化碳的浓度每增加 1 倍，全球平均表面温度将上升 1.5℃ ~4.5℃。维拉赫会议所表达的自信是建立在 20 世纪 80 年代气候研究的巨大进展之上的。其中，最重要的进展包括：建立了更加现实的大气模型；进一步认识到其他温室气体如氟里昂、甲烷、氧化亚氮、平流层臭氧的重要性①。1988 年由联合国环境署和世界气象组织联合发起成立了政府间气候变化专门委员会（IPCC），从此以后关于气候变化的科学研究有了制度化的保障，每隔几年发布的 IPCC 报告也成为一个制度性的安排。气候变化问题逐渐地从边缘走向了科学与政治议题的核心。

自 20 世纪六七十年代以来的气候与环境历史，之所以受到如此多的关注，一是因为环境问题日益严重，第二次世界大战以来世界经济飞速发展，在消耗大量化石能源的同时，也造成了大量污染。二是环境科学的发展，虽然很多人至今对环保主义、气候变化持有异议，但是人们对环境问题的科学研究直接为目前的争论提供了坚实的科学依据，政府间气候变化

---

① 徐再荣："环境问题：从科学共识到政治博弈"，《文化纵横》，2009 年第 5 期。

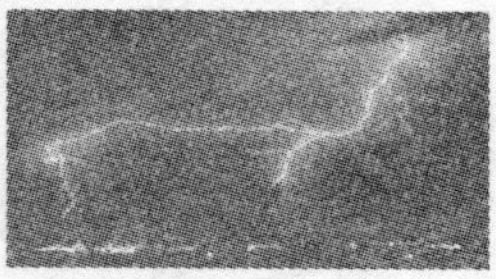

专门委员会的重要职责就是组织专家评估气候变化的科学性。三是媒体对气候、环境问题的广泛关注和大量报道，经过长期大量的宣传，绿色、环保成为一种时尚，并深深扎根于人们的观念里。事实上，公众态度改变的速度比环境本身变化的速度更快。

气候变化：科学、政治与共识

既然从一个长的历史周期来看，气候变化是非常明显的，那么是不是就可以据此否定目前所谓的气候变暖论？实际上，这种说法并不充分，因为今天所关注的气候变化是以百年为单位，而上面所说的都是以万年、千年为单位，所以关注和讨论的不是一个“级别”。关于气候变化的争论非常明显，大概可以分为三个层次：一是全球气候是不是在变暖；二是现在的气候变化是否在正常的波动范围之内；三是目前的气候变化是人类活动造成的，还是自然变化的结果。为了研究气候变化，唯一的办法就是把现在的气候变化历史和过去的气候变化相对比，但是有关气候变化的历史记录少得可怜而又相隔久远，并且大多是几个分布较为分散的个别地区的记录。其中，有关北美和欧洲部分气候变化的资料较多，而关于亚洲和非洲的记录则非常少。因此，人们用树木的年轮、放射性碳元素、花粉与甲虫、海底的沉积物、冰芯、来自海底的碳酸盐等方法来测定古代的气候条件，而这也给科学研究气候变化带来非常大的不确定性；也正是这些不确定性的存在，使得国际共同减排失去了一些“合法性”，从而使得气候变化成为一个“信仰”问题。

关于由温室效应引起的气候变化问题早在19世纪的上半期就已经提出，但是直到20世纪70年代末期，科学家才开始把气候变化看做一个潜在的严重问题。不过这个不确定性的科学问题要达成“共识”，需要政治家的“配合”。

对气候、环境问题的关注最早是在欧洲，并且是在绿党在欧洲逐渐成为一种政治力量之后。20世纪的70年代末期到80年代初，西欧各国都相继成立了绿色政党，并且绿色政党的生态主义哲学和一整套的绿色政策主张极大地推动了气候变化的进展，应该说欧洲绿色政治的发展是各种力量推动的结果。美国对环境问题的关注虽然也由来已久，但是其至今还没有形成很强的政治势力。早在1970年，美国“遏制思想之父”乔治·凯

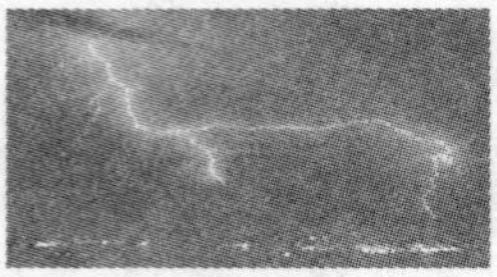

南就观察到了环境问题和安全问题的关联性，并在《外交》杂志中呼吁国际社会关注地球生态问题①，主张应当设立一个国际组织来应对环境问题。随后，更多的学者开始把环境问题与“安全”、“政治”议题联系在一起，比如1971年福尔克（R. Falk）在其专著《这个遭受威胁的地球》中，把处理气候变化问题称为“生态政治”。

真正推动气候变化问题加速的是1988年由联合国环境署和世界气象组织联合发起成立的政府间气候变化专门委员会（IPCC），其以搜集科学知识、研究气候变化为主要任务。同年在加拿大多伦多举行的“变化中的大气：对全球安全的影响”国际会议，首次将全球变暖作为政治问题来看待，认为“人类正在进行全球范围的无法控制的实验，其最终后果仅次于一场全球性核战争”。此后，气候变化问题迅速被列入国际政治议程，促发了一系列有关气候变化问题国际会议的召开，这也标志着有关气候变化问题高级辩论的开始。

1990年6月欧共体在筹备“第二次世界气候大会部长会议”时，首次提出了保护大气层、控制二氧化碳排放的主张，并正式成立气候变化框架公约政府间谈判委员会，正式将气候变化纳入《部长宣言》，从而拉开了《气候变化框架公约》谈判的序幕，同年还发布了第一次IPCC报告，指出近百年全球平均地面温度升高了0.3℃～0.6℃。

1992年6月举行的联合国环境与发展大会上签署了《联合国气候变化框架条约》，这是迄今为止在国际环境与发展领域中影响最大、涉及面最广、意义最为深远的国际性法律文件。它涉及到人类社会的生产、消费和生活方式，涉及到各国国民经济和社会发展的方方面面，从此气候变化问题正式上升到了政治高度。1996年的第二次IPCC报告认为，全球变暖不太可能全部是自然界内部造成的。次年在日本召开的联合国《气候变化框架公约》谈判，达成了限制发达国家温室气体排放、抑制全球变暖的《京都议定书》，并确定了“共同但有区别的原则”，为附件I缔约方规定了具有法律约束力和时间表的减排义务，并引入了排放贸易ET、联合履约JI和清洁发展机制CDM。2001年美国宣布退出《京都议定书》，从而让议定书的前景扑朔迷离，但是经过长时间的磋商，2001年7月第六次缔约方大会还是通过了《伯恩政治协议》，挽救了《京都议定书》。

① George F. Kennan, “*To Prevent a World Wasteland: A Proposal*”, *Foreign Affairs*, Vol. 48, No. 3, April 1970, p. 402.

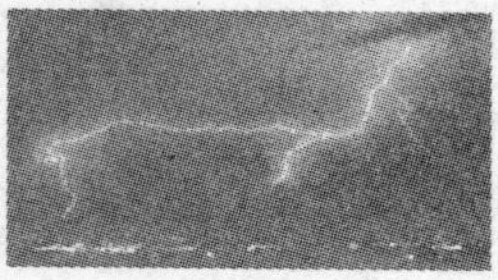

这一年 IPCC 第三次报告评估指出，从 1861 年开始，地球气温的变化趋势变暖，平均气温的变化趋势变暖，平均气温大约上升了 0.6℃。在全球范围内，20 世纪 90 年代是最热的十年，其中 1998 年是最热的一年，究其原因，有 66% 的可能性是由人类造成的，气候变化的“确定性”已经逐渐增强。2005 年，经过多次的缔约方大会，《京都议定书》正式生效，2007 年公布的 IPCC 第四次评估报告指出，目前地球上产生的温室气体比过去 1 万年任何一段时间都高，温室效应正以前所未有的速度使气候变暖，在过去的 50 年内有 90% 的可能性是由人类造成的。气候变化得到了来自 130 个国家，超过 3700 位科学家的认可。更为重要的是 2009 年 1 月奥巴马的上台改变了美国政府对气候变化的态度，决定重回气候变化的谈判桌，气候变化的谈判格局彻底改变。毫无疑问，这次世界秩序的改变更为重要的是：气候变化在国际上已经成为了一个关乎政治正确性的问题。从此以后人们争论的焦点变了，气候变化已经不再是科学上争论的问题，而是争论世界各国如何分配上帝赐予的有限的温室气体排放权。因为政治家已经在决议要如何应对气候变暖，那么接下来的问题就是讨论如果制定规则以较好地实现减排，于是重新划分世界上环境容量的大幕正式开启。

当政治开始控制科学问题时，科学的正确性已经大打折扣。在很多时候，我们已经无法确认哪些是真的，哪些是假的。对于政治上、结构上甚至心理上明显依附于经济增长和高消费水平的社会来说，这一特定形式的污染展示了根本的挑战，想想人类基本的呼吸都与二氧化碳有关，就知道它有多么的重要。

气候变化的风险及其对中国现代化的挑战

虽然关于气候变化的争论还在继续，但是气候变化对世界造成的危险已经非常明显地表现出来，尽管我们大多数人并没有切身的感受，它在日复一日的生活中不是有形的、直接的、可见的，但可能是非常致命的。当然，要正确、全面评估气候变化对各个地区环境和经济的影响是联合国政府间气候变化委员会中第二小组的工作。气候变化对自然界的影响是非常全面的，涉及水、生态系统、粮食、海岸线以及人类的健康等（见表 1.1）。

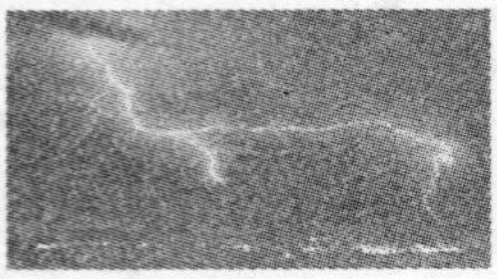

第一章

气候变化：历史及其未来

表 1.1　与全球平均温度变化有关的影响实例

（这些影响将因适应程度、温度变化速率和社会经济路径不同而异）

相对于 1980 ~ 1999 年的全球年平均温度变化（℃）

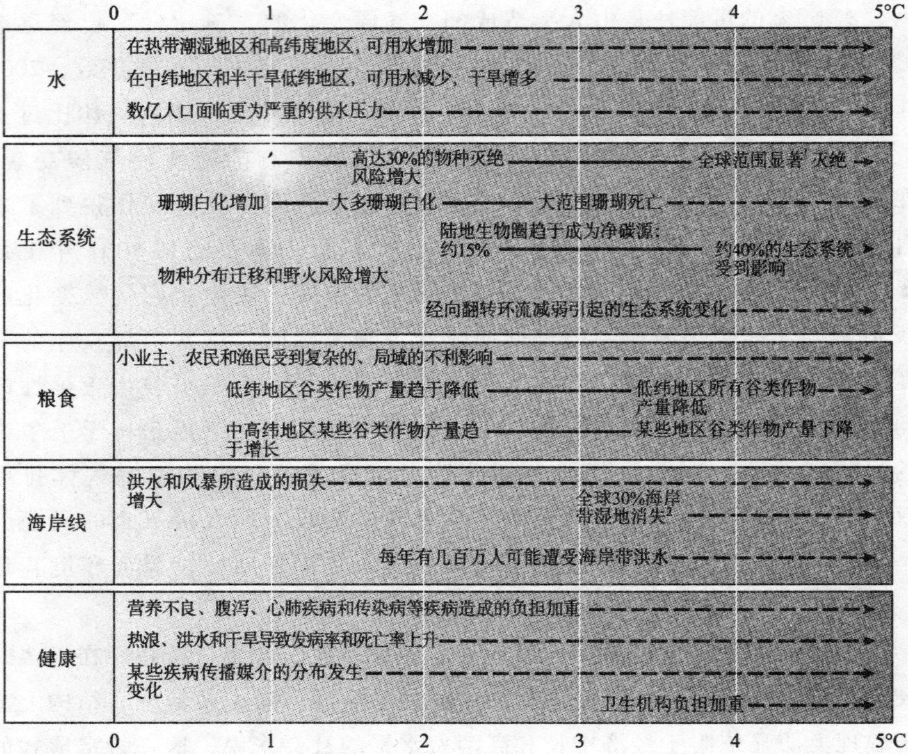

注：[1] 这里的显著定义为 40% 以上的概率。

[2] 基于 2000 ~ 2080 年海平面平均上升速度 4.2 毫米/年。

资料来源：《2007 年气候变化报告》，政府间气候变化委员会。

始于 1978 年可以获得的卫星数据表明，北冰洋冰层的年平均厚度正以每 10 年 3% 的速度消融；夏季减少得更快，超过 7%；北极冰冠的体积已经不足 50 年前的一半。在这段时间内，北极地区的平均温度上升了大约 7℃，这是这一地区存在的特殊的反馈循环的结果。美国地球物理学家联合会 2007 年年会上的一些预测模型认为，到 2030 年时，就可能夏季无冰①，从北极地区的商业航行就可能美梦成真了。我们在第二章将作专门的论述。

最近的研究也表明，海洋温度正在上升，上升的速度比几年前所想象

① 安东尼·吉登斯著，曹荣湘译：《气候变化的政治》，社会科学文献出版社 2009 年版，第 20 页。

的要快。高温造成海水酸性更强，这将对海洋生物构成严重威胁，变暖的海水释放出更多的二氧化碳，加剧了全球变暖效应。

当然，气候变化对各个地区的影响是不同的，这也是气候变化导致地缘政治变动的原因之一（见表 1.2）。

表 1.2　　气候变化对各个地区的影响

非洲	• 到 2020 年，预估有 7500 万到 2.5 亿人口会由于气候变化而面临加剧的缺水压力； • 到 2020 年，在某些国家，雨养农业会减产高达 50%。预估在许多非洲国家，农业生产，包括粮食获取，会受到严重影响。这会进而影响粮食安全，加剧营养不良； • 接近 21 世纪末，预估的海平面上升将影响人口众多的海岸带低洼地区。适应的成本总量至少可达到国内生产总值（GDP）的 5% ~10%； • 根据一系列气候情景，预估到 2080 年，非洲地区干旱和半干旱土地会增加 5% ~8%。
亚洲	• 预估到 21 世纪 50 年代，在中亚、南亚、东亚和东南亚地区，特别是在大的江河流域，可用淡水会减少； • 由于来自海洋的洪水以及在某些大三角洲地区来自河流的洪水增加，在海岸带地区，特别是在南亚、东亚和东南亚人口众多的大三角洲地区，将会面临最大的风险； • 预估气候变化会加重对自然资源和环境的压力，这与快速的城市化、工业化和经济发展有关； • 由于预估的水分循环变化，在东亚、南亚和东南亚，因腹泻疾病主要与洪涝和干旱相关，预计地区发病率和死亡率会上升。
澳大利亚和新西兰	• 预估到 2020 年，在某些生态资源丰富的地点，包括大堡礁和昆士兰湿热带地区，会发生生物多样性的显著损失； • 预估到 2030 年，在澳大利亚南部和东部地区、新西兰北部地区和某些东部地区，水安全问题会加剧； • 预估到 2030 年，由于干旱和火灾增多，在澳大利亚南部和东部大部分地区以及新西兰东部部分地区，农业和林业产量会下降。然而，在新西兰，预估最初会给其他区域带来效益； • 预估到 2050 年，在澳大利亚和新西兰的某些地区，由于海平面上升、风暴和海岸带洪水严重程度和频率的增大，该地区正在进行的海岸带发展和人口增长会面临增大的风险。
欧洲	• 预计气候变化会扩大欧洲在自然资源与资产上的地区差异。负面影响将包括内陆山洪的风险增大，更加频繁的海岸带洪水和海水侵蚀加重（由于风暴和海平面上升）； • 山区将面临冰川退缩、积雪和冬季旅游减少、大范围物种丧失（在高排放情景下，到 2080 年，某些地区物种损失高达 60%）； • 预估在欧洲南部，气候变化会使那些已经对气候变率脆弱的地区的条件更加恶劣（高温和干旱），使可用水量减少、水力发电潜力降低、夏季旅游减少以及农作物生产力普遍下降； • 预估由于热浪以及野火的发生频率增加，气候变化也会加大健康方面的风险。

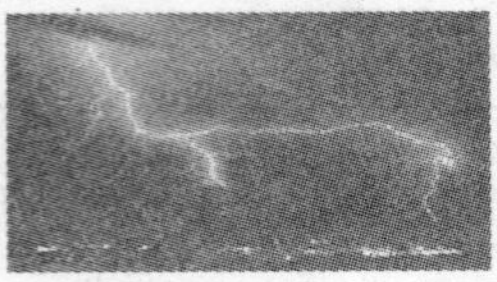

续表

拉丁美洲	• 预估到本世纪中叶，在亚马逊东部地区，温度升高及相应的土壤水分降低会使热带雨林逐渐被热带稀树草原取代，半干旱植被将趋向于被干旱地区植被所取代； • 在许多热带拉丁美洲地区，由于物种灭绝而面临生物多样性损失显著的风险； • 预估某些重要农作物生产力会下降，畜牧业生产力降低，对粮食安全带来不利的后果。预估温带地区的大豆产量会增加。总体而言，面临饥饿风险的人数预估会有所增加（中等可信度）； • 预估降水型态的变化和冰川的消融会显著影响供人类消费、农业和能源生产的可用水量。
北美洲	• 预估西部山区变暖会造成积雪减少，冬季洪水增加以及夏季径流减少，加剧过度分配的水资源竞争； • 本世纪最初几十年，预估小幅度气候变化会使雨养农业的累计产量增长5%～20%，但区域间存在重要差异。对于农作物，预估主要挑战是接近其温度适宜范围的变暖上限，或取决于对水资源的高效利用； • 预计当今遭受热浪的城市在本世纪期间会受到更多、更强、更长时间热浪的袭击，可能对健康造成不利的影响； • 海岸带社区和居住环境将日益受到与发展和污染相互作用的气候变化影响的压力。
极地地区	• 预估在极地地区，主要生物物理影响为冰川和冰盖及海冰厚度和面积的减少，自然生态系统的变化对包括迁徙鸟类、哺乳类动物和高等食肉类动物在内的许多生物产生有害的影响； • 预估对于北极的人类社区的各种影响（特别是冰雪状况变化产生的影响）会交织在一起； • 包括对基础设施和传统的本土生活方式的不利影响； • 预估在两极地区，由于气候对物种入侵的屏障降低，特殊的栖息地会更加脆弱。
小岛屿	• 预计海平面上升会加剧洪水、风暴潮、侵蚀以及其他海岸带灾害，进而危及那些支撑小岛屿社区生计的至关重要的基础设施、人居环境和设施； • 预计海岸带环境退化（如海滩侵蚀和珊瑚白化）会影响当地的资源； • 到本世纪中叶，预计气候变化会减少许多小岛屿的水资源，如在加勒比海和太平洋，因而在少雨期，不足以满足对水资源的需求； • 预计在较高温度条件下会增加非本地物种入侵的发生，特别是在中高纬度的岛屿。

资料来源：《2007年气候变化报告》，政府间气候变化委员会。

全球气候变暖已经并将继续对中国产生重大影响，严重威胁中国的自然生态系统和经济社会发展。实际上，中国是气候变化的主要受害国之一，主要体现在：

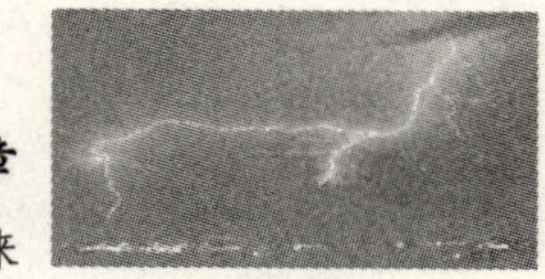

气候变暖对中国农业生产产生不利影响。中国是一个农业大国，农业又是对气候变化最为敏感的部门，农业生产的稳定直接关系到社会的稳定和可持续发展。气候变暖给中国的农业生产带来严峻的挑战。它导致中国农作物因干旱受灾面积和粮食产量波动呈加大趋势。据统计，中国平均每年受旱耕地面积约2200多万公顷，损失粮食1000万吨。特别是2000年和2001年，受旱面积约4000万公顷，年损失粮食5000万吨。未来气候变化可能导致农业产量波动幅度增大，农业布局和结构发生变化，病虫害加重，生产成本和投资进一步增加。如不采取适当措施，到2030年，中国种植业生产能力可能会下降5%～10%，2050年后受到的冲击更大，主要作物产量和品质进一步下降。

气候变化对水资源的影响以不利为主。20世纪50年代以来，由于降水量变化、升温导致的蒸发量增加、工农业用水量增加以及水资源调配等问题，中国六大江河的实测径流量都呈下降趋势，北方部分河流发生断流，下降幅度最大的是海河流域，其大大加剧了北方地区水资源供需失衡的矛盾。据水利部统计，中国669座城市中有400余座供水不足，其中110座严重缺水。在32座百万人口以上的特大城市中，有30座长期受缺水问题的困扰。与此同时，中国南方汛期降水增多，多次发生流域性或区域性大洪水，每年因洪水造成的直接经济损失惨重，1998年高达近2500亿元。气温持续偏高、降水偏少加剧了东部地区本已十分严重的湖水富营养化和水质恶化。未来50～100年，随着地表蒸发量的增加，生产生活用水量增大，北方地区水资源将减少2%～10%，水资源短缺状况还将继续；南方地区降水平均增幅达24%，但主要以强降水方式出现，如不加强洪水的资源化利用，将会引起更为严重的洪涝灾害。到2050年，西部冰川面积将比20世纪中叶减少27%，中国近2.5万条小冰川可能消失殆尽，冰川融水对河川径流的季节调节能力会大大降低。

生态系统受气候变化的影响显著。中国东部物候期提前，亚热带、温带北界北移。湿地和草原等生态系统退化，某些物种消失，全国动植物病虫害发生频率上升，分布变化显著。近30年来，西北地区退缩的冰川约占冰川总条数的80%，导致绿洲生态受到威胁，未来生态系统的脆弱性大大增加。如森林类型分布北移和上移，其中针叶林分布面积明显减少；森林火灾及病虫害发生频率和强度增高；内陆湖泊和湿地加速萎缩；青藏高原生态系统一旦遭到破坏，几乎不可恢复。大熊猫、野马、野骆驼等野生动物和某些苔藓、蕨类、裸子以及被子植物将处于濒危或受威胁状态。

沿海地区深受海平面上升的影响。据国家海洋局公布的《2007 年中国海平面公报》，近 30 年来，中国沿海海平面上升约 0.09 米，略高于全球平均水平，加之台风和风暴潮灾害频发，沿海地区遭受的生态损失加大。海水温度升高和海表酸化导致近海生态系统退化，海南和广西海域已发现珊瑚白化和死亡现象。据科学家模拟预测，未来中国沿海海平面上升趋势还将进一步加剧，与 2000 年相比，到 2050 年，中国沿海海平面将上升 0.13～0.22 米，河口湾生态系统和海岸带经济受到影响；红树林和珊瑚礁等海洋生态系统退化；海平面上升和极端气候事件将进一步加重风暴潮、赤潮、咸海入侵与盐渍化等海洋灾害；上海、广州等沿海大城市受到海平面上升的直接威胁①。

气候变化与国际政治经济新秩序

人类历史文明的起源就是建立在对自然力量的“征服与适应”的基础上。大禹治水的故事从中国第一个王朝夏朝流传至今，控制洪水的能力几乎是古代文明最为重要的一项“政治任务”。随着工业革命的到来，自然灾害、危害人类的野兽都已经不再是人类最为重要的安全隐患，而因掠夺资源而带来的战争成为个人以及国家最大的威胁。随着第二次世界大战和冷战的结束，技术、金融、经济安全几乎成为最近 20 年最为关心的问题。但是最近的科学证明，我们又要多考虑一个因素——那就是气候变化，并且气候变化已经逐渐渗入到经济、金融、技术以及未来的战争之中。对气候变暖引起的海平面的上升最为关心的不仅仅是小岛之国，比如库克群岛、基里巴斯、瑙鲁、纽埃、帕劳、马绍尔群岛及图瓦卢等，还有美国。对于在全球各地充当“世界警察”的美军来说，全球变暖还意味着其沿海基地有可能随时被飓风摧毁，岛礁基地逐渐被海水淹没。美国甚至还担心全球变暖造成北极冰盖的融化速度加快，可能会使北冰洋出现一条连接太平洋和大西洋的航线，使美国“北极后院”完全暴露，俄罗斯舰艇可随时出没于该航线，使用远程攻击型武器对美国本土进行打击。美国国际战略研究中心和美国外交关系委员会在 2007 年分别出版的《后果降临的年代：全球气候变化对外交政策和国家安全的含义》、《气候变化

① 吕学都：“环境危机挑战中国现代化”，《文化纵横》，2009 年第 5 期。

与国家安全》，都详细论述了气候变化与国家安全的关系，并对美国的外交政策提出了建议。当气候变化上升到国家安全之后，政治的推动力就会明显加快。

当气候变化开始威胁人类安全并成为重要政治议题时，如何减少二氧化碳排放就成为生产结构中要考虑的首要因素。这不是简单的生产太阳能电池板、风力涡轮机、开发潮汐能的事情，而是涉及到一切与能源消耗有关的领域。首先，改进石油耗油大户——汽车，要么提高燃油效率，要不就干脆开发新的燃料汽车，比如电动汽车；还有一个耗能大户就是建筑，于是节能建筑就有了广阔的市场空间；对于钢铁、造纸、水泥、电解铝等工业耗能大户，既然无法省去，那就开发节能技术，改进生产流程，尽量消耗更少的能源；此外，棉麻可能会逐渐替代化纤的布料，但不是简单的复古，而是利用新的生产工艺，并且要比化纤的衣服贵很多。如果人类特别是美国、中国、印度这样的燃煤大户如果实在无法避免，就把二氧化碳封起来打入 18 丈深渊，也就是碳封存与碳捕捉。未来让过多的间隙性的新能源更容易上网，就需要对传统电网进行彻底的改造。当然，改造的不仅仅有电网，还有现在很多的工业生产工艺和工业生产流程，只要是它可以节省能源，因为能源将越来越昂贵。因此如果说信息技术革命把生产、生活智能化，那么低碳技术将把生产、生活节能化。我们只知道生产什么还不够，更重要的是谁生产、为谁生产、如何生产。欧美国家显然有生产的强烈动机，最近十几年这些国家的服务业已经超过 70%，在金融危机之前他们已经意识到了实体经济的重要性，所以需要想出新的生产、生活方式，“发明”出新的产品，以替代原有的生产、技术，从而让国内的繁荣继续下去。如何生产？显然谁拥有了节能技术，谁就掌握了如何生产，这比谁生产更重要。生产为了谁，给谁生产？很多的国家已经不仅仅把目光盯在自己本国的市场。

历史上任何大的变革都少不了金融的参与，它们制造了泡沫与繁荣，它们也促进了技术进步。金融危机之后，全球的金融资本会不会参与进来？在哪里参与？如何参与？显然，金融资本早已进入了以新能源、智能电网为代表的实体经济部门，它们不仅要包装这些实体部门，它们还要进入这个更加“虚拟”的市场。随着二氧化碳资源的稀缺，金融家们创造出了二氧化碳交易市场，并且目前欧洲的碳交易市场已经初具规模，欧盟正在谋划全球碳交易市场，J. P. 摩根、摩根斯坦利、高盛、花旗、气候变化资本等金融机构都携巨资进入这个新兴而有潜力的市场。真不知道当

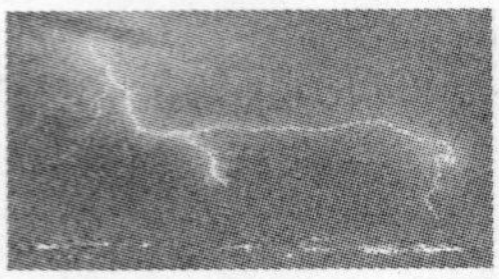

全球二氧化碳掌握在金融资本手中时，世界将变成什么样子。随着气候变化被越来越多的人所认识，全球保险市场规模将急剧扩大，但是也越来越需要国家的帮助①。更为重要的是，气候变化将导致各个国家无意间获得了一笔庞大的收入。当把气候变化变成最大的威胁时，无论是征收碳税或实行碳拍卖制度，都将更容易的通过。奥巴马政府已经谋划利用“天上掉下的馅饼”来解决长期困扰美国的财政赤字问题，同时也为美国清洁技术的发展提供财力保障，以解决美国对进口石油的严重依赖。

真正的人类灾难必然导致对传统观念的改变和新技术的发展，从学术界到企业界，从国内到国外，可持续发展已经成为一种时尚，绿色、环保、节能已经不再仅仅停留在表面，在欧洲已经成为一种新的生活方式，甚至成为一些人的信仰。很多国际环保主义者开始反对容易导致环境污染、资源过度开发的自由贸易。金融危机的到来让大家认识到自由主义的局限和危险，从而也给政府干预市场带来了机会。全球气候变化这个全球性问题更是让政府干预经济有了口实。消费主义被广泛讨论并被质疑，虽然在我国才开始不久，但是这种观念带来的经济含义就是人们选择什么样的产品，消费者在一定程度上掌握着所有生产者的命运。当碳标签②和商品条形码一样普遍时，就意味着大排量的产品将被环保主义者赶下货架。另一方面，如果消费者都更加提倡节能和环保，整个国家的减排目标就更容易实现。很显然，欧洲走得更远，美国则落后很多。虽然奢华还是很多中国年轻人的奋斗目标，但是可能中国不允许，这公平吗？没有办法，这就是事实。

当气候变化成为新的国际秩序和竞争格局之后，以节能、环保、新能源技术为核心的清洁产业就成为一个国家竞争的核心。正像15世纪到18世纪的海上霸权时代，航海技术是竞争的核心；而到了19世纪英国的工业革命时代，以蒸汽机技术为骨干的动力技术是竞争的核心；20世纪70～80年代信息通讯技术时代，信息技术是竞争的核心。但是在低碳经济时代，清洁技术不再明显掌控在一个国家手中，更多的是技术的交流，而非单项的输入或输出。不过在低碳经济建设的大潮中有很多技术路线，而这些技术路线在一定程度上决定着未来低碳经济甚至是世界政治经济的格局。碳封

---

① John Whalley, *Yufei Yuan Glabal Financial Structure and Climate Change*, www. nber. rog.

② 碳标签，就是将产品生命周期（即从原料、制造、储运、废弃到回收的全过程）的温室气体排放（碳足迹）标示在产品上，较成熟的碳标签由英国碳基金所发起。

存与碳捕捉技术如果能够大幅度降低成本，将严重影响化石能源特别是煤炭的前途；储能技术是整个低碳经济建设中的核心，是解决清洁能源发展的关键；汽车技术的路线如何走，将决定未来全球汽车产业的格局……

人们和货物如何从一个地方到达另一个地方，始终是一个高度的政治问题，特别是国际航空与国际航运。不过航空和航运也进入了欧盟的视野，虽然这是1997年《京都议定书》唯一没有被纳入的行业。英国交通大臣在2009年8月1日"亲自"到中国谈判航运、航空的减排问题，不过现在欧盟已经规定所有飞离和着陆欧洲的航班（包括政府航班）都将会纳入排放贸易体系。2012年航空公司的排放额将被限制在2004～2006年平均年排放量的97%，2013年限制在95%，以此类推。纳入该体系的中国大陆航空公司包括国航、海航、南航、深航、长城航空、川航、春秋航空、东航、翡翠航空、国货航、金鹿航空、均瑶航空、上航货运等。虽然欧盟目前的做法明显违反国际法，对一家从亚洲飞往欧洲的澳大利亚航空公司在中东地区上空的碳排放进行收费没有什么道理，但这就是欧盟的做法，并把航空排放标准放到哥本哈根会议上进行讨论。类似的情况也发生在航运领域，关于国际航运碳足迹的报道几乎充斥着很多国际的媒体，不久前，联合国的一项最新研究报告表明，商业航运的二氧化碳排放量几乎是以前估计的近3倍。据估测，全球航运每年排放约11.2亿吨二氧化碳，约占全球二氧化碳排放量的4.5%，而国际海事组织先前估计为4亿吨。为什么媒体对这样的问题如此感兴趣？很多人不仅怀疑航运船的减排问题，而且开始怀疑国际贸易，如果商船达不到国际标准可能就不让停港，这是一个很现实的问题，正像欧盟目前对待航空业一样。但是我们必须清楚，国际海商法、国际航空法都是欧、美国家制定的，尽管WTO总干事拉米专门澄清并反驳国际航运中的碳足迹问题。但我国目前的造船技术很多都掌握在欧洲、美国人手中，更不用说核心的发动机，虽然我国近年来造船业发展迅猛。

国际贸易更是与目前的《京都议定书》有冲突，因为二者的原则不同。国际贸易倡导自由贸易会带来福利的增长，从根本上反对政府干预，但是《京都议定书》的原则是政府要扛起气候监管的大旗，因此历史上WTO就对处理环境问题不擅长，更不用说处理目前如此广泛的问题。随着低碳成为标准之后，很多国家就会以碳排放过高为由禁止产品进口，从而给任何出口的产品带来障碍，更不用说资源密集型产品，比如钢铁、水泥、电解铝之类的产品。当某个国家实行的减排标准高，而另一个国家实

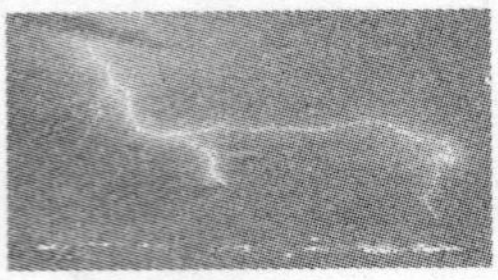

行的减排标准低时，就容易给国际贸易带来麻烦，越来越依赖出口的中国如何突破这个绿色贸易壁垒的“瓶颈”？

气候变化从本质上讲是能源问题，这也是问题的核心。保障能源供给是一项政治任务，但是在大量进口石油和采掘煤炭时，笼罩在头上的气候和环境变化总是让人充满矛盾。当气候变化成为一个刚性的约束时，即使你拥有化石能源，又能够怎么样？而这又需要国内清洁能源所占比例的提高、节能技术的应用以及民众消费观念的改变。当然，你有足够的资金也可以通过国际碳市场购买其他国家的碳配额，这又涉及金融和国家债务问题。在气候变化时代，能源的供给不再是简单地通过军事力量来保障海外石油的供给，更为重要的是要保障清洁能源的供给。如果对石油的依赖度越来越大，全球地缘政治的格局将如何变化？

气候变化对落后的农业国家的影响最大。一是因为这些国家依靠农业，对自然气候的依赖性很大；二是因为它们没有适应气候变化的能力。因为工业化国家的二氧化碳排放给落后的农业国家带来了灾害，这绝对是不平等的。因此，发达国家就应该为落后国家或国内的低收入者提供福利，并且气候变化下的政府现在有了稳定而庞大的收入来源。美国现在每年的碳排放量是 60 亿吨左右，如果按照每吨 30 美元的话，收入将达到 1800 亿美元，约占美国目前税收收入的 10%，一部分可以分配给清洁技术，另一部分用来抵消国内低收入者的税收，另外还应该拿出一定的比例交给国际组织，成立“全球碳基金”，专门给贫困国家以及受到气候变化影响比较大的国家，真正实现平等。是否应该借助气候变化这一契机减少国际以及国内不平等？

如何应对国家贸易中的绿色壁垒，如何管理全球碳交易市场，谁来管理新的“全球碳基金”，谁来监管各个国家减排的具体实施情况？这些都需要一个新的国际组织来应对。那么国际组织如何成立？谁来领导？这样的国际组织如何防止陷入像国际货币基金组织、世界银行的尴尬境地并减少一些国家对其控制？这些都是政治问题。

虽然很多人以及科学家反对气候变化问题，甚至有人认为这纯粹是杞人忧天，但是对一个国家来讲，有哪个国家能够全面否定 IPCC 报告？如果哪个国家能够有足够的科研实力来否定目前的报告，那么你可以说你不承认目前的气候变化问题。如果你不能证明，那你就要承认目前关于气候变化的报告科学，否则你就是向科学宣战，从而成为一个政治正确性的问题。这就是 IPCC 报告的价值，这就是科学与政治，这就是世界秩序，也

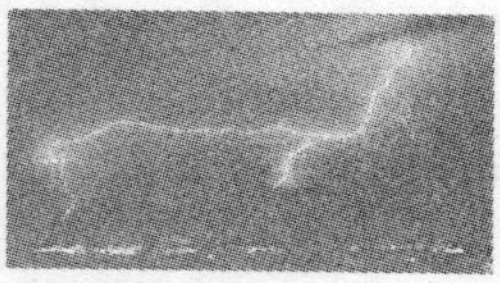

就是你必须承认和遵守的现实。

中世纪以来的三次世界秩序

自中世纪以来，人类的信仰和国际秩序发生了几次变化。在中世纪欧洲基督教世界中，宗教高度重视男女信徒怎样才能获得拯救和永生的问题，因此掌握着这一生杀大权的天主教会和主要的宗教团体建立权威，并控制着各国统治者、商贾和能工巧匠。不过欧洲黑死病的发生，动摇了人们对宗教的信仰，启蒙运动的发展粉碎了原来的宗教体系，新教发展起来，科学成为普遍的信仰。大约到 17 世纪末期，西欧两个主要国家——英国和法国几乎同时承认科学研究和发展对于一个国家的财富和权力的重要性，分别建立了皇家促进科学发展协会和法兰西科学院。1684 年《威斯特伐利亚合约》的签订，标志着国家的权威和主权是毫无争议的，在科学与国家两大支柱的主导之下，工业革命迅速发展。不过在 17 世纪末期到 20 世纪初期两个多世纪里，世界资源的划分绝对依赖军事实力的强弱，国家领土的任意瓜分和侵占是国际规则，也是日不落帝国建立的方式。不过 1944 年由苏联、英国、美国和中国提出并在 1945 年 4 月 25 日 50 多个国家通过的《联合国宪章》，标志着人类主权和领土完整神圣不可侵犯，依靠战争获取发展空间和自然资源的历史基本结束。之后，世界资源的分配和财富的获取更多地是通过“和平”的方式，也就是通过市场交换，最具有代表性的国际规则就是美国倡议由 23 个国家于 1947 年 10 月 30 日签署的《关贸总协定》。当市场经济和国际贸易蓬勃发展时，资源和环境问题开始成为未来最为现实和紧迫的“灾难”，未来世界资源的分配和财富的创造如何进行，也就成为目前及未来相当长的一段时间内的重大议题。《政府间气候变化框架公约》的实质就是分配世界各个国家的发展资源和发展空间，不过这次是由全球一百多个国家进行商议，世界财富也逐渐通过低碳商品和服务来获取。因此，气候变化可以说是自中世纪结束之后的第三次世界秩序。中国在前两次国际规则的制定中几乎没有发言权，但是目前关于气候变化的国际规则，中国不但具有发言权，而且成为其中最为重要的力量之一，从这一点上来说，也是我国的一个重大的进步。从民族国家的角度来讲，我们研究的目的在于如何制定国际规则为中国争取更多的发展资源和发展空间。

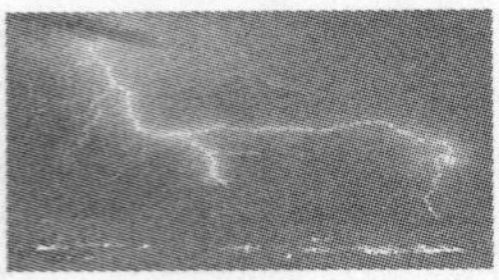

第一章

气候变化：历史及其未来

1347年在欧洲爆发，1351年结束，其后几十年又反复发作的黑死病席卷了欧洲的大部分城市，瘟疫所到之处，哀鸿遍野，很多人口密度大的城市死亡率高达50%以上，仅在1347～1351年黑死病就夺去了2400万的人口，约占欧洲人口的1/3，欧洲人的寿命也从30岁缩短到20岁。这次人类历史上空前的灾难所导致的死亡人数、恐慌、混乱程度堪与20世纪的两次世界大战相比。突如其来的瘟疫对于中世纪的欧洲人来说无法解释，彼特拉克在他的《论家庭》中说：“询问历史学家：沉默。询问科学家：没有表情。询问哲学家：松松肩膀，皱皱眉头，把手指头放到嘴唇上要求沉默。”中世纪的欧洲，天主教皇的势力极大，基督教成为人们的生活法则。宗教告诉人们，瘟疫是上帝的行为，是人类的罪恶引起了上帝的震怒，上帝以此来惩罚人类的罪恶和警告人们走上善路。宗教管制下的医学只能用星相学、元素学来解释黑死病的成因。面对恐怖的生死威胁，人们不仅对传统的瘟疫知识产生怀疑，而且对传统知识和传统信仰也产生了怀疑。随着关于黑死病研究的不断丰富，黑死病已经超出了一个瘟疫和灾难学的范畴，甚至力求把黑死病提升为推动社会发展的动力，推动社会转型的重要因素。庞兹在《中世纪欧洲经济史》中认为，黑死病成为中世纪中期与晚期的分水岭，标志了中世纪的结束。这场席卷欧洲的灾难让中世纪的欧洲人开始质疑传统的一切“标准”，教会在瘟疫的重创下开始走向全面瓦解，也标志着一种文明的结束。

瘟疫给人们带来的痛苦极大地冲击了人们的精神信仰，人们把目光从对天国的期许转向对个人和现实生活的关注。随着批判主义、怀疑主义的出现，异端、异教开始向传统的宗教挑战，经验科学、个人理性开始萌芽，禁欲主义逐渐退出，人们开始追求平等与自由。

瘟疫也席卷了很多大学，拉丁文教师锐减，宗教的共同语言——拉丁文逐渐失去统治地位，方言开始兴起。1385年，英格兰所有文法学校的学生开始学习英语，从而使教育逐渐走向了世俗。

同样，瘟疫也让大量的传教士死去，教会匆匆培养的神职人员难尽其职，从而逐渐失去了大众的支持。文艺复兴的很多著作开始倡导国家主义，民族情绪逐渐高涨，失去权威的教会逐渐被倡导科学的国家所代替。

这场瘟疫夺去了欧洲1/3的人口，虽然从短期来看造成了严重的经济萧条，但是当人们学会适应人口锐减之后的问题以后，乡村和城市中的很多人找到了工作，劳动力成本开始增加，生活水平开始上升。更为重要的

是，人们对生活有了新的体验，劳动力挣脱了原来的束缚，开始了流动。

经历了大规模瘟疫之后的欧洲，传统的思想秩序、政治秩序、生活方式受到重创，为更为现实的思考留存了空间，在这个空间里，有了理性主义、个人主义甚至科学的萌芽，从中已经看到文艺复兴的影子。虽然后者不可能是黑死病的结果，但是毫无疑问，黑死病的发生为接下来发生的文艺复兴、科学革命、启蒙运动、地理大发现、新教改革奠定了某种思想的准备和基础。当然，从一种文明的没落到一种新的文明的产生还有很长的路要走，从爆发黑死病的 14 世纪中叶到发生于 18 世纪末期的英国工业革命，整整用了 4 个多世纪。

孕育于中世纪的知识、财力、动机促进了航海技术的发展，从而促成了发生于 15 世纪末期到 16 世纪初期的地理大发现。地理大发现带来的不仅是视野的拓展，更为重要的是发现了美洲的金银、印度洋的丁香、胡椒等香料以及中国的丝绸和茶叶。面对“突如其来”的财富，欧洲大西洋沿岸的各个国家为了生存权和控制权开始了疯狂的掠夺，一个“无序”的全球化时代来临。

1493～1650 年左右，西班牙和葡萄牙人从美洲窃取或者说是挖走了——以一种难以置信的方式草菅人命——大约 180 吨黄金和 1.6 万吨白银。据粗略估计，相当于欧洲货币存量的一半。但是真正的财富在东方——印度洋，欧洲也是靠从美洲的金银来弥补来自印度洋的逆差，1500～1800 年间，欧洲所有的国家最终几乎都进入了印度洋，其中有三个国家主宰了印度洋，即葡萄牙、荷兰和英国。所有的商业活动都与海运有关，海军强权是一个霸主国家维持秩序的基础，但是这三个国家又有所不同：葡萄牙仅是通过海上霸权将保护费这种东西以香料的形式运回欧洲，荷兰人则将利润变成品种繁多的产品以向外出口；到英国统治海上霸权的时候，其不仅交易香料，而且增加了有着更大市场规模的棉纺织品、茶叶、咖啡，还有鸦片。更为重要的是，在 18 世纪末期英国开始了工业革命，从而让英国的海上霸权维持了至少 3 个世纪。按照马克思主义理论的论证，英帝国的掠夺为工业革命的投资提供了资本；其次，帝国的市场是倾销出口商品之所在。英国的工业革命使得原棉、羊毛、木材、皮革以及对油脂的需求出现了爆炸式的增长，1759 年英国每年消耗 1000 吨左右的原棉，到 1787 年，英国大约年消耗掉 1 万吨的原棉，到 1829 年是 10 万吨，1913 年则接近 100 万吨。同样，生产机械化之后，对羊毛的需求也是每 13 年增加 1 倍，从 1820 年的 4400 吨到 1913 年时的 21.4 万吨。同样，工

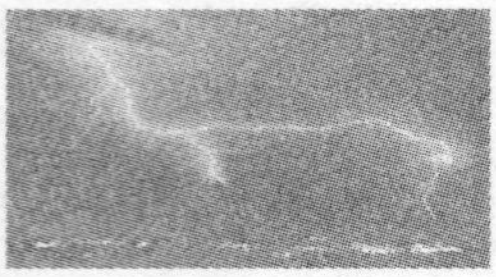

业革命也带来了城市无产阶级的增加，尽管有大规模的国民移往海外，其人数从1801年时的1020万人增加到1901年的3700万人。为了满足不断激增的需求，只能靠进口来维持，到1900年为止，英国所需羊毛的80%来自进口，小麦有84%来自进口，37%的牛肉、47%的羊肉，还有53%的乳制品和家禽也需要进口。庞大的外部需求使得全球农业生产区兴起，但这些生产区却不是自发产生的，而是英国等国家凭借武力来创设的市场。他们很容易进入这样的地带：人烟相对稀少，当地缺乏复杂的政府或政治结构，南半球的温带地区和北非地区尤其符合这样的要求。欧洲人入侵时带去的动物、杂草、病虫害、食肉动物和病菌迅速破坏了原来的生态系统，当地人快速地死去，也消灭了当地的劳动力资源，为了找到劳动力，欧洲人从非洲加勒比海地区贩卖奴隶到美洲，虽然在贩卖的过程中死亡率高得惊人。为了建立新的供应区域，特别在热带地区和南半球，欧洲人还蓄意进行物种种植，例如，橡胶来源地巴西成了咖啡生产国，而马来西亚则被英国变成了一个橡胶种植园[①]。最为典型的是爱尔兰，本来爱尔兰不在英国畜牧圈之内，但是最终成为英国经济的内部环带。为了给英国供应牛肉，当奥利弗·克伦威尔恢复了其在英国的统治之后，通过杀害数以千计的爱尔兰人及其把其他爱尔兰人当成奴隶运到英国在加勒比海地区的糖和烟草种植园中，以腾出更多的土地用于养牛，从而在爱尔兰地区发生了“牛吃人”的现象。爱尔兰农民发觉其日常饮食从燕麦变成了马铃薯，因为马铃薯的能量高，以节省更多的土地来放牛。

正像汤因比所说，疾病的发生不是造成了文明衰落的原因，相反是文明衰落的结果。的确，空前的人类灾难——黑死病的爆发标志着中世纪传统宗教统治时代走向瓦解。这一过程用了一千多年，之后的欧洲逐渐走向理性和科学。

欧洲逐渐兴起，特别是发生在英国的工业革命让物质生产出现了爆炸式的增长，这标志着一种新的文明——工业文明的到来，15～19世纪，全球经济逐渐兴起，以亚当·斯密和大卫·李嘉图为代表的新古典经济学兴起，特别是以大卫·李嘉图的静态比较优势占据了当时的国际贸易理论，国际贸易和国际投资相比于20世纪第二次世界大战后更甚，但是却导致了世界体系理论所说的中心区域和边缘区域的出现。

① 赫尔曼·M. 施瓦茨著，徐佳译：《国家与市场：全球经济的兴起》，江苏人民出版社2008年版，第151页。

发生在上4个世纪的全球经济秩序以绝对的军事霸权为基础，靠军事占领、赤裸裸的原料掠夺和贩卖奴隶为主要手段，其中充满的是扩张与征服。其中，英国在这一轮的全球化中占据了大部分时间。

这就是中世纪以后的第一次世界秩序，我们称之谓英帝国时代。

但是越来越多的依靠政治机制而不是通过市场来维护其统治地位，标志着英国霸权的瓦解。美国和德国经济崛起的根基——管理的职业化，工业的卡特尔化，生产的电气化以及工业生产流程的泰勒化；科学管理逐渐侵蚀着英国霸权的根基。无论是英国国内还是美国，都面临着社会矛盾的激增、贫富差距加大、环境恶化、腐败横生，英国霸权面临着崩溃，世界性的灾难正逐步来临。可以狄更斯所著的《双城记》扉页上一段广为引用的名言来结束这一时期：“这是最好的时代，这是最糟糕的时代；这是智慧的时代，这是愚蠢的时代；这是信仰的时代，这是怀疑的时代；这是光明的时代，这是黑暗的时代；这是希望的春天，这是绝望的冬季；我们拥有面前的一切，我们面前一无所有。”

“男人的刮胡子刀片磨了再用；自己动手卷纸烟，要不就抽“翅膀”牌（一角钱一包）；为了省电，改用25瓦灯泡；孩子们捡汽水瓶到铺子里退钱，一个两分；上面包店排队买隔夜的面包；妇女们把旧被单剪开，再把两边缝接起来，这样就把中间磨损的地方分移到两边去了；把自己的衣服改一改给女儿穿，这样在邻居太太面前就不显得寒碜——其实邻居手头一样紧，恐怕采取的办法也是一样。许多人家把收到的祝贺圣诞的卡片保存起来，明年好改寄给别的朋友。”这是威廉·曼彻斯特在《光荣与梦想：1932～1972美国实录》中描写大萧条年代的一段话。1929年10月29日，美国金融界崩溃了，股票一夜之间从顶峰跌入深渊，价格下跌之快，连股票行情自动显示器都跟不上，美国迎来了它的“黑色星期二”，从1929年10月29日到11月13日短短的两个星期内，共有3000亿美元的财富消失，相当于美国在第一次世界大战中的总开支。但这只是美国经济萧条的开始，自1929年到1933年初期，美国经济持续衰退，工业产出下降了37%，价格下降了33%，实际GNP下降了30%，而名义GNP则下降了一半以上，失业率上升到25%的最高峰，并在20世纪30年代的其他年份一直保持在15%以上。实际上，德国比美国更早发生了经济萧条，从1873年到19世纪90年代，德国的股价从波峰到波谷下跌了60%，冶铁业产量急剧下降，许多厂房关闭。虽然产出在上升，但是价格在持续下降，主要的西欧国家已经放弃了自由贸易。第一次世界大战让英国霸权荡

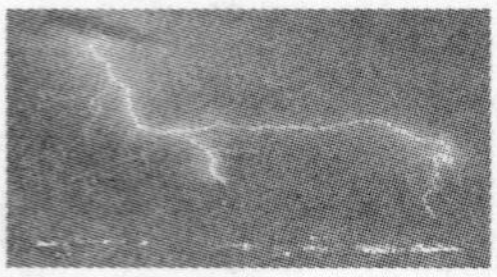

涤无存，世界进入了一个“新的无序”竞争的年代，从而扰乱了整个世纪的经济。金本位的消失导致了世界货币的混乱，单单是货币还不足以摧毁19世纪的经济制度，但是随之而来的投资和贸易却有此能力。在1929～1932年的危机中，货币的混乱导致了几乎每个国家都诉诸于竞争性的货币贬值、排他性的关税、拖欠海外债务、利用政策来控制出口水平，其直接后果就是贸易在1929～1932年间下跌了2/3以上，整个的贸易体系被打乱。如此的混乱和深重的危机导致了政府管理经济的凯恩斯主义、国际贸易的民族主义兴起。1933年希特勒的上台就与此直接相关，不过1932年德国就从严重萧条中恢复过来，恢复的速度比欧洲其他国家都快。在希特勒掌权之前，重整军备就已经暗中开始，其上台之后，任命沙赫特为德意志银行主席，并且赢得了“第一个凯恩斯主义者”的称号。沙赫特利用国家的力量大力建设基础设施，重整军备，扶持了如克虏伯、西门子、莱茵钢铁等大公司，国内经济的崛起、纳粹主义的兴起以及一战时期的债务等因素导致了第二次世界大战的爆发。在这场命运的生死搏斗中，先后有60多个国家和地区参战，波及20亿人口（占当时世界人口的80%），战火燃及欧、亚、非、美、大洋洲和四大洋，5500万人为此付出了生命，约占交战国国民收入的60%～70%的财富在这场战争中耗费掉，物资总损失价值高达4万亿……

大萧条和战争不能不让人们重新思考原来混乱的世界。恢复开放的贸易秩序、资本的自由流动以及货币的可兑换性的问题提上日程，国际主义者也一致推选美国担当领导世界的角色，虽然美国开始并没有担当领导人的意愿。因为20世纪20年代的美国经济并未完全融入全球经济，自身的经济规模还足以支撑美国经济向外发展，美国国内以钢铁公司、铁路、煤矿为代表的民族主义者对国际经济问题没有兴趣，但是战争永远打消了实行真正的孤立主义外交政策的念头，即使他们坚持认为美国繁荣的最终来源仅在于国内市场。经历国内政治妥协之后的美国没有采取英国的方式，而是采取单边行动以及依靠市场来强行实现其利益，美国创设了一系列的国际机构。当然，大萧条和战争时代的政治学编著出一套全球贸易规则，其中，货币和贸易流通要服从于充分就业和社会保障，于是在美国掌控下的联合国、国际贸易组织、世界货币基金组织等国际机构得以构建，国际贸易和投资在其制度框架下进行，全球主要国家在第二次世界大战之后进入人类历史上的第二轮全球化过程中。不过在这个时期，《联合国宪章》得以签订，标志着人类主权和领土完整神圣不可侵犯，依靠战争获取发展空间和自然资源的历史基本结束，世界真正进入了一个依靠技术和生产来获取经济发展的时代，这也就是自二战以后人类进入一个新的世界性的生产秩序。各个国家的相互依赖越来越大，国家之间的竞争意味着一个国家生产多了，另一个国家就要少生产。大机器生产以来，各个国家之间竞相扩大生产，通过规模经济取得竞争优势，生产过剩成为世界的一个常态。日本和德国是战后依靠技术崛起最为典型的国家。战败后的日本被剥夺了拥有常规军队的权力，但是这反而促进了日本经济的发展。日本在战后从美国、欧洲购买了很多军事技术直接用在民用产品中，日本光学相机就是这样发展起来的，这在 15～19 世纪的欧洲霸权年代是不可想象的。毫无疑问，二战后由于地缘政治等因素的影响，日本、韩国等东南亚国家迅速崛起，欧洲在马歇尔计划的帮助下迅速恢复。紧接着，是中国和印度的工业化进程，全球经济规模从 1970 年的 14.3 万亿美元增长到 1999 年的 29.995 万亿美元，特别是全球制造业增长迅速，从 1975 年的 25000 亿美元增加到 1991 年的 4 万亿美元。经济全球化在 20 世纪 90 年代后进入加速期，全球贸易自由化程度不断提高，近 10 年，商品和服务贸易也从占世界 GDP 的 39% 增加到 52%；私人投资和资本流动日益增长，从 1970 年到 1998 年，全世界的资本流动增长了 2 倍多，1999 年达到全世界 GDP 的 18.3%。在这个过程中，美国成为毫无争议的世界霸主，无论是军事、经济，还是文化。

我们把这一时期称之谓第二次全球化中的美国霸权。

跨国公司和国家交流迅速增加，消费主义生产方式兴起。资源的消耗空前剧增。自工业革命以来，大气中二氧化碳含量增加了 25%，远远超过科学家可能勘测出来的过去 16 万年的全部历史纪录。这些个体理性行为引发了一场集体灾难——全球气候变化。正像在前文中所说的，气候变化背后涉及国家安全、财富的创造、技术路线的走向、价值信仰的确立、交通体系的重建、国际贸易的规则、能源结构的调整，从而最终决定各个国家的福利待遇。而这些重要的问题解决，需要国家间的交流、合作、谈判，甚至战争。在这个新的世界秩序建立的过程中，气候变化对各个国家的影响不同，俄罗斯可能成为最大的赢家，而一些岛国则是受影响最大的国家；清洁技术不再掌握在某一个国家，而是分散在很多国家；国家、企业和个人如何通过低碳商品和服务来创造财富，目前依然更多地停留在概念的状态，大部分新能源都依靠国家补贴，电动汽车目前还没有价格的竞争力，国际碳市场受国际气候谈判的影响而前途未卜；对气候变化和环境这个问题的争论也是各持己见；交通工具的技术路线涌现很多，电动汽

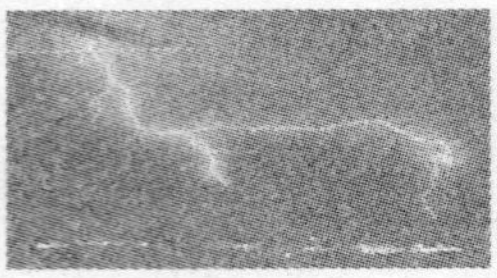

车、生物柴油汽车、氢能汽车还是其他技术，目前都在争论或者说处于激烈竞争之中；国家贸易如何体现碳公平和减少全球碳减排似乎没有定论，发展中大国坚持认为要通过最终消费来确定，而发达国家则希望根据各个国家试行的碳排放政策来确定国际贸易的规则；新能源更是涌现出了很多领域，但是哪个领域能够实现突破并最终占领主导地位，依然是个未知数。虽然欧洲、美国和日本依然在很多领域占领着主导权，但是中国、印度、俄罗斯、巴西在一些领域也具有了相当强的实力，中国已经是世界上最大的太阳能电池板的生产基地，第二大风能国家，电动汽车走在世界前列；巴西的生物乙醇出口美国；俄罗斯在北极依然具有绝对的优势；甚至一些小岛国和非洲国家在国际气候谈判中成为最为关键的力量。在哥本哈根会议上，美国正是通过一些小国来达到制约中国的目的，马尔代夫的海下会议成为世界报告的焦点。

所以这是一个在各个领域建立新规则的时代，国际秩序的确立和规则的制度有了更多国家的参与国家间的竞争和争论明显增多，而且与前两次相比更加民主化。所以，从历史的角度来看，我们不需要对气候变化犹豫太多，因为只有支持气候变化，才可能在诸多领域有发言的权利和制定规则的权利。

我们把这个时期称之谓诸侯争霸的时期。

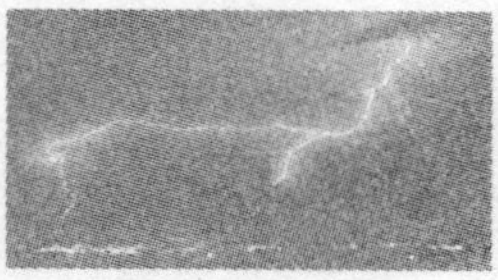

> 只要北冰洋还是冰，除了我们没有人关心，因为我们可以狩猎、捕鱼以及在冰上航行，然而，一旦冰面开始融化变成了水，那么整个世界都开始感兴趣了。
>
> ——加拿大因纽特人、女环保主义者、2007 年诺贝尔和平奖提名奖得主瓦特·克卢捷

第二章 气候变化后的地缘政治：热战与冷战？

气候变化与可能的冲突

自从亨廷顿的《文明的冲突与世界秩序的重建》一书出版以来，从宗教、种族以及文明的角度来解释冲突、战争成为主流。很多学者从

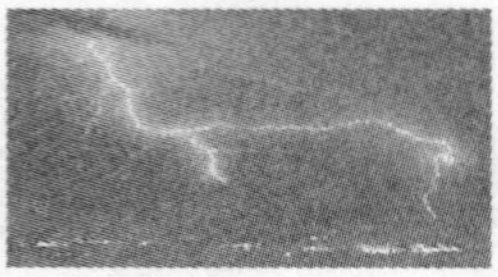

《古兰经》、《圣经》中寻找冲突的宗教根源，文明的差异导致世界不可调和的矛盾，最终导致“世界末日”。但是这种解释无益于解决战争和冲突，甚至会成为政治家发动战争的借口和民族分裂的自我实现。

过去几十年间，我们谈论气候变化的方式发生了非常大的转变，在20世纪七八十年代，还只是停留在科学的层面，并且认为这不是一个非常重要的问题；到了90年代，气候变化开始成为政策制定者讨论的问题，气候变化变得越来越复杂。在一个化石年代，减排意味着利用能源的方式发生转变，气候变化从而成为了一个能源问题，而各个国家的经济发展阶段、经济结构不同，减排对各个国家的经济影响也不同，因此又发展成为一个经济甚至是政治问题。不过2007年联合国安全委员会开始讨论气候变化、能源供给与安全问题时，美国安全委员会也开始讨论气候变化，美国的外交委员会和有较强军事背景的美国国际战略研究所分别发布了《气候变化和国家安全》以及《后果降临的年代：全球气候变化下的外交政策和国家安全》。气候变化逐渐成为一个涉及国家安全的“高级”政治问题，因为气候变化导致的水资源短缺、食品安全、疾病流行、海平面上升、人口的重新分布、北冰洋的解冻等，都有可能加剧现在的紧张态势，并有可能造成军事冲突，从而改变整个世界的地缘政治。于是，产生了气候变化的地缘政治学，也就是气候变化对传统安全的影响。

全球有11亿人无法得到清洁的饮用水，超过8.5亿人营养不良，气候变化引起的干旱、洪水以及突发的自然灾害可能会让情况变得更糟，不断增加的世界人口更是雪上加霜。很多年前就有人预测未来可能会发生水资源战争，水在一定程度上决定着中东和非洲这些地区的农业、旅游业、经济增长，甚至国家兴衰，因此，水资源也成为一种战略资源。关于水资源是导致冲突还是合作，这一问题尽管还有很多争论，但是水资源已经成为一些国家的谈判砝码、控制和援助的工具，水资源利用的不平等已经成为这些国家分配的象征和国家权力的代表，例如，有消息称土耳其向叙利亚提供水以换取间接参与以色列和平谈判的权利。干旱引起的土地沙漠化在南亚、北非等很多地区已经长期存在，土地在这些地区也变得越来越奇缺。更为重要的是，这些地区大多是“温饱型”经济体，缺乏适当的制度安排来调节各个集团的利益冲突，并且他们适应气候变化的能力有限，因此容易导致“温饱型”冲突，比如苏丹的达尔富尔问题。

根据IPCC第三次评估报告，到2010年，海平面将上涨9~88厘米，海平面的上升将带来新的领土边界。第一，海洋上小的岛国未来将可能在

海平面上消失，例如南太平洋地区的图瓦卢群岛，如果它们的领土消失在海平面以下，那么这些国家是否还在联合国拥有席位？原有的海岛附近的海面所有权将归谁所有？它们还可以在原有的小岛附近停泊吗？《蒙得维的亚关于国家权利与责任公约》详细规定了在国际法中一个“国家”是否合法的一系列标准，其中这些标准包括：有确定的领土、有常住的人口、有一个政府以及与其他的主权国家有外交关系。以上四条标准是建立一个主权国家的必要条件。后两个条件容易满足，但是前两个条件却还没有明确的规定，例如，南中国海的一些小岛，如果原来属于中国，那么它们在海平面上消失之后，中国还可以在附近驻军吗？英国把在印度洋上属于自己的小岛让渡给美国作为军事基地，但是如果消失之后，英国则明显减少了谈判的砝码，更为重要的是美国将要在哪里派驻新的军队？海洋小岛的消失，使得这些国家将不得不寻找新的“住所”，马尔代夫已经筹划在海外置地，但是气候移民之后他们将如何生存？会不会给原有的地区带来新的安全挑战？第二，海平面的上升还会导致一些国家边界的模糊，一般来说，一个国家拥有200海里的经济专属权，除非一个国家与另一个国家头对头。比如，如果两个国家之间的距离为1000公里，它们可以通过协商把经济专属权扩大到250海里，古巴和美国边界就是这样的，1977年两国签订协约，每两年两国边界更新一次，其主要是一些小的岛屿，但是现在的问题是美国驻扎在佛罗里达的军事基地海拔非常低，古巴大多是海拔较高的山区，撇开巴哈马群岛不算，如果佛罗里达南部消失，其军事基地逐渐向里靠近，而两个国家的边界是不是要重新商议？那么美国通向墨西哥港湾的海域将可能属于古巴，虽然两国边界的处理可以在国际法的框架下通过每两年的国际谈判解决，但是很多时候，安全与国际地缘政治将决定边界的划分，而不是国际法，类似的情况在世界其他地区也存在。如果说这些地区还不是非常紧迫，气候变暖引起的北冰洋边界的模糊将引起重大的战略变局，随着夏季逐渐可以通航，为节省距离，从欧洲到亚洲的船只将考虑把航线从地球的南端转移到地球的北端，那么白令海峡将替代非洲的好望角，但是航运谁来管理？如何管理？更为重要的是这里拥有大量的能源，那么谁可以在这里开采，如何开采？毫无疑问，这些地方都隐藏着潜在的冲突，如果说“热战”是发生在赤道地区第三世界国家之间的冲突，那么北极地区将是世界上发达国家“冷战”的战场，这里面有美国、俄罗斯、加拿大、欧洲等国家和地区。第三，目前2/3的全球人口居住在沿海地区，因此大部分的基础设施也分布在这些地区，包括上海、纽约、伦敦以及华盛顿等国际城市。2005 年美国卡特里娜飓风发生以后，休斯敦突然多了 15 万的“难民”，来自新奥尔良市的很多年轻人就与当地的年轻人发生了冲突，并且休斯敦当时的犯罪率高达 20% 左右。

气候变化导致的移民也可能是未来冲突的来源，目前，移民已经给国际政策带来了很大挑战。随着气候变化，来自热带地区的环境移民将越来越多，比如尼日利亚土地沙漠已经成为国家的首要问题，每年有 3500 平方公里的土地沙漠化，随着自然环境的不断恶化，很多农民和牧民开始向已经非常拥挤的城市或不断减少的可居住区迁移，移民的进入往往会带来资源的竞争，如果再有种族的差别，冲突发生的可能性将更大。

一些国家因为气候变化导致的国内一时不稳定可能会给周边国家以可乘之机，当然这里的周边国家可能是世界上任何有“企图”的国家，比如它们可以向受灾地区以提供援助的形式趁机进驻军队，或者是赤裸裸的军事进攻。1998 ~ 2004 年扎伊尔和刚果之间发生战争时，周边的一些国家就出于各种考虑进行了干涉；苏丹的达尔富尔问题也给西方国家进行干涉提供了“合理理由”。

气候变化还可能阻碍经济发展，特别是对自然条件依赖度较高的贫困国家，因为干旱和土地沙漠化将减少农业产出，不断增加的自然灾害，如飓风和洪水，还将导致基础设施的破坏，从而影响整体的经济增长。不断恶化的自然环境还会让国家将过多的精力投入其中，从而减少其在医疗、教育、基础设施等领域的投入，而这些领域对发展更为重要。气候变化引起的某些年份农业产量的下降还可能影响国内的选举，进而影响国内的长期发展。

气候变化主要是由发达的工业化国家引起的，而受到影响的则主要是落后的发展中国家，因此造成了国际分配的不平等。根据“谁污染谁治理”的原则，已经工业化的国家应该负有主要的责任，以给发展中国家更多的援助，但是谁援助多少，谁来援助，将越来越成为争论的焦点，甚至是冲突的来源。更为重要的是，这种冲突不仅将发生在发达国家和发展中国家之间，还将发生在一些新兴的工业化国家和最为贫困的发展中国家之间，因为这些新兴经济体，比如中国、印度和巴西等国家的碳排放量也非常大。

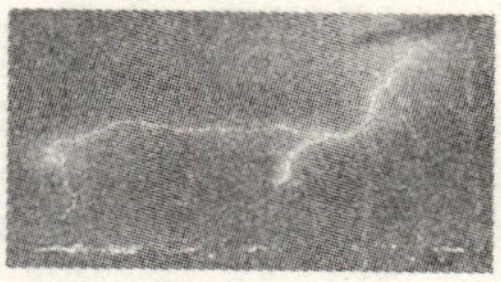

气候变化的政治后果：分析热战的一个系统模型

关于资源匮乏、人口增长是否引起冲突和矛盾的争论自 1798 年英国经济学家马尔萨斯创立人口论以来就一直存在。进入 20 世纪以来，随着科技的进步，土地、水等自然资源的减少并不一定导致粮食产量的减少，气候变化导致的资源匮乏与战争之间也没有必然的联系。回顾 20 世纪的战争史，自 50 年代以来，军事冲突稳步上升，到 90 年代达到顶峰，从此以后，军事冲突明显减少，死亡人数下降得更多（见图 2.1），国家间的战争二战后明显减少，在 2005 年和 2006 年都没有新的战争出现（见表 2.1）。比较气候变化与军事冲突两者之间是一个相反的趋势（见图 2.2）。

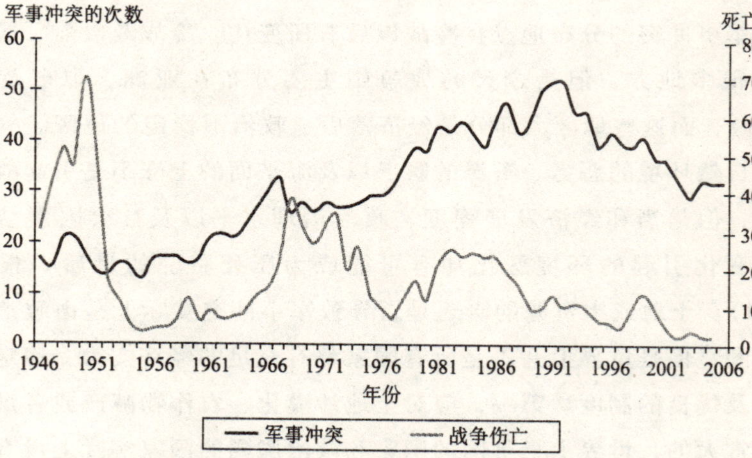

资料来源：www. iisd. org。

图 2.1 自 1946 年以来发生军事冲突的频率及造成的危害

表 2.1　　2000 年以来的军事冲突

冲突类型	2000	2001	2002	2003	2004	2005	2006
国家间冲突	2	1	1	2	0	0	0
国内冲突	31	30	28	25	28	26	27
“国际化”的国内冲突	4	5	3	2	4	6	5
总数	37	36	32	29	32	32	32
重复发生的战争	4	1	2	5	8	9	4
新的战争	1	3	1	2	2	0	0

资料来源：www. iisd. org。

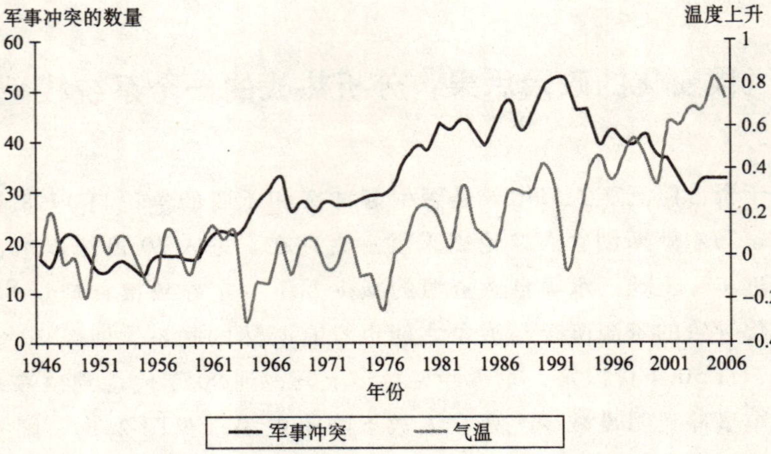

资料来源：www. iisd. org。

图 2.2　全球气候变暖与军事冲突次数的趋势比较

不过军事冲突的分布地点在冷战以后有所变化。冷战及以前，战争分布在世界很多地方，但是今天的战争则主要分布在亚洲、中东及非洲（见图 2.3），而这些地区大部分是经济落后、政治不稳定的地区。气候变化引起的自然环境的恶劣、资源的匮乏以及海平面的上涨不是引起战争的必然因素，但是当和经济发展程度、政治治理水平以及社会因素结合以后，气候变化引起的环境恶化却有可能成为压死骆驼的最后一根稻草（见图 2.4）。土地或水资源的匮乏是否导致军事冲突实际上是由政治或者制度决定的，但是世界上并不是所有国家都有充足的经济实力、稳定的政治环境以及优良的制度。第一，应对土地沙漠化、农作物减产或者洪水的成本是非常大的，世界上最贫困的国家和政治脆弱的国家实际上没有能力应付这些危机。第二，由于自然灾害使得本来用于教育、医疗健康、基础设施、安全等方面的支出用在了防灾、救灾上，从而影响了政府的收入分配制度，也影响了国家长期的健康发展。发生在 1990 年的肯尼亚军事冲突和 1994 年的种族清洗都与这一因素有关（Kahl，2006）。第三，长期遭受自然资源匮乏而又得不到及时救助的群体很有可能会通过反政府运动来影响政治选举结果，特别政治上不太成熟的国家尤为如此。

贫困和经济不稳定是导致冲突的重要因素（Collier，2003），一些“温饱型”国家由于不能较好地应对因为气候变化带来的自然灾害，从而导致个人和国家的贫困。首先从个人层面上来讲，由于气候变化引起土地干旱、土壤流失以及高温导致农作减产甚至绝收，极容易导致个人从事犯

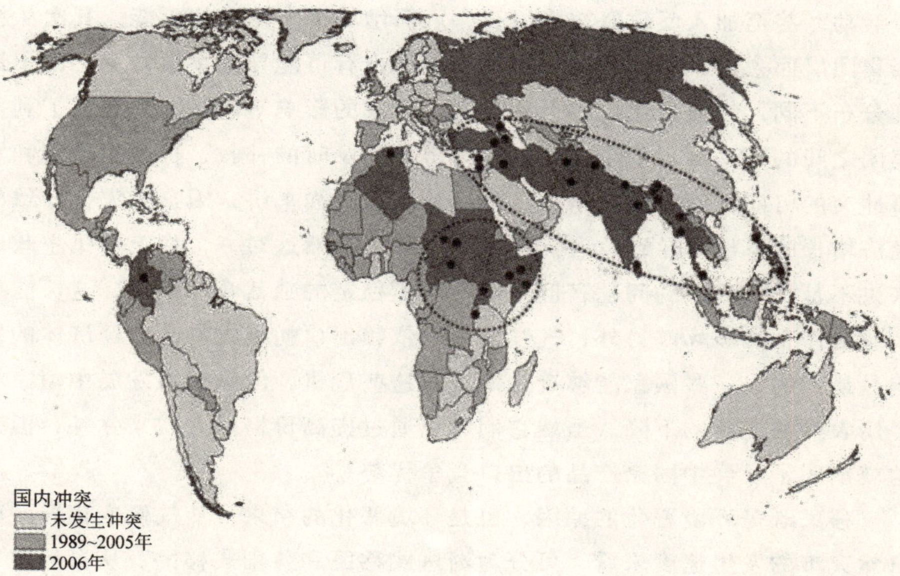

资料来源：www. iisd. org。

图 2.3　2006 年发生在国内的军事冲突

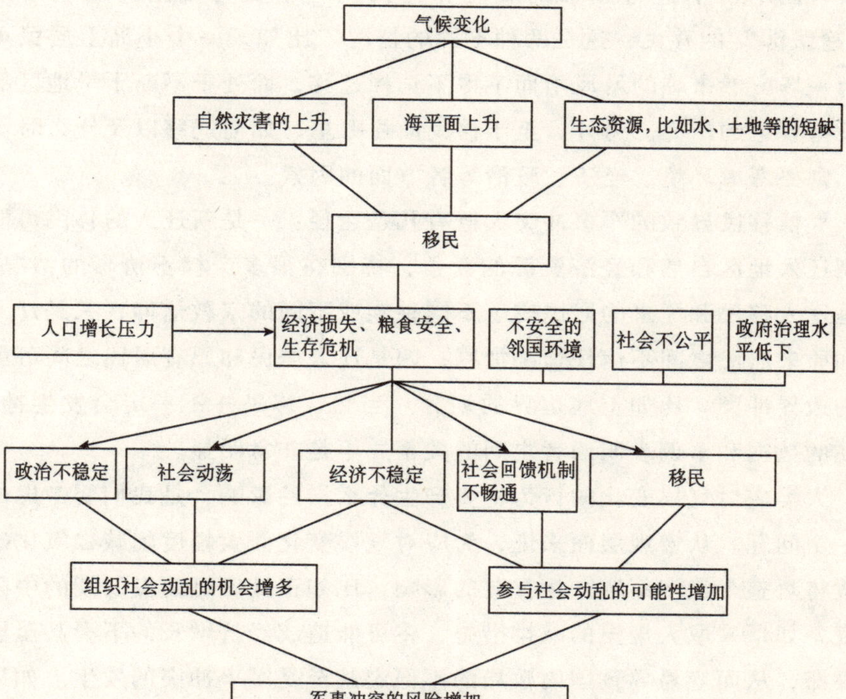

图 2.4　气候变化与冲突的系统模型

罪活动，甚至加入反政府军事组织，从而增加军事冲突的可能。其次从社会集团层面来讲，利益集团之间的不平等也有可能导致军事冲突。由于地理分布不同，气候变化给各个利益集团造成的影响不同，因此造成了利益集团之间的不平等，如果这些不平等得不到及时的补救，社会不稳定和军事冲突的可能性就会明显增加。最后从国家层面来讲，因自然灾害导致的经济增长的下滑会导致政府支持率的下降，虽然这对一个稳定的民主政府来讲不是什么多大的问题，但是对一个不稳定的独裁政府来讲，这可能导致政治体系的破坏。另外，气候变化对依赖出口初级农产品的经济体的影响是最大的，一些国家能够有效地应对这些危机，但是很多发展中国家将经历农产品产量的下降，虽然它们可以通过提高价格的方式来弥补，但是这就削弱了发展中国家产品的出口竞争优势。

移民既是环境恶化的原因，也是环境恶化的结果。从气候变化导致的自然灾难的发生速度来看，可分为渐进式移民和急剧式移民；从自然灾害的发生性质上来看，可分为长期移民和短暂移民（如为了躲避突然的自然灾害就可能产生短暂性的移民）。还一种分类法，就是为躲避突发的自然灾害而不得不进行迁移的难民和为找到一个更为安全的发达国家而“长途跋涉”的移民，这是两种不同的情况。比如，一个小岛上居民可能因为一场突然来临的暴风雨而不得不选择迁移，而处于不断干旱地区的人则没有紧迫的压力。另外，至于移民前往哪里、如何迁移以及什么时候迁移，则要考虑环境、经济、政治等各方面的因素。

气候移民导致的军事冲突大概有几条途径：一是新迁入的移民可能会加剧迁入地区自然和经济资源的竞争，特别在很多产权不清晰的情况下；二是迁入移民和原来的居民属于不同种族或不同的宗教信仰；三是迁入移民和原来居民之间不信任情况加剧；四是迁入居民和原有居民之间可能发生的边界冲突，比如土地边界的划分。当然，移民并不一定会发生冲突，现在的数据和事例表明两者之间的关系并不是非常明显。

人类应对气候变化的行为将要产生什么样的影响，是我们要考虑的最后一个问题。从宏观层面来说，为应对气候变化而大幅度削减二氧化碳的排放将对整个经济系统产生重要的影响，比如正处于迅速发展期的中国和印度，如果采取大规模的减排措施，将可能造成经济增长的下滑甚至经济的停滞，从而容易导致国内政局的不稳定甚至是军事冲突的发生。如果对国际航空征收高税收，则会对小的旅游国家产生重大影响。从更小的层面来讲，为减少排放或提高灌溉效率而修建的堤坝将会对河流下游地区产生重要影响；大规模使用生物燃料最受美国农业集团的欢迎，但是中国和印度则可能出于粮食安全的考虑，对生物燃料的使用则十分谨慎，同时也可能对全球粮食价格产生重大影响。

另外，气候变化还会对战争的原因如何定性产生影响，最近大家争论最多的是达尔富尔问题。有观点认为，战争爆发的根源是气候变化。也有人对中国从唐末到清朝的战争、社会动乱和社会变迁进行了系统的对比分析，发现冷期战争发生率明显高于暖期，70% ~80% 的战争高峰期、大多数的朝代变迁和全国范围内的动乱都发生在气候的冷期；进一步分析还发现，战争数量与气温距平有着显著的负相关关系，并认为所谓中国历史的朝代循环以及大乱和大治的交替，气候的波动变化是决定性因素之一①。当然，我们并不是环境决定论者。

新马尔萨斯论——水会成为下一个石油吗?

14 世纪中期欧洲发生黑死病以后，人口数量锐减，直到 15 世纪中期，人口才快速增长，而且可以弥补上一个世纪黑死病造成的人口大量死亡，局面有所恢复，但是之后人口又有所减少。人口之潮涨涨落落，揭示出倾向性的规律，这些长期规律一直延续到 18 世纪，也就是在 18 世纪以前，欧洲人口总是被围在一个几乎固定的圈子里，人口数量刚要触及圈子的周边，几乎马上出现退缩，恢复人口平衡的方式大概就是匮乏、灾荒、饥馑、战争以及种种疾病。实际上，伤寒、天花病、结核病、性病、梅毒都曾肆虐欧洲，这就是 18 世纪末期英国经济学家马尔萨斯人口论产生的时代背景。

马尔萨斯从人性和土地边际效益递减的角度来论证粮食产量的增长无法跟上人口的增长，因此食物不足导致的贫困、恶习、冲突、战争不可避免。要改变这一状况，一是通过晚婚、独身、节育等措施降低出生率；二是通过战争、瘟疫、贫困、洪水等方式来达到粮食产量和人口的平衡。但是自从 18 世纪末期以后，不可逾越的人口界限得以冲破，人口不断增加，没有停滞。显然，马尔萨斯没有意识到医疗水平的提高、科技革命对粮食

① 章典、詹志勇、林初升、何元庆、李峰："气候变化与中国的战争、社会动乱和朝代变迁"，《科学通报》，2004 年第 12 期。

产量的影响。20 世纪 60 年代发生在印度的“绿色革命”（1967～1968 年，印度开始靠先进技术提高粮食产量的第一次试验，结果粮食总产量有了大幅度提高，使印度农业发生了巨变），又让印度多了 7 亿人口。马尔萨斯也没有认识到随着工业化的进程，很多国家的人口不升反降，人口出生率降低成为很多国家的问题，比如俄罗斯，为了多生育孩子，竟然规定“做爱日”，“无堕胎周”。但是这种情况并不是所有国家都会出现，在很多落后的非洲、中东和亚洲国家，依然存在类似马尔萨斯论的难题，这种问题如何解决？

现在非洲的很多地方并不比中世纪的欧洲强多少，疟疾、艾滋病、饥饿、贫困、环境恶化、战争依然是制约非洲发展的主要障碍。由于种种原因——基础设施的不完善、腐败、非市场经济——使得非洲从来没有发生过绿色革命。实际上 1970～2000 年撒哈拉以南非洲人均粮食产量在下降，而人口却有了飞速增长，每年的粮食缺口将要达到 1000 万吨，这里有全世界1/4的最贫困人口。非洲缺少适航、可以出海的河流，缺少灌溉系统，农民接触不到道路、市场和肥料，土地的养分几乎被消耗殆尽。据联合国估计，未来非洲 70% 的耕地将面临沙漠化的危险。总之，地理因素和经济因素让非洲的饥饿—疾病—贫困循环往复，非洲进入了长时期的贫困陷阱。类似的情景还发生在中东、南亚等地区。

这些地区面临的首要问题就是水资源的短缺。在很多非洲国家，清洁水都是一个十分稀缺的资源，非洲大概有 1/3 的人口生活在干旱地区，1/4的人口面临着水资源的压力，1975～2002 年间的自然灾害中，有 31% 是由干旱引起的，埃塞俄比亚、索马里等国家在 20 世纪超过 60 万人死于水资源的匮乏。干旱和饥荒一直是涉及这些国家安全的头等大事，并且这几年也一直存在持续不断的国内和国际战争。在很多地方，水污染问题也非常严重，农业用水的过度以及大量工业用水排入湖泊，导致非洲 2/3 的农村人口和 1/4 的城市人口无法获取清洁的饮用水。

气候变化给这个问题雪上加霜，已有很多研究表明，气候变化将对水资源的利用、水质、水的需求产生重大影响；同时，气候变化引起的飓风的增多还将导致洪水的泛滥。据估计，在过去的一个世纪，地中海地区、南非、西非、澳大利亚以及咸湖地带降雨量都有明显的下降，到 2050 年，北非包括埃及、苏丹、伊朗、叙利亚、以色列等地区降雨量将比现在降低 20%～25% 左右，温度将要上升 2℃～2.75℃，印度、巴基斯坦、阿富汗等地区的降雨量将平均减低 5%～25%，温度升高 1.75℃～2.5℃。如果

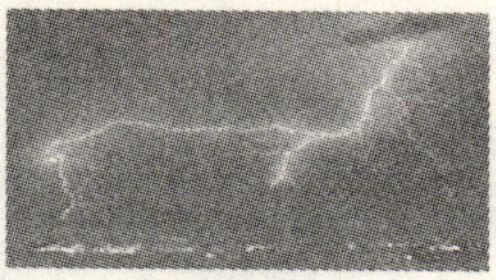

说石油是工业化国家“生命的血液”，并导致了大量的战争，那么不断紧缺的水资源则是非洲、中东和亚洲等国家争夺的战略资源。有很多作家、政治家、国际组织的领导人以及记者都预言国际社会可能会因为争夺水资源而发生战争。目前，超过200条河流流经两个或两个以上的国家，并且很多国家80%以上的水资源依赖上游国家。

尼罗河与非洲十国

非洲的尼罗河[①]是古埃及文明的发源地，流经十多个国家，现在有总计3.6亿人生活在尼罗河两岸，埃及7800万人口几乎完全靠尼罗河生存。目前尼罗河水资源分配的依据是1929年英国殖民地和埃及政府签订的一项条约，在当时英国殖民地的提议下，9个尼罗河流域国家达成一项赋予埃及和苏丹对尼罗河拥有优先使用权的协议，给尼罗河提供86%水源的埃塞俄比亚却没有加入这项协议。1950年埃及和苏丹就曾因为阿斯旺大坝发生过冲突，埃及曾因此向靠近苏丹的边境派兵，大战在即之刻，苏丹最终屈服。直到1959年，尼罗河流域国家对该协议进行了部分修改，埃及每年享有555亿立方米的尼罗河水份额，苏丹的份额为185亿立方米，并且规定上游国家在未经埃及同意的情况下，不得实施筑坝等影响埃及份额的水利项目，否则就是违反国际法，埃及政府甚至扬言不惜战争。自此以后，关于尼罗河两岸的水资源利用问题就没有停止过。埃及95%的用水依靠尼罗河，因此上游的任何变动都会对埃及产生重大影响。

受到气候变化的影响，非洲东部降雨骤降，尼罗河上游的维多利亚湖河水不断减少，最终导致下游部分地段河床裸露，沿岸农田出现严重旱情，更为严重的是，尼罗河沿岸的很多国家分别在所属地带兴建水利工程，仅苏丹河流域就已启动多个水利工程项目，上游的维多利亚湖也准备兴建非洲最大的大坝。直到最近，苏丹还在不停地威胁埃及，要关上维系整个埃及民族命运的水龙头，虽然苏丹目前还没有强大的实力修建这么多

---

① 尼罗河发源于赤道以南，非洲东部的高原之上，由南向北奔腾而去。尼罗河有两个源头，一个发源于2621米的热带中非山区，叫白尼罗河。白尼罗河流经维多利亚湖、基奥加湖等庞大的湖区，其途经刚果、坦桑尼亚、布隆迪、卢旺达、乌干达，与另一发源于海拔2000米的埃塞俄比亚高地的青尼罗河在苏丹相遇，从而形成大家所熟悉的尼罗河，最后经埃及流入地中海。

的大坝，但是随着埃及阿斯旺大坝的修建，下泻水量明显减少，如果对海水的冲力明显减弱，将会导致尼罗河入海口淤积并危及港口城市，所以埃及十分关心上游水系，并因此与埃塞俄比亚发生了冲突。正如埃及前总统萨达特所说，如果埃塞俄比亚政府执行他们把尼罗河水加以调配用于农业灌溉的计划，则威胁炸掉这些水利设施。但是埃塞俄比亚直到目前都依然还是世界上最为贫困的国家之一，并且大部分粮食依靠国际援助，他们认为，任何一条国际河流沿岸的国家在没有与有关国家达成协议之前都有权开发流经国内的水资源。政府间对于尼罗河的使用谈判已经历时十年，近期已停止磋商，埃及和苏丹拒绝放弃它们目前对于尼罗河上游国家水源使用多寡的决定权。

非洲类似的冲突还可能发生在纳米比亚、安哥拉、博茨瓦纳交界的库内内河地区。

喜马拉雅山与南亚、东南亚的潜在冲突

从 1947 年印度和巴基斯坦分治之后，双方关于克什米尔地带的领土归属争执一直没有停止，1998 年两国开始试验核武器以来，冲突开始升级，虽然政治、宗教是冲突的原因，但是不断稀缺的水资源越来越成为一个重要的因素——因为巴基斯坦 90% 的农业灌溉用水依赖克什米尔地区的印度河，用来自克什米尔议员的话说，关于水的问题才是印度和巴基斯坦争论的焦点，这比政治和宗教都更加重要。目前克什米尔已经很少下雪，冬季很少结冰，小溪、河流、湖泊以及池塘的水位都开始下降。双方关于水的争夺也由来已久，印度河及五大支流的上游部分划归在印度境内，下游部分划归在巴基斯坦境内，但是从此以后两国上下游用水纠纷不断激化，双方经过 13 年的协商和谈判，两国政府签订了《印度河水条约》，巴基斯坦从西三河（即印度河干流、杰赫勒姆河和杰纳布河）引水，每年可得地表径流量 1665 亿立方米，约占印度河径流量的 80%；印度可从东三河（即拉维河、萨特莱杰河和比阿斯河）分水，每年可得地表径流 407 亿立方米，约占印度河径流的 19.7%，但是条约的签署并不意味着斗争的结束。巴基斯坦在历史上就是一个农业国家，潘扎巴省（巴基斯坦的一个省）历史上一直是一个土壤肥沃的地域，公元 325 年就有历史记载这里是一个非常富饶的地带，在希腊时期，也就是公元 5 世

纪，就有历史学家记载这里盛产印度羊毛，实际上就是棉花，那个时候欧洲还不知道棉花是什么，但是巴基斯坦并没有抓住这个机会发展农田水利，而是把过多的财富用在了军事以及阿富汗和克什米尔地区。这种冒险成本十分高昂，农业收入全部耗在了军事上，水资源的管理一直没有得到重视，直到最近的十年，水资源短缺问题逐渐显现，再加上不断增加的人口（到2020年将要达到3亿人），使得巴基斯坦在2020年前需要再增加2500万立方米的用水。这将意味着巴基斯坦首先需要修建新的大坝。目前巴基斯坦的两座新修的大坝Kalabagh和Basha可以暂时缓解用水危机，这两座大坝的储水量有700万立方米，再加上其他的小型水坝，还可以再解决20%的用水，即使未来十年再修建一些工程，巴基斯坦至少还将面临1000万立方米的用水缺口。分别建造于1967年和1975年的两座大坝已经有了20%的淤积，到2020年淤积量将要达到30%，考虑到这个因素，巴基斯坦在未来15年将至少面临1500万~1800万立方米的用水缺口。

情况更为严重的是海拔9000米的喜马拉雅山脉的冰雪正在以惊人的速度融化，而这里是世界上最大的淡水“储藏基地”，为不丹、尼泊尔、阿富汗、孟加拉国、巴基斯坦、中国以及印度等国提供水源，是世界上三大河流印度河、长江、恒河的发源地。影响还不止这些，2018~2020年间季风性气候将完全消失，而印度过去40年的经济一直建立在这种季风性气候之下，巴基斯坦还完全是一个农业国家，其对之依赖更大。根据IPCC估计，印度北部的农业将歉收30%~60%，极端情况下能达到70%。考虑到这些因素，巴基斯坦的缺水问题将会更加严重。况且目前巴基斯坦没有这么多钱用于修建大坝，适合修建水坝的地方还主要在克什米尔地区，因此，为水而战成为巴基斯坦的一个“必然选择”。

而印度也面临着水资源的短缺，因此印度也准备斥巨资修建水坝。而巴基斯坦一直反对印度修建巴葛利哈大坝和乌拉尔大坝。情况更为复杂的是，现在的水资源已经成为双方制衡的一个工具，印度也逐渐发现水武器比核武器更为好用。巴基斯坦也开始把自己国家内部的农业减产、经济停滞归咎于印度修建的水坝，并且由于巴基斯坦未来水资源短缺不可避免，巴基斯坦政府已经开始利用国内人民对水的“饥渴”情绪，把印度修建水利工程的影响扩大化。印度和巴基斯坦的矛盾将不仅影响南亚地区的安全，而且关系到印度在未来世界中扮演的角色。

印度和孟加拉国之间对恒河的争夺则更加激烈，孟加拉国媒体长年痛斥印度以邻为壑，单方面修建河堤，导致 180 公里的恒河河岸毁坏，另外印度扩建 1970 年完工的法拉卡大坝，也使恒河在孟加拉国的流量进一步减少。印、孟两国已经多次在水资源和领土问题上大动干戈。2005 年 4 月 16 日，印度安全部队企图在邻近孟加拉国的阿考拉地区没收孟加拉国农民的取水灌溉设备，遭到孟加拉国步枪队的阻拦，双方发生激烈武装冲突，造成印方 1 名高级指挥官死亡，2 名士兵受重伤。孟加拉国一再警告印度，新德里要想主宰恒河，那就是对 1 亿多孟加拉国人民宣战。

发源于喜马拉雅山的湄公河流经中国、不丹、老挝、孟加拉国、泰国和越南，总长 4400 公里，最后流入南中国海。沿岸有 6000 万人口，受气候变化的影响，加上中国、越南、老挝等国家在沿岸修建的水利工程，湄公河的生态变得非常脆弱，如果未来水流量受季节变化比较大，那么将严重影响依赖湄公河的下游国家以及建有的发电厂。

约旦河、幼发拉底河—底格里斯河与中东

1990 年，约旦国王侯赛因就曾说过：“不是别的，为了水我们可能战争。”此后，这句话被广泛地引用。在中东由于水资源可能导致冲突的就是约旦河和幼发拉底河—底格里斯河。毫无疑问，水在中东地区已经是一个关系到生存、发展的重要的战略资源。关于水资源的分配是中东每一次谈判和冲突的核心问题。以色列和约旦的和平协议几乎都是关于水资源的利用问题，1965～1967 年，以色列为控制戈兰高地以获取 25% 的水源的努力导致了 1967 年的“六日之战”。2000 年的以色列和叙利亚的和平协议因为加利利海的归属问题而被搁浅。以色列和巴勒斯坦关于水资源的分配也成为这两个国家的核心问题，以至于他们不得不先把其他争议搁置一边，先坐下来谈水的问题，以色列控制约旦河西岸的目的也是为了控制那里的水资源。土耳其、叙利亚和伊拉克关于幼发拉底河—底格里斯河的争论和合作自 20 世纪以来从没有停止过。

气候变化导致的水资源短缺将带来国际和国内的双重影响。从国际层面上来讲，它可能使得现存的国际协议不堪一击，约旦和以色列就是一个很好的例子。1994 年约旦和以色列签订了一个和平协议，制定了一个关于水分配的安排，就是以色列同意在夏季的时候从加利利湖给约旦送

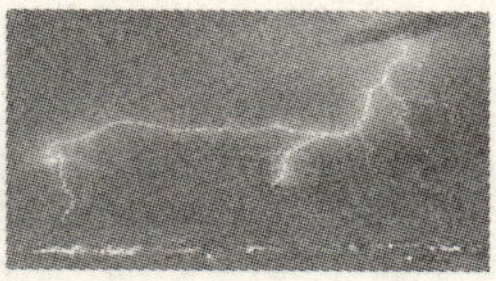

5000万立方米的水，而到冬季，约旦给以色列5000万立方米的水以作为交换，双方还因此成立了联合水资源管理委员会，以监督双方的完成情况。这个协议的创新之处就是它规定了一个固定的数量，但在干旱季节时就不能很好地完成。1999年，以色列出现了历史上最为严重的干旱天气，从而使得以色列不得不违背诺言，这引起了约旦的强烈反对。气候变化还将阻碍和平协议的谈判。目前，约旦与黎巴嫩或者以色列与叙利亚都没有关于水共享的和平条约。同时，幼发拉底河一直是土耳其、叙利亚和伊拉克三国联系的基石，但是随着水量的下降，三国之间的关系开始紧张，使得这三个国家很难达成一个新的和平协议。

从国内层面上来讲，满足国内用水一直是一个国家的重要任务，随着气候变化、人口增加，可利用的水源越来越少，政府在分配水资源时将越来越困难，比如农业与工业之间的比例、城市与农村之间的比例等。正像地区冲突一样，地区的分配不均也会导致冲突。比如2008年，政府官员试图惩罚偷盗约旦河河水的行为导致了当地武装进行反抗，从而招致了军事冲突。

水短缺导致冲突，还是冲突导致水短缺？——改变水治理的观念

1000立方米的水才能生产1吨的粮食，对一个水资源贫乏的地区，从国际粮食市场进口粮食更有效率，这也是有效应对气候变化的一个方式。但是幼发拉底河和底格里斯河附近的三个国家伊拉克、叙利亚和土耳其，都强调不惜一切代价实现“粮食自给自足”，显然笼罩在农业上空的政治氛围和各个国家之间互不信任导致这种无效率的生产方式。新加坡国内严重缺水，其用水全部来自于马来西亚，同样发展很好。欧洲历史上曾为水征战500年，但是目前各个国家之间的相互合作有效地解决了用水问题。

巴基斯坦实际上绝对的出水量并不少，只是他们不知道如何利用。每年来自于印度河的流量是1.7亿立方米，再加上Jhelum和Chenab两条河流的流量，巴基斯坦每年有3亿立方米的流量，这还不包括来自季风性气候的庞大降雨量。印度河的流量比美国科罗拉多州河的流量大10倍，是尼罗河的3倍。但是，巴基斯坦并没有把精力放在如何提高水利用的效率

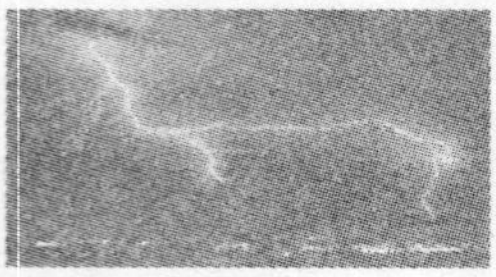

上，而更多地用在了军事上。如果巴基斯坦和印度能够联起手来合作，把双方的军事开支用于提高水利用的效率上来，共同合理利用来自喜马拉雅山的冰雪融水，双方就可以缓解一般的水资源短缺。在一定程度上，国内的政治结构以及国际关系决定了资源的利用方式，因此我们并不能仅仅考虑水资源储量的多少。

苏丹的达尔富尔、埃及以及埃塞俄比亚的军事冲突，中东的巴以冲突，克什米尔地区的印巴冲突等等，这些发生在赤道附近的冲突是第二次世界大战以来最重要、也最残忍的战争，恰巧这些地方都是暴力盛行、十分贫困落后的地区，都存在基本的生存压力，水资源之间的争夺成为了一个非常明显的特征。但是仔细分析饮水造成冲突的原因，无非有两种：一是一个国家在未和另一个国家商议的情况下修建基础设施，比如建坝、修改河道、修建灌溉设施；二是现有的制度框架无法解决新的问题。因此，如果这些国家能够以合作的态度来对待这个问题，那么水资源将不再是一个问题，通过国际贸易完全可以解决。宗教等文化因素并不是第二次世界大战以来反复发生的战争的根源，这些国家和国际组织如果能够把更多的精力放到双方水资源的合作开发上，那么水资源就不再是一个问题。

奴隶、象牙、石油与气候变化
——达尔富尔冲突的环境解释

苏丹达尔富尔问题已经成为国际媒体的一个焦点，也被联合国定性为世界上人道主义危机最为严重的地区。通常人们认为种族仇恨和宗教冲突是达尔富尔暴力冲突的主要原因，但是在20世纪中期以前，这里雨水充足，达尔富尔北部地区以游牧为主的阿拉伯人与南部达尔富尔地区的农民一直和平相处，牧民是受欢迎的过路人，他们在耕地之间的山坡上放养骆驼，并用南部农民收割后剩余的草料喂养自己的牲畜，南部的农民让阿拉伯人分享自己的水井，两个种族之间彼此通婚、和睦相处。

但是自20世纪中期以来，受热带海洋洋面温度异常的影响，达尔富尔北部地区降雨持续偏少，农作物产量明显下降，再加上人口的迅速增长（在短短不到20年的时间里，达尔富尔地区的人口从不足300万增长到600多万），沙漠化程度加速，自然环境持续恶化，北部的游牧民族不得不南迁。由于干旱气候持续而剧烈，北部游牧民族无法像适应短期气候那样再回到原来的游牧地区，而随着牛、羊产品出口的增加，北部牧民也有扩大畜群的冲动，但是南部地区并不能因需求的增加作出短期的调整，原有资源共享的局面随着北部牧民的持续滞留和迁入人口的增加被打破，基本的生存压力开始出现，而不幸的是苏丹政府并不能提供及时的物资赈灾，国际援助无法按期到达，农作物的收成前景无法预期，农业危机不可避免，南北为争夺资源的战争油然而生，使本来和睦相处的两个民族开始出现分化。

自然资源的短缺并不必然导致战争。苏丹早在4000年之前就有原始部落居住，公元前2800年至公元前1000年为埃及文明的重要组成部分，是世界上最早进入文明时代的地区之一，比欧洲最早的爱琴文明早了大约800年。公元8世纪至13世纪，苏丹国力已经十分强大，15世纪，苏丹就出现了芬吉和富尔伊斯兰王国，象牙、阿拉伯树胶、棉花、骆驼、牛、羊等产品闻名世界，一直延续到19世纪。但是从19世纪开始，英国、法国利用奥斯曼埃及入侵苏丹，殖民者的入侵给苏丹带来了沉重的灾难，他们疯狂地掠夺财产并进行大量的奴隶贸易。据估计，仅1839年，在苏丹捕捉的黑奴就达到20万人，达尔富尔每年向埃及输出奴隶高达6000人。更为重要的是英国殖民者对苏丹实行"分而治之"的手段，从而导致了苏丹和埃及、埃塞俄比亚间的国际冲突不断，内部阿拉伯人、黑人和富尔人之间的矛盾也不断升级，特别是南北矛盾不断激化，内战不断，连年的战争导致了苏丹政局的长期混乱。20世纪80年代初，苏丹南部官兵发动兵变，成立"苏丹人民解放运动"，开始武装推翻政府的活动。政局的混乱再加上自然环境的恶化，容易导致"温饱型"冲突的发生，如果说环境是导致冲突的直接原因，那么战争反过来又会导致环境的进一步恶化。战争冲突的最大影响就是人口的大规模流动，据估计到目前为止，大概有500万人（苏丹总人口的5%～7%）逃离战争地区，不到100万的人重返原来的地方，随着达尔富尔冲突的进一步加剧，这一数字也在逐步攀升。这些移民大多来于农村地区，他们最终都选择在城市的郊区住下，目前已经有超过200万的人聚集在首都喀土穆。战争和大量移民的后果，是战争地区森林、植被、地下水的严重破坏，贫民窟的大量增加，土地无人种植，杂草丛生；战争的混乱也导致对稀缺自然资源的严重掠夺，贵重木材（红木、柚木）、树胶、煤炭、象牙、犀牛角等都是战争期间抢夺的东西，不过在全面和平协议签署之后，这一现象有所减少。战争还导致政府的混乱和法制的丧失，政府无暇顾及环境问题，从而加剧了自然资源的无序掠夺和开发，自然环境进一步恶化。由于战争，政府不可能对

自己国家的自然资源有一个科学、准确的掌握，因此也就不可能对资源进行有效的管理和保护。长年的战争，苏丹逐渐与国际社会隔绝，国力贫困，自然资源的保护和管理不可能成为政府的重要任务，这是苏丹环境恶化的根源之一。环境的恶化给冲突埋下祸根，而战争又进一步加剧了环境的破坏。

20世纪后半期达尔富尔问题升级。苏丹发现了大量的石油（最新的统计数字表明，原油地质储量高达116亿桶，目前已勘探开发的仅为10%），并迅速成为石油出口国，沙特阿拉伯、阿联酋、摩尔多瓦、澳大利亚、印度、南非、英国、法国、美国、中国都开始在这里开采石油。2004年西方国家开始介入达尔富尔问题，并将该地区定性为“种族灭绝”。美国总统小布什4月发表声明，公开要求苏丹政府制止达尔富尔地区“针对当地原始住民的野蛮行径”，随后，美、英、法、德等及联合国、欧盟、非盟、阿盟等组织的领导人开始访问苏丹和达尔富尔，苏丹达尔富尔的内政迅速成为一个国际人道主义问题，苏丹政府随时面临着被制裁并被接管的可能。达尔富尔地区的“南北”战争在媒体和政治的参与下，逐渐演变成伊斯兰文明和基督教文明的冲突，这是气候变化导致地缘政治变化最为典型的例子。

气候变化，移民与难民

从气候变化影响的角度来讲，世界上很少像孟加拉国那样，受到的影响如此明显。孟加拉国有一半的人口处于贫困线以下，气候变化几乎对孟加拉国所有的人都有负面影响。孟加拉国大概有一半的国土面积仅仅高于海平面几米，1/3的时间处于雨季。从海平面的上升影响的人口数量来看，孟加拉国在全球排第三；从受影响人口占总人口的比例来见，孟加拉国在全球都可以进“前十”。目前，大概有4000万的人口生活在海岸线附近，从目前的估计来看，到2030年，孟加拉国的海岸线将要消失3%，2050年达到6%，2080年达到13%；再加上人口的迅速增加、人均耕地面积的下降、土地分配的不均以及恒河、印度河的大量改道，自1950年以来，大概有1200万~1700万的人口迁往印度，以及400万~600万的人口迁往孟加拉国的吉大港山地带。人口的迁移导致大量森林被毁，土壤流失和不可持续的生活方式。自1973年以来，孟加拉国的吉大港山部落

一直和政府军有军事冲突，直到1997年双方签署了和平协议。移民的迁入让吉大港山一带的居民更加反感，迁往印度的移民也引起了当地居民的抱怨。当地人认为孟加拉国移民的到来影响了经济的发展、土地分配以及政治权力的平衡，印度和孟加拉国在1980年就曾发生过冲突，随着气候移民的增加，双方潜在的冲突将越来越多。

海平面的上升还造成一系列潜在的冲突。首先，海平面的上升将导致河流排水量的减少，随着强降雨的增多以及季风时期喜马拉雅山冰雪的融化，洪灾将越来越多。1998年，洪水淹没了孟加拉国68%的土地，3000万人无家可归。其次，海平面的上升还将导致风暴越来越多。1991年的风暴导致了138000人丧生，超过1300万人受灾，波浪高达7.2米，但是孟加拉国2/3的国土海拔低于5米。第三，海平面的上升还将导致海岸线土地的碱化，从而带来农作物的减产并影响饮用水的供给。

如果说气候变化可能让孟加拉国的居民逐渐迁移，那么海洋上的小岛国则要面临“举家迁移”。面临这个问题的岛国有基里巴斯（太平洋中一岛国，由33座岛屿组成）、马尔代夫（印度洋上的岛国）以及图瓦卢（南太平洋国家）等。由于气候变化而导致举岛搬迁在人类的记忆中还没有遇到过，但由于环境变化的原因而导致搬迁却有过先例，比如因为火山爆发，但是这两者之间有所不同。由于火山爆发而搬迁是临时性的，而气候变化导致的搬迁则是长期的。当这些岛国决定要“举家搬迁”时，首要的问题就是何时搬迁。是在危机到来之前还是在危机到来之后？如果在大的自然灾难之后再考虑搬迁，那么不仅面临着财产的损失，而且还面临着生命的危险。当决定搬迁之后，面临的第二个问题就是搬到哪里，这里面有两个选择：一是放弃原来的文化、语言以及国家认同，比如现在图瓦卢的12000人口迁移到悉尼、东京、北京或其他城市；另一种方式就是找一个新的岛屿，重建家园。但是，环境适宜的地方可能由于面积或自然资源的限制而不适合居住。如果这些岛国迁往其他国家，这些国家就将面临着领土的出让，现在比较适宜的地方是澳大利亚和新西兰。重新选择一个新的地方而建立国家，则面临着国家主权如何确定：是与迁入国家共同治理，还是成为一个完全独立的主权国家？当这些问题确定之后，还将面临着谁来为搬迁和国家重建买单？调节机制如何解决？如果一个岛国“举国搬迁”，但是原来的岛屿其海拔最高的地方还可能存在，那么谁将拥有岛屿附近海域的捕捞权？特别是岛国选择“散居”在世界各个国家而不是重新建立一个新的国家，那么这些问题如何解决？

导致人口迁移的还有一种类型就是像非洲这样的国家，不是因为海平面的上升，而是因为降雨量的减少、农作物的减产、农村人口密度增加以及土地的流失，但是移民的具体原因则要复杂的多。比如在20世纪70年代到80年代的撒哈拉大干旱时期，加纳北部的移民反而减少，这一时期加纳南部正在经历经济危机、政治动乱以及食品价格高涨；而到20世纪80年代到90年代，正是加纳北部环境恢复的时期，而南部政治稳定、经济快速增长，这一时期南北移民开始重新增长。因此，政治和经济因素可能比环境因素更为重要。受气候变化最为明显的是北非和撒哈拉以南非洲地区，因此南欧的地中海地区可能会有来自这些地区的大量移民，但是这是否会导致冲突，则取决于南欧的农业受气候变化的影响以及欧盟是否对来自北非的移民实行严格的管制。如果欧盟国家能够管理得当的话，大量迁入的年轻移民可能给不断老龄化的社会带来新的劳动力。

随着气候变化讨论的逐渐升温，环境移民、气候变化移民、生态或环境难民、因环境变化导致的强制性移民等概念在媒体中广泛出现。到底什么是环境移民？环境移民到底有多少？这不仅是一个争议非常大的问题，而且是一个十分重要的问题。根据1951年日内瓦通过的《关于难民地位的公约》，难民是指“因有正当理由畏惧于种族、宗教、国籍、属于某一社会团体或具有某种政治见解的原因留在其本国之外，并且由于此项畏惧而不能或不愿受该国保护的人”，或者不具有国籍但“留在他以前经常居住国家以外而现在不能或者由于上述畏惧不愿返回该国的人”，所以并不包括气候难民或环境难民，因此也没有国际组织负责气候难民的救助。这些移民不能得到财政补助、食物救济、生产工具、帐篷、学校或诊所等援助。因此，近年来有一些机构呼吁扩大难民的范畴，以为他们提供帮助。2006年8月，NGO和一些受气候变化影响的国家在马尔代夫讨论如何扩大难民的范畴以符合国际法，但是自此以后这一问题就被搁置下来，达成环境难民的共识看来遥遥无期。

这个问题之所以如此难以达成共识，是因为在通常情况下很难区分移民的原因到底是什么？因为环境恶化常常和其他因素，如国内经济危机、政治不稳定等问题联系在一起，正所谓“三分天灾，七分人祸”。因此，如果要定义环境或气候难民，那么就必须提供足够的证据表明环境是导致移民的唯一重要因素。另一个问题就是移民的原因是主动还是被迫，如果是被迫并且国内没有相应的保护，那么国际组织就应该提供相应的援助。但是气候移民往往是主动和被迫两个因素都有，因为气候变化是一个缓慢

的过程，如非洲一些国家的移民可能在土地完全沙漠化之前就已经迁往其他地方。如何填补气候移民的空白，将是学术界和政府政策制定者要解决的一个迫切问题。目前关于移民的经典理论都没有把环境作为一个重要的移民因素。

气候难民正式进入政策制定者的日程，还要对未来气候难民的数量有一个清楚的了解。早在 1990 年 IPCC 就发布报告认为气候变化最大的影响就是人类的迁移。自此以后，所有的报告都开始把环境恶化，特别是气候变化当成未来人类迁移的重要因素。20 世纪 90 年代中叶，有很多报告认为已经有高达 2500 万人由于环境恶化，包括污染、土壤流失、干旱以及自然灾害，不得不离开家乡，超过了同期战争和政治难民的数量。2001 年红十字会与红新月会国际联合会发布的世界灾难报告重新确认了这一数字。2005 年 10 月，联合国大学环境与人类安全研究所发布报告认为，到 2010 年，将有 5000 万的环境难民。引用更多的是牛津大学梅耶教授的分析：“到 2050 年，由于气候变化导致的季风气候消失、干旱、海平面上升以及海岸线的洪水将会带来 2 亿环境难民。”这一数字被 IPCC 和斯特恩报告等广泛引用。这是一个十分“恐怖”的数字，到 2050 年全球有 90 亿人，意味着未来每 45 个人中就有一个人将因为气候变化而迁移，也超过了目前的移民数量。但是这个预测是一个试验性的数据，虽然梅耶的分析来自于获取的最佳数据，但是梅耶自己也认为这需要“大胆的推测”。这些数字之所以相差这么大，就是因为没有人能够准确地预测未来的气候变化对人口分布的影响。虽然目前关于气候变化的科学基础已经非常完备，也有大量的数学模型来预测未来海平面的上升，但是关于气候变化对人口分布的影响的实证研究却很少。

这一问题之所以难以预测，最重要的原因还在于决定环境移民的不仅仅是环境因素，人口、贫困以及政府管理水平更为重要。如果一个社会没有较好的预警机制、房子质量差、人们应对自然灾害的能力比较弱，那么一场风暴就会变成自然灾难。不同地区、国家和社会应对自然灾害的能力是不同的。撒哈拉沙漠的游牧部落在社会、文化以及技术方面都比喜马拉雅山附近的山区居民适应气候变化的能力要强。1994～2003 年，人类发展指数比较高的国家每场事故大概导致 44 人死亡，而人类发展指数比较低的国家则达到 300 人。1991 年袭击孟加拉国南部吉大港地区的热带风暴 Gorky（风速为 260 千米/小时、浪高 6 米）造成了 13.8 万人丧生，1000 万人无家可归，但是发生在 1992 年美国的一场更强的风暴（风速为

280千米/小时，浪高5.2米）只造成了65人丧生。因此，在一个气候变化的年代，我们更应该做的是如何适应。

北极时代的终结

冷战时期，北极地区的学者 Oran Young 曾经说过，世界将进入“北极时代”。因为从地缘政治的角度来讲，北极地区处于世界的中心，因此把北极地区形容为世界的地中海，但是由于自然条件的原因，这一时代并没有到来。最为著名的地缘政治理论家之一斯皮克曼在1944年曾经说过，从理论上来讲，控制北冰洋地区的航空和航海将十分重要，但是由于这一地区的气候条件，北部海域的战略位置不可能得到提升。可是随着气候的变化，这些结论可能要重新改写。1987～2007年，北极地区冰面的面积从750万平方公里锐减到了410万平方公里，冰面减少的面积相当于加拿大1/3的国土面积。一些模型估计，到2040年，北极地区的冰面在夏季将完全消失，当然目前的预测还存在很多不确定。图2.5是夏季北冰洋冰面变化的预测。

北极地区冰面的融化将导致三个方面的问题：北冰洋海域新航线的建立，海底资源开采的可能性以及极地地区土层融化带来的影响。

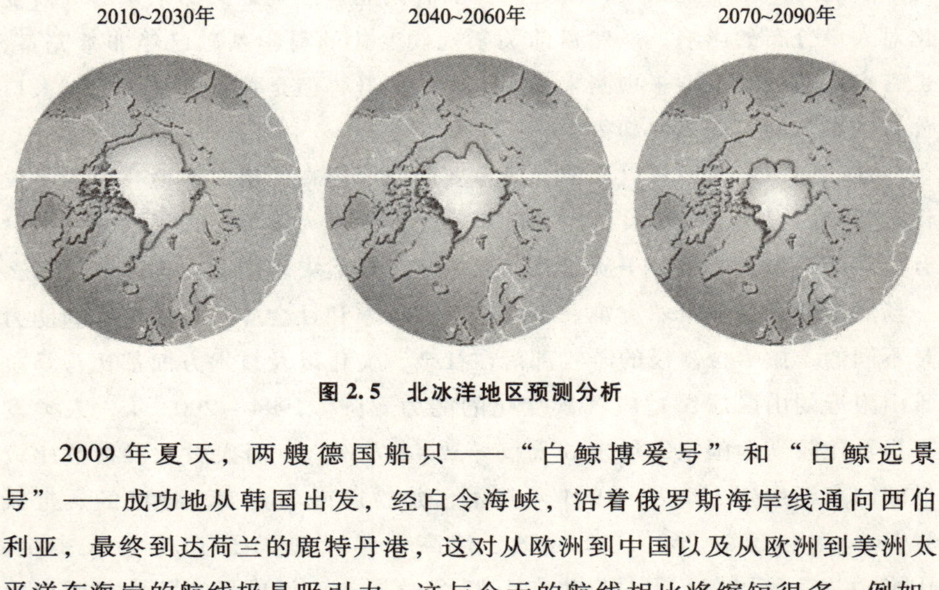

图2.5　北冰洋地区预测分析

2009年夏天，两艘德国船只——“白鲸博爱号”和“白鲸远景号”——成功地从韩国出发，经白令海峡，沿着俄罗斯海岸线通向西伯利亚，最终到达荷兰的鹿特丹港，这对从欧洲到中国以及从欧洲到美洲太平洋东海岸的航线极具吸引力，这与今天的航线相比将缩短很多。例如，从德国的汉堡到日本的横滨，如果走北部航线，路程为6920海里，而通过苏伊士运河大概为11093海里。这个航线无疑将缩短欧洲的交通线，进而可以节省运输成本和时间，从而有利于北半球的经济。虽然这不必然导致冲突，但是将改变现在地缘政治图景。现在全球贸易的加速得益于两大基础设施的建成：一项是1869年苏伊士运河，它大大缩短了欧亚大陆之间的距离；二是巴拿马运河的建成，它大大缩短了美国东西海岸以及美国与拉丁美洲与东亚的距离。但是如果北冰洋可以通航，苏伊士运河与巴拿马运河的战略地位将大幅下降，从而进一步导致整个世界地缘政治格局的改变（见图2.6）。

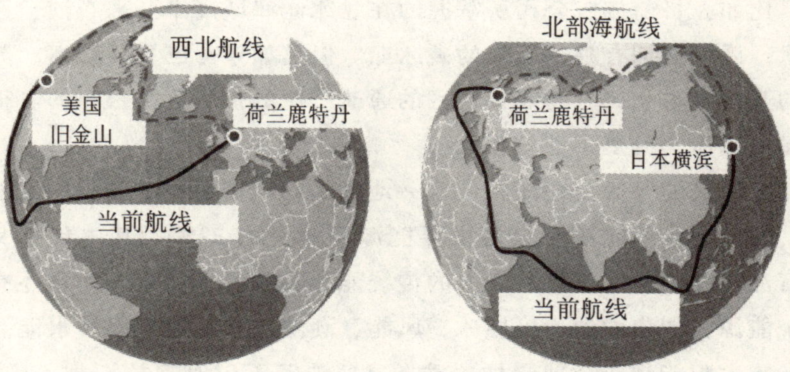

图2.6　北极地区的未来可能的航行路线

根据1982年通过、1994年生效的《海洋法公约》，国际海域分为内水、领海和公海。我们重点关注后两个区域。领海是沿海国领海基线向海面延长一定宽度的海域，沿海国有权自行决定这一海域的宽度，有权决定采用直线基线还是正常基线。沿海国对领海享有主权，但应允许外国船舶无害通过。沿海国有权对无害通过制定法律和规章，但不应妨碍外国船舶无害通过，并应将领海内对航行有危险的情况预为公布。《海洋法公约》规定领海的宽度不应超过12海里。北部航线中，丹麦、加拿大、美国（西北航线）或俄罗斯（东北航线）将拥有对无害通过制定法律和规定的权力。但是《海洋法公约》对领海区域内能否通过军舰没有明确的规定，很多国家也反对领海区域内无害通过权包括军舰，但是包括俄罗斯在内的很多国家都认为应该包括军舰通航。如果北冰洋地区可以通航，那么白令海峡将成为北冰洋航线的“咽喉”。根据马汉的海权理论，谁掌握了咽喉通道和海上航线，谁就掌握了世界经济和能源运输通道，这也是俄罗斯谋划已久的事情。俄罗斯一直希望西伯利亚地区的石油、天然气、煤炭、金属、木材等通过北部航线运往欧洲和亚洲，不再经过欧亚大陆。而白令海峡两岸的美国和俄罗斯将“短兵相接”，当然也不一定导致冲突，双方可以共同管理这个海峡。北冰洋的通航对俄罗斯来说将是一个重大的战略机遇，这将大大缩短其到远东地区的距离。从这个角度来讲，两个国家拥有共同管理维护白令海峡安全的基础。尽管媒体对通航炒得很热，但是目前北冰洋到底什么时候能够通航，无论在自然条件还是在政治条件上，都还存在很大的不确定性。有模型估计，只有北冰洋航线的关税降低26%，才具有与苏伊士运河经济上的竞争力。即使在自然条件上可以满足，很多技术也不是每个国家都能掌握的，北冰洋航线的冒险航行需要多个国家的合作。比如，目前挪威公司所掌握的在北冰洋海域离岸开采石油、天然气的技术，俄罗斯拥有独一无二的破冰船。但是如果与巴拿马运河、苏伊士运河的开掘成本相比，为北极地区的通航所做的投资还是很小的。很多国家都在为北冰洋的夏季通航作准备。

北极地区的气候变化还将使这一地区丰富的资源有了开采的可能。据估计，北极地区的能源储量占世界能源总储量的22%，其中包括900亿桶的石油。北极地区不仅有巨大的传统能源石油和天然气，而且还有很多非传统能源，如焦油沙、可燃冰、风能、潮汐能、地热能以及水能。在夏季，就连太阳能都在全球一枝独秀。这些能源不仅对阿拉斯加、俄罗斯、挪威、冰岛以及加拿大都十分重要，而且随着开采技术的进步，北极地区的能源可能会影响全球的能源格局。实际上，2007年挪威的公司已经在这个地区进行了首次商业开发，现在已经把石油卖到了美国。美国和其他国家对此也都纷纷欲试。从能源安全的角度来讲，这将是世界的一次机遇，而不是问题，但是能源供给的突然增加，将可能降低化石能源的价格，从而导致化石能源的迅速消耗，进一步加剧气候的变化。从能源安全和气候变化两个方面来考虑的话，是否开发这里的资源将面临着两难选择。在现实利益面前，人们往往选择的是尽最大努力开采化石能源。

北极地区还是未来气候变化的决定因素之一。在北极地区，陆地部分的24.5%都是冻土层，大量研究表明，冻土层的解冻可能会成为气候变化的重要推动因素，因为冻土层里蕴藏的二氧化碳和甲烷可能高达10000万亿吨[①]。如果按照目前的速度，将大大加快全球温室气体的排放，气候

① Barry S. Zellen, *Toward a Post – Arctic World*, http: //www. nps. edu/Academics/centers/ccc/publications/OnlineJournal/2008/Dec/zellenDec08. html.

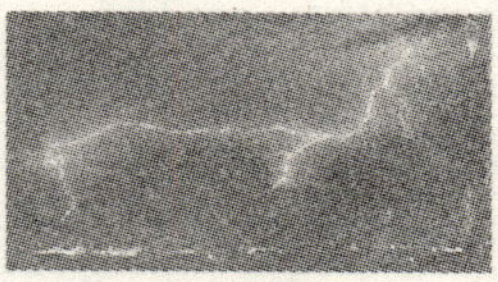

越变暖，冻土层融化越快。从长期来看，冻土层的解冻将会对自然资源的开发甚至定居带来好处，但是从短期来看，将对北部地区，特别是俄罗斯一些地区的基础设施带来影响，使俄罗斯的交通面临着很大的危险。从军事战略上讲，如果俄罗斯的军事主要靠铁路或公路运输，那么就将影响俄罗斯的军事计划。

气候变化、技术进步以及对能源的迫切需求使得这一地区越来越具有军事安全、能源供给、地缘政治、交通、环境等方面的战略意义。

背靠北极的俄罗斯在历史上是一个完全的陆地国家，处于亚欧大陆的核心位置，但是随着北极地区冰山的加速融化，俄罗斯北部这一天然的安全屏障将不复存在。特别是美国在阿拉斯加和东欧建立导弹防御体系、潜艇在北冰洋活动频繁等都直接威胁俄国北部的安全，引起俄罗斯的不安。2007 年 8 月和 9 月，俄罗斯在北极地区举行了两次由数十架战略轰炸机参加的实兵军事演习以加强俄罗斯在北极地区的安全防卫①。

俄罗斯是世界上第一大天然气储备国，世界上第二大石油出口国，仅次于沙特阿拉伯。俄罗斯多年来的经济也严重依赖能源。但是随着可开采储量的减少，2010 年后，俄罗斯的石油和天然气产量将开始下降，俄罗斯自然资源部长估计俄罗斯的石油储量到 2030 年后将大幅度下降，克里姆林宫希望俄罗斯能够在全球能源市场上长期保持主导地位。为达到这一目标，俄罗斯需要寻找新的化石能源，而北极地区是俄罗斯的唯一去处。俄罗斯已经宣布拥有北极地区 1191000 平方公里的海底大陆架。俄罗斯如此做的目的不仅仅是一个领土问题，更为重要的是这一地区巨大的化石能源。但是有一个问题，根据国际法，俄罗斯并不能完全拥有北极地区的大陆架。为了获得拥有北极大陆架的合法性，俄罗斯必须找到科学上的证据，以证明与俄罗斯北部海岸连接的北冰洋海底大陆架与西伯利亚大陆是一个整体。2001 年，俄罗斯向联合国大陆架界限委员会提交申请，要求对北冰洋 200 海里以外的大陆架，包括 1984 年由苏联科考队发现并命名的“罗蒙诺索夫海岭”和“门捷列夫海岭”靠俄罗斯一侧的大陆架行驶主权管辖。前者从俄罗斯西伯利亚群岛向北延伸，并纵跨北极点与加拿大北极群岛中的埃尔斯米尔岛大陆架相连接，绵延 1800 公里，宽 60 ~ 200 公里不等，距离洋底高 3300 ~ 3700 米；后者从东西伯利亚向北延伸，但主体部分也与加拿大北极群岛中的埃尔斯米尔岛大陆架相连接。如果俄罗

---

① 王郦久：“北冰洋主权之争的趋势”，《现代国际关系》，2007 年第 10 期。

斯的这一要求得到满足，就意味着正式从法律上取得了苏联在北冰洋所划边界的继承权。2002 年联合国大陆架委员以俄罗斯提供的调查资料和数据不足为由拒绝批准其申请，并要求俄罗斯继续补交相关资料。但是这并没有阻止俄罗斯在北极地区的行动步伐，2007 年 8 月，俄罗斯把俄罗斯国旗插在深度达 4261 米处的海底上，以此宣称俄罗斯对北冰洋海底石油和天然气的拥有权，这将使俄罗斯可以拥有 120 万平方公里的北极土地。俄罗斯在 2009 年 3 月份公布的《2020 年前及长期前景俄罗斯联邦国家北极政策基础》，把北极地区明确规定为“俄联邦主导的战略原料基地”，明确了俄罗斯在北极的基本任务和实施措施，并将在北极地区奖励俄联邦武装力量常规部队、其他部队、军事单位和机关组成的独立部队集群，积极发挥俄联邦安全局在北极地区的安防体系的功能，规定今后俄罗斯北极部分地区应当置于联邦安全局的密切控制之下，优化俄罗斯联邦国界边防检查站集体监管体系，在俄罗斯联邦北极地区行政区划中引入边防区制度，组织对北极地区重要海峡、河口、北方海上航线要道等重大目标的工程技术监督；也就是要通过部署军事力量来保障北冰洋地区俄罗斯部分的绝对安全。

2005 年 BP 世界能源调查显示，美国如果不开发北极国家野生动物保护圈，其石油储备最多维持 10 年，挪威有 7 年，英国北海石油储备不超过 5 年，这就是北极地区的石油储备如此重要的原因。如果石油价格维持在每桶 70 美元以上，那么 200 米深的海底石油勘探就是值得冒险的。因此，俄罗斯不可能轻易地拿下这一富饶的地方。

自 19 世纪末期，美国就在巴罗（阿拉斯加北部的地区）建立海军北极实验室，时至今天，美国在阿拉斯加北部的波弗特海建有军事基地，北极地区的军事安全一直都是美国考虑的首要因素。冷战时期，北极就处于美、苏两大军事集团对抗的前沿地带。环北冰洋地带密布着攻击性武器、预警系统和拦截系统，冰盖下有核潜艇逡巡，北极地区被高度军事化。目前，北极地区依然对美国的安全、能源、交通等十分重要。美国在基地地区的考察观测站一直是美国极地研究和军事通讯交流的重要支撑。美国在这一地区安装导弹防御系统以及配套的雷达和试验平台。美国在大西洋的核潜艇无需通过巴拿马运河，可直接通过北冰洋悄悄进入太平洋，为美国海军节省运费。自 1977 年以来，美国北部阿拉斯加最大的石油基地就一直引领着全国的石油生产。美国最大的天然气储备基地也位于阿拉斯加，目前正需要修建新的基础设施，以把天然气送到市场。北极地区的国家一直依靠这一地区来为世界提供安全的能源供给。自苏联解体以来，俄罗斯依靠北极地区的石油和天然气，在西方市场中的能源供给中占有很多的份额。来自北极或次北极地区的加拿大石油在美国石油市场中的份额也在不断增大，北海油田一直是挪威经济的重要支撑和欧洲能源的重要供给基地。随着冷战的结束，美国和俄罗斯两个国家停止了公然的敌对，但是在合作的背后，两个国家在北极地区的军事较量从来没有真正停止过。出于同样的考虑，美国也签署了关于北极地区政策的国家安全指令，强调美国在北极地区有着广泛的国家根本利益，其中包括导弹防御、早期预警、战略遏制、海上安保行动等领域。美国准备独自或与他国合作捍卫这些利益，并且督促参议院尽快批准《国际海洋公约》。长期以来，美国参议院批准《国际海洋法公约》的主要障碍是保守派共和党议员认为，一旦批准公约，将迫使美国放弃部分北极主权。如果不参与该国际公约，从理论上来讲，可以允许国会通过法律宣布北极为美国领土。但是，美国由于没有通过《国际海洋公约》，对俄罗斯通过国际法解决领土争端的方式无法参与。因此，如果希望通过国际公约解决北极地区的领土争端，就必须在美国国内先通过《国家海洋公约》。但是目前与俄罗斯相比，美国在北极地区的军事装置落后很多。美国海岸警卫队司令萨德·艾伦上将说，在“极地竞赛”中，俄罗斯已经抢占了先机。美国目前的三艘极地破冰船中，只有“赫利号”能够随时执行任务，而20世纪70年代生产的“北极星”和“北极海”已经到了寿命。俄罗斯拥有7～8艘核动力破冰船，2007年下水的“胜利50周年”号航船是世界上最大的破冰船。为此，美国军方也加大了破冰船的投资，并准备建造新的破冰船。

加拿大总理哈帕则对北极地区实行“利用不是放弃”的战略，并且在北极地区重新修建一所新的军事基地，建立一支新的离岸巡逻舰队，增加破冰舰队。北极地区对加拿大也是非常重要的，加拿大领土的40%在北极地区，处于加拿大领土的中央。无论从精神认同还是从北极地区自然资源上来讲，加拿大都会在北极地区“据理力争”。但是相对于俄罗斯和美国强大的军事实力，加拿大则希望在北极地区的环境保护中起到领导作用。

居住在美国阿拉斯加、加拿大北部、俄罗斯最东部以及格陵兰岛上的16万因纽特人，在北极地区有“天然的管理权”，并且近年来对北极地区的政治主张不断增强。但是，随着自然资源的开发、北极地区的通航、自治水平的提高以及对政治主权的维护，北极地区的原著居民将会有越来越多的发展机会，逐步摆脱贫困和机会缺乏等困境（见图2.7）。

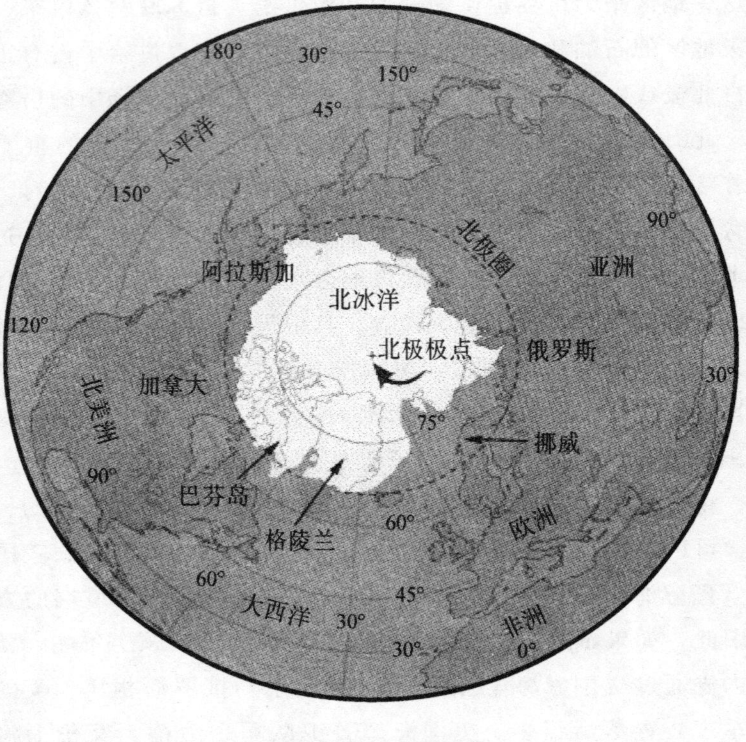

图 2.7　北极地区各国地理分布

生产方式与世界地缘政治转移

在工业革命之前的农业文明时期，俄罗斯境内叶尼赛河以西的区域包括西西利亚平原、蒙古高原、中国黄河以西的地区、中亚草原、乌拉尔山脉以西的俄罗斯草原，这片广袤的地域冬季寒冷，夏季炎热，适合放牧生活。其南边是蒙古高原、帕米尔高原、青藏高原，西南部是伊朗高原和中东高原，西部濒临欧洲山地，北部是北冰洋地区，在地理位置上非常特殊和封闭。独特的地理环境、广阔肥美的草原和丰富的资源使得这些地理区域被英国著名的地缘政治学家麦金德称之为世界枢纽区域。这一世界枢纽区域在工业文明之前一直是世界的心脏地带，即东边的中国、南边的伊朗、中亚和南亚次大陆、西边的中欧和西欧平原。就此，中国的历史又可以简化为处于心脏地带的游牧民族和边缘地带的农耕文明之间争夺生存空

间的反复拉锯战①。

工业革命之后，随着煤炭的使用，航海技术的进步，铁路、飞机的发明，整个世界的格局发生了根本性的改变，海上霸权时代开始出现，控制关键的海上枢纽成为工业革命以来的重要战略任务。非洲、美洲、亚洲这些地区逐渐成为以英国为代表的欧洲列强经济资源的供应地。农业文明时代的亚欧大陆心脏地带逐渐塌陷，因为欧洲列强通过航运和铁路直接进入了古老文明发源地的非洲、中东、南亚和东亚。直到第一次世界大战之前，英国基本上控制了整个世界的版图，欧亚大陆的争夺并不是非常明显。但是，随着英帝国的逐渐衰落，很多地区摆脱了英帝国的统治，成立了民族国家。特别从第一次世界大战开始，德国地缘政治学家豪斯霍费尔受英国地缘政治学家麦金德的《历史的地理枢纽》的影响，开始重新布局欧亚大陆，非洲、中东、东亚、南亚从此以后成为世界各国“笼络”的中心和决定胜利的关键，这一情况无论是在第一次世界大战、第二次世界大战、冷战时期还是现在，都一直维持着，正像著名地缘政治学家斯皮克曼所说的，这些地区都是“边缘地带”，并且谁控制了欧亚大陆的边缘地带，谁就控制了亚欧大陆，谁就会成为美国的真正挑战争者。所以直到现在，美国、俄罗斯、欧洲、中国等大国都把这些地区作为战略缓冲地带。美国为继续在空间上遏制俄罗斯不得不争取中亚和东欧，中国和俄罗斯之间也是通过中亚的关系来达到制衡，更不用说美国从西部对中国的遏制。伊拉克战争、阿富汗战争、巴以冲突、达尔富尔问题、高加索地带、克什米尔地区等这些常年的战争也就不难以理解。在有了大国加入之后，这些地区的冲突复杂了很多，因此这些地区在短期内获得和平几乎为不可能。这些受气候变化影响最为严重的古代文明的发源地，因为长年的战争，使环境继续加速恶化几乎不可避免，而环境的恶化将进一步成为国家内部冲突和矛盾的根源，最终这些地区的环境将进入恶性循环。这些地区因环境恶化而引起的“温饱型冲突”越来越有可能成为这些大国乘机插手的一个“良机”，以实现大国的地缘政治意图。

在人类历史上的大部分时间里，北极地区就像麦金德所说的“勒拿岛”，阻断了与世界的联系。北极是地缘政治中的一个谜，一部分是海洋，一部分是“荒漠”，这里也成为一个战略缓冲地带。气候变化之后，这一状态可能会逐渐改变，北极地区将像中世纪的地中海一样，处于亚欧大陆

① 刘涛：《中国崛起策》，新华出版社 2007 年版。

的“边缘地带”，成为各个国家的必争之地。工业文明的粮食——石油在欧亚大陆的“边缘地带”——中东、非洲、中亚、南亚的储量已经基本上探明，这些地区不可能再重新修改世界石油分布的版图。而北极地区储量丰富的石油、天然气资源，将随着北极地区夏季可以通航而日益重要，苏伊士运河、巴拿马运河的战略重要性也将逐渐下降。使北极地缘战略地位更为重要的是，美国和俄罗斯之间的空间竞争将不再需要绕到中亚和东欧，而是直接通过北极地区进行。如果北极地区逐渐成为世界重要的石油、天然气供应地，那么无论是俄罗斯还是美国，要形成对中国的制约将易如反掌。随着气候变化，世界的战略中心有可能逐渐从亚欧大陆向北转移到北极地区，从而结束工业文明以来亚欧大陆的地位。

但是随着工业文明的加速，北极地区的冰山正在以超过人们想象的速度融化，这一地区将变成麦金德所说的核心地带，就像中世纪的地中海一样，即这一地区现在正处在战略十字路口上。气候变化的悲观者们认为，气候变化将引起资源的激烈竞争，洪水泛滥，基础设施破坏，野生动物消失以及北极地区文化的丧失。但是乐观者认为，北极地区的通航将缩短欧洲和亚洲、美洲的距离，从而减少燃料的消耗和二氧化碳的排放，并且将给通航沿岸的港口带来新的发展机会。当然，我们是乐观还是悲观，取决于我们对待气候变化的态度。

正像福山形容冷战的结束为“历史的终结”，我们再一次发现我们处在一个新的历史阶段，无论我们把这个时代形容为“北极的终结”还是“北极时代”。

> 世界上所有的好东西都是要花钱的，包括新鲜的空气和优美的环境。
>
> ——米尔顿·弗里德曼

第三章
碳：金融与贸易

庇古与科斯：实现减排的两种制度选择

如果没有科学上论证以二氧化碳为主的温室气体（以下统称二氧化碳）是导致气候变暖的罪魁祸首，那么它将永远不会引起人们的注意，因为它的排放是无限制的，但是现在这种认识已成为历史。碳，突然间成为关系到政治、经济、外交的重要议题。

第三章

碳：金融与贸易

碳到底是什么？在一个石化燃料年代，它是人类生存的基础，因为人人都需要能量，因此从这个意义上来讲，排放二氧化碳是上帝赋予来到这个世间的每一个人的权利，其他人不得侵犯；从公平的角度来讲，地球上每个人一生的碳排放量应该是相同的，正像政治中的投票权一样是不可以转让的。实际上，全球人均中排放量非常不平等，全球人均排放量大约为1吨，美国为5吨，日本和欧洲约为2～5吨，而发展中国家人均排放量仅为0.6吨，超过50多个发展中国家人均排放量在0.2吨以下[1]。政府的责任是保护这种权利，而不是剥夺这种权利，但是现在却反过来了。

如果现在不是化石能源时代，那么二氧化碳就不是人类生存所必须的，但是实际上不是这样，因此二氧化碳排放是生活在地球上的每个人必然拥有的权利。当某个人或企业造成的污染超过自己的污染权利时，它就会影响别人的“福利”。英国著名经济学家、剑桥学派的代表人物庇古在1920年出版的《福利经济学》中提出了“庇古税方案”，提倡对有社会正成本的人或企业给予补贴，相反则征收一笔费用，这就是碳税的由来；即根据石化燃料的碳排放量征收一定的费用。瑞典和挪威早在1991年就开始征收碳税，并且取得了不错的效果。由于这是一个单一税，征收简单，容易理解，只要对排放碳的燃料一律征收相同的费用就可以了。这样做一是可以起到公平的作用；另一个就是可以起到减排的作用。因为税率稳定，采用减排技术带来的成本也容易计算，因此很多经济学家都支持这种办法。

但是早在1960年罗纳德·哈里·科斯发表的《社会成本问题》就对庇古税提出了批评，科斯认为外部性并不是市场失灵的原因，而是产权不清晰。在产权明细的条件下，市场会找到更有效率的方式。按照科斯的思路，针对排放二氧化碳的污染问题，应该把排放权分给每个企业和个人，从而清晰产权，然后通过市场发现减排成本，从而确定更为有效的减排方式和技术。科斯的理论让二氧化碳排放权变成了财产权，从而可以通过市场交换来实现转移。这就是目前已经在欧洲实行，并在美国受到热议的碳限制和交易制度（cap－and－trade）。政府首先根据国际谈判设置一个排放上限，通过免费发放或者拍卖的方式把二氧化碳排放权发给每个企业和个人，所有企业和个人都不能超过这个限额，如果企业能够通过减排方式实现限额的剩余，那么可以通过碳交易市场卖出，以实现盈余，反之则需要通过市场购买，碳的价格通过市场确定。

---

① 庄贵阳、陈迎：《国际气候制度与中国》，世界知识出版社2005年版，第145页。

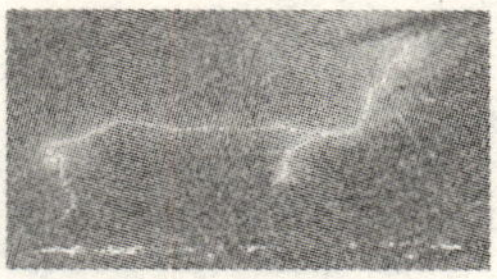

欧盟以及美国选择交易制度的信心来自美国的二氧化硫项目。1990年美国的《清洁空气法案》建立了二氧化硫交易制度，以鼓励煤电行业利用最小的成本来减少二氧化硫的排放。自1995年交易制度实行以来，取得了想象不到的成功，早期经济学家根据模型估计二氧化硫的减排成本在750～1500美元之间，而制度运行之后，其实际成本只有100～200美元左右，1996年达到65美元的低位，煤电企业通过市场的力量发明了很多创造性的办法来降低二氧化硫的排放成本。

受美国二氧化硫项目的启发，1997年12月通过的《京都议定书》建立了3种灵活减排机制，即联合履约（Joint Implementation，JI，第6条）、清洁发展机制（Clean Development Mechanism，CDM，第12条）和国际排放贸易（International Emissions Trading，IET，第17条）（具体见专栏3.1）。通过这三种机制，京都议定书规定的附件I国家可以通过交易转让或者境外合作的方式获得温室气体的排放权，这样就能够在不影响全球环境完整性的同时，降低温室气体减排活动对经济的负面影响，实现全球减排成本效益最大化。京都三机制为国家之间就温室气体排放权展开贸易提供了一个全新的框架，而且逐渐孕育出了一种崭新的温室气体排放权交易市场。

专栏3.1　三种灵活的减排机制

联合履约就是《京都议定书》中附件I的国家或企业购买具有额外减排效益项目所产生的减排量，再将此减排量作为温室气体排放权的等价物抵消其温室气体的排放量，以避免高额处罚。其主要目的是促进发达国家和经济转轨中国家之间尽心减排，其特点是每个国家都有减排义务，其减排计量单位是“减排单位”（Emission Reduction Unit，ERU），等于1公吨二氧化碳当量。

清洁发展机制（Clean Development Mechanism，CDM）

清洁发展机制就是附件I的发达国家和非附件I的发展中国家的项目合作机制。附件I国家通过合作计划，以资金援助与技术转移的方式，协助发展中国家实行减排；但发展中国家不承担减排的义务。其减排计量单位是“经核实的减排量”（Certified Emission Reduction，CERs），等于1公吨二氧化碳当量。这是这三个灵活机制中唯一一个由发达国家和发展中国家合作的减排机制。

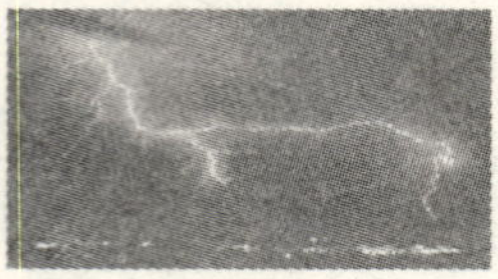

> 国际排放贸易（International Emissions Trading，IET）
>
> 国际排放贸易就是基于限额与交易的机制，适用于附件I国家。承担减排义务的国家或企业，可以在温室气体市场上向其他承担减排义务的国家或企业出售或购买排放权以完成其减排承诺，其计量单位是“分配数量单位”（Assigned Amount Unit，AAU），等于1公吨二氧化碳当量。但是排放交易量应不使出售国在承诺期间储备数量低于该国减排分配数量的90%，或低于该国最新审查清单上数量的5倍，以两者的较低者为准。
>
> 资料来源：庄贵阳、陈迎著：《国家气候制度与中国》，世界知识出版社2005年版。

“诺斯与庇古之争”一直持续到现在。虽然科斯从理论上说明了交易制度的优越性，但在交易成本为零的情况下，“庇古税”和“科斯市场”的效果一样①，实际上产权界定的清晰也是一个非常耗费心思的问题，每个企业或个人应该分配多少排放额度？根据什么原则来确定？配额是采取免费发放还是通过拍卖，或者二者兼之？每年发放多少碳配额？市场如何进行交易？排放的收益如何管理？国内和国际如何进行冲销？谁来拍卖碳配额以及谁来监管这个碳控制和交易体系？这都是现在美国争论的焦点。在欧洲，很多公司利用政府的免费额度大发横财，2005年英国的能源公司靠免费碳排放额度赚得了约1000万美元，碳价格的波动也使得投资清洁技术的预期收益不易预测。但是这些都不构成实行交易制度的实质性障碍，因为实行碳税制度更容易引起人们的反对，特别在美国，奥巴马政府征收碳税要获得共和党的支持几乎是不可能的。更为重要的是碳交易市场庞大的市场潜力已经吸引了美国华尔街的注意力。2005年《京都议定书》正式生效之后，全球碳交易量出现了爆炸性的增长，从2006年的16亿吨上升到2007年的27亿吨，上升68.75%，成交额从2006年的220亿欧元上升到2007年的400亿欧元，预计到2020年，全球碳市场交易额将达到上万亿美元②，欧洲气候交易所已经准备在2010年推出碳期货市场，大的投资银行，包括伯克利资本集团、JP摩根、高盛集团、摩根斯坦利、汇通已经进入这个市场，成立于2003年的“气候风险投资者网络（INCR）”

① 刘红、唐元虎：“外部性的经济分析与对策——评科斯与庇古思路的效果一致性”，《南开经济研究》，2001年第1期。

② See Taylor, supra note, 64.

到2008年掌握总资产近5万亿美元，涉及欧美60个会员。“生态金融”的格局已经基本形成，金融资本的力量已经决定了实行哪种制度安排。相比碳税制度，碳限额与交易制度要热闹得多。

空气也能卖钱

2002年世界银行找到中国张掖小孤山水电站寻求合作时，当时水电站上上下下的人都感觉这是一个巨大的陷阱，当水电站通过省财政厅找到国家财政部、中国发展和改革委员会等单位时，很多领导也都感觉被骗了，连空气都能卖钱，这简直是天方夜谭，小孤山水电站负责人后来回忆说。但这就是事实，因为发达国家的减排成本比较大，像中国这样的发展中国家由于人力、土地等原因，减排成本比较小①，如美国减少1吨温室气体排放的成本大约是100美元，而中国只有20美元。二氧化碳这样的全球产品，在哪里减排结果都一样。在巨大的成本优势的情况下，有减排义务的国家或企业争相跑到低成本的国家去投资项目以换取减排额度，对企业来讲，叫做冲销，国际经济学中叫做比较优势，在京都议定书中这就是清洁发展机制（CDM）。中国已经成为世界CDM最大的卖家，2008年占到世界CDM市场的84%。

根据世界银行的预测，到2012年，全球需要减少温室气体排放50亿吨，其中25亿吨来自境外购买，15亿吨需要通过购买（核证减理）实现，如果按照2007年中国CDM市场占世界CDM市场的份额计算，那么意味着中国将大概有11亿吨的碳减排规模，这还是一个非常粗浅的数据估计。现在很多中介机构看好未来碳市场的前景，纷纷跑到中国开发CDM项目以作储备，所以未来到底有多大资金规模还很难确定。近几年中国的CDM市场发展十分迅速，据世界银行的统计，2006~2008年，中国的CDM项目占全球该项目的比例逐年递增，分别为54%、73%和84%，远远领先于其他发展中国家。尽管受金融危机的影响，全球碳金融的发展速度趋缓，但从2008年1月至2009年3月，我国CDM项目实现了跳跃式发展，共有800个项目获批，项目总数达到1730个。

所有这一切，是因为中国的减排空间十分巨大。中国是世界上最大的

① 余慧超和王礼茂：“基于清洁发展机制的中国碳市场潜力分析”，《资源科学》，2006年第7期。

煤炭消费国（占世界消费量的31%），有研究表明，中国每创造1美元的产值所消耗的能源是美国的4.3倍，德国和法国的7.7倍，日本的11.5倍。“十一五”规划中国已经提出到2010年单位GDP能源消耗量比2005年降低20%，主要污染物的排放总量要减少10%。虽然近年来很多项目越来越难开发和注册，但是很多行业依然潜力巨大，如石油行业、地方电力企业、煤气层开发、高耗能制造业等。中国庞大的碳金融市场已经让一些金融机构嗅到了商机。兴业银行已经在北京、天津、山东、山西、重庆、浙江、福建等省份开办了节能减排贷款业务，共发放贷款51笔，累计投放12多亿元；每年可实现节约标准煤147.48万吨，年减排二氧化碳约412.85万吨。目前，北京银行、浦发银行、工商银行、建设银行都在计划与中国国际金融公司（IFC）合作，共同开发碳金融市场。

与中国国内的公司相比，国外的金融公司走得更远。许多国家的政府和金融机构积极设立碳基金，世界银行专门成立了碳金融业务部门（Carbon Finance Business Unit），还设立了总额达10亿美元的8个碳基金，用于全球环境保护项目。排放大国日本也成立了日本碳金融机构（JCF），挪威碳点公司、欧洲碳基金、亚洲碳交易所，甚至非洲、印度等国家和地区的碳金融交易也都非常活跃。昔日的帝国中心伦敦，现在已经成为全球碳金融市场的中心，“碳托拉斯”已经形成。

碳金融的核心是碳排放权交易体系（见专栏3.2）。现在的碳期货交易所与目前的大宗商品期货交易所一样，参与者主要有三类，首先是排放贸易体制下有排放义务的企业和个人，他们拥有国家的碳排放配额，在欧洲现在主要是大的能源公司（电力、石油、天然气商），不过美国现在动议的限额与交易制度覆盖范围更广，将包括个人。他们交易的主要目的是进行价格风险控制，以实现套期保值；其次是投机者，他们针对未来价格的涨落进行交易，包括一些著名的国际投资银行，如高盛集团、摩根斯坦利、JP摩根、花旗、美林、汇丰、富通等。他们都是多年来进行石油、天然气、黄金、基本金属、利率、股指和股票期货的专业投资机构，还有专门进行期货和能源商品交易的交易公司或经纪公司，如All Energy Trading（能源贸易公司）、Amerex期货公司、Kyte经纪公司、英国能源贸易公司等；最后是做市商，由于期货交易所实行严格的会员交易制度，非会员不能进入期货交易所内进行期货交易，于是产生了期货经纪公司。它们接受客户的委托和指令，以自己的名义为客户进行交易并收取交易手续费。客户可以是拥有 EUA（欧洲排放单位）的公司、企业以及投机者，包括银行和风险基金等[①]。

专栏 3.2 碳排放权交易体系

按照《京都议定书》的规定，目前的国际温室气体排放权交易可以划分为两种类型（见图 3.1）：一种是以项目为基础的减排量交易（project - based trade）。联合履行（JI）和清洁发展机制（CDM）是其中最主要的交易形式。联合履约（JI）和清洁发展机制（CDM）均是基于温室气体减排项目合作的机制，其运作基础都是由附件 I 国家或企业购买具有额外减排效益项目所产生的减排量，再将此减排量作为温室气体排放权的等价物抵消其温室气体的排放量，以避免高额处罚。JI 项目产生的减排量称为减排单位（ERU），CDM 项目产生的减排量称为经核证的减排量（CER）。这两种机制的不同之处在于联合履约（JI）是附件 I 国家（发达国家和经济转型国家）之间的合作机制，而清洁发展机制（CDM）则是附件 I 国家和非附件 I 国家的合作机制。另一种是以配额为基础的交易（allowance - based trade）。与基于项目机制的温室气体排放权交易不同，在配额基础交易中，购买者所购买的排放配额，是在限额与贸易机制（Cap & Trade System）下由管理者确定和分配（或拍卖）的。《京都议定书》下的国际排放贸易（ETS）机制就是以配额交易为基础的。在该机制下，人们采用总量管制和排放交易（cap & trade）的管理和交易模式，即环境管理者会设置一个排放量的上限。受该体系管辖的每个企业将会从环境管理者那里分配到相应数量的“分配数量单位”（AAU），每个分配数量单位等于 1 吨二氧化碳当量。如果在承诺期中这些企业的温室气体排放量低于该分配数量，则剩余的 AAU（代表排放温室气体的许可权）则可以通过国际市场有偿转让给那些实际排放水平高于其承诺而面临违约风险的附件 I 国家或企业，以获取利润；反之，则必须到市场上购买超额的“分配数量单位”（AAU），否则将会被处以重罚。

---

① 郑爽：“碳市场的经济分析”，《能源与环境》，2007 年第 9 期。

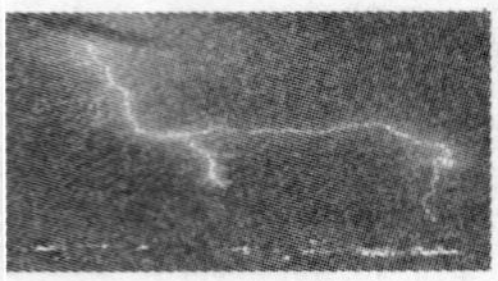

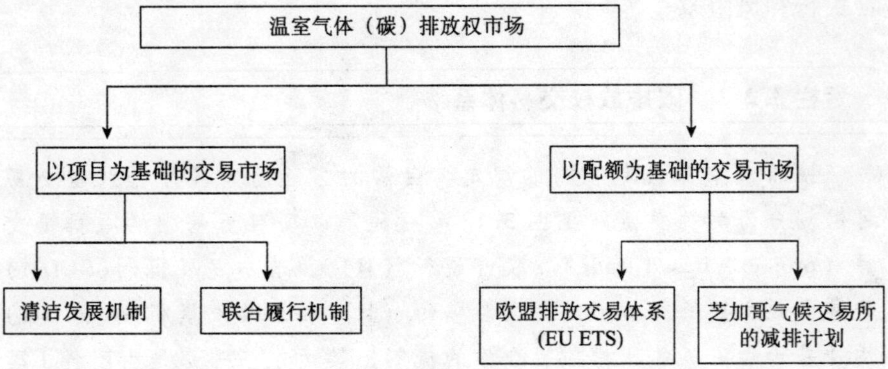

图 3.1　国际温室气体排放权交易类型

目前世界上不存在统一的国际排放权交易市场。在这些区域性的市场中，存在不同的交易商品和合同结构，各市场对交易的管理规则也不相同。欧盟排放交易体系（EU ETS）是目前全球最大的温室气体排放权交易市场。此外，美国的芝加哥气候交易所的减排交易体系也构成了 GHG 排放权交易市场的重要组成部分。

一、欧盟排放交易体系（EU ETS）

由于欧盟排放交易体系是一个依据欧盟法令和国家立法建立在企业层次上的机制，仅管理工业设施的排放，而《京都议定书》则是政府间谈判达成的，对国家的排放总量设定减排目标，因此，欧盟排放交易体系与《京都议定书》的关系是相互独立运行的。

欧盟为了帮助其成员国履行《京都议定书》的减排承诺作准备，获得进行排放贸易的经验，于 2005 年 1 月 1 日正式启动了欧盟排放交易体系（EU ETS），这是世界上第一个国际性的排放交易体系。欧盟排放交易体系的目标和功能是减少二氧化碳的排放，它涵盖了所有 27 个欧盟成员国，而且非欧盟成员国的瑞士和挪威也决定 2007 年自愿加入 EU ETS，与欧盟成员国进行排放交易。在该交易体系下，人们采用的是总量管制和排放交易（cap - and - trade）的管理和交易模式，即环境管理者（欧盟及其成员国政府）会设置一个排放量的上限。受该体系管辖的每个企业将从环境管理者那里分配到一定数量的排放许可额度——欧洲排放单位（EUA），而所有企业的排放总量不得超过该上限。目前，对于 EUA 的分配，各成员国普遍采取了根据

被管辖设施的历史排放水平免费颁发的方式。其中，每年德国 4.88 亿吨，意大利 2.5 亿吨，波兰 2.5 亿吨，英国 2.5 亿吨，法国和西班牙共 1.5 亿吨等 6 个国家的排放许可占了总量的 71%。如果企业能够使其实际排放量小于分配到的排放许可额度，那么它就可以将余下的额度放到排放市场上出售，以获取利润。反之，如果一个工厂的排放量超出了它获得的许可额度，那么它就必须到市场上购买排放权，否则将会被处以重罚（EU ETS 规定：排放权不能跨越 EU ETS 的阶段使用，即 2005～2007 年度的排放权不能在 2008～2012 年度使用，但在每个阶段内的各个年度，例如 2005 年、2006 年、2007 年，可以储存并任意使用）。

欧盟的排放贸易制度分两阶段实施：第一阶段是 2005～2007 年，第二阶段是 2008～2012 年。在第一阶段内，每个成员国要把本国排放总量限制以及国内受体系管辖的设施所分得的 EUA 的数量以国家分配方案（National Allocation Plan，NAP）的形式提交至欧盟委员会。委员会则对这些 NAP 进行评估，且决定它们是否符合 ETS 指令函规定的标准。为了保证这项制度的实施，欧盟设计了一个严格的履约框架，其规定，自 2005 年开始，企业的二氧化碳排放量每超 1 吨，将被处以 40 欧元的罚款；自 2008 年开始，罚款额将涨至每吨 100 欧元，并且在次年，企业排放许可额度中还必须将相应数量加以扣除。为了建立一个全球性的排放贸易网络体系，欧盟通过其连接指令函（EU linking directive，2004 年 11 月 14 日生效），允许 EU ETS 系统内的成员从 2005 年起可使用 CDM 项目和 JI 项目的减排量指标核证减排量（CERS）来抵消其排放量。所以，欧盟排放交易体系实现了 ETS 机制和 CDM、JI 机制的结合。除此之外，为扩大欧盟排放交易体系的影响，进一步降低欧盟企业的履约成本，欧盟排放交易体系积极与其他排放贸易制度进行连接。目前，它已经能与《京都议定书》附件 I 国家的排放贸易制度连接，如加拿大、日本、瑞士等国家的 ETS。通过双边认可，还实现了与其他非《京都议定书》机制的连接，例如美国州一级的排放贸易制度。欧盟排放贸易体系的交易基本上都是通过直接交易市场或者交易所来交易的。欧盟碳交易活动的 3/4 是场外柜台交易和双边交易，其中半数以上场外柜台交易是通过交易所结算交割。目前，欧洲有 4 个交易所参与碳交易：阿姆斯特丹

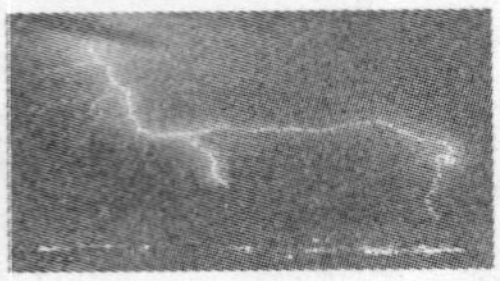

的欧洲气候交易所、奥斯陆的北方电力交易所、法国的未来电力交易所、德国的欧洲能源交易所。在所有通过交易所结算交割的碳交易量中，欧洲气候交易所的交易量占82%，其全部碳融资合同都在伦敦跨洲期货交易市场进行电子交易。欧盟排放交易体系运行两年多来，取得了较好的成效。从目前情况来看，企业的履约率很高，其中，英国的履约率超过99%。而在国家层面上，除爱尔兰、西班牙、奥地利、葡萄牙、丹麦外，其他国家都已趋向完成目标。

二、芝加哥气候交易所的减排计划

芝加哥气候交易所（Chicago Climate Exchange，CCX）成立于2003年，是全球第一个，也是北美地区唯一的一个自愿性参与温室气体减排量交易，并对减排量承担法律约束力的先驱组织和市场交易平台。作为世界上第一个包括所有6种温室气体（包括二氧化碳（CO_2）、甲烷（CH_4）、氧化亚氮（N_2O）、氢氟碳化（HFCS）物、全氟化物（PFCS）、六氟化硫（SF_6）的排放注册、减排和贸易体系，CCX自2003年12月12日开始进行GHG排放许可和抵消项目的电子交易。在芝加哥气候交易所的减排计划中，许多北美公司和其他实体（如市政当局）自愿作出了有法律约束力的减少温室气体排放的承诺，以保证CCX能够实现其两个阶段目标，即在第一阶段（2003～2006年）能够实现所有的会员单位在其基准线排放水平的基础上每年减排1%的目标；在第二阶段（2007～2010年）所有的成员将排放水平下降到基准线水平以下的6%。对每个CCX的会员来说，它们的排放基准线被设定为其1998～2001年期间年排放量的平均值；对第二阶段的新会员来说，其基准线是2000年的排放量。这些公司可以通过内部减排、从其他面临排放限制的公司购买许可，或者购买满足特定标准的减排项目产生的信用额度来履行承诺。CCX开发了一套基于互联网的电子交易平台，供其会员买卖温室气体排放权。交易的过程和数据由内部系统记录，所有交易都必须通过这个电子交易平台进行。CCX还没有联网的电子监测系统，目前是按照一套内部制定的规则，由美国国家证券经纪商协会来对会员的监测报告进行核查。所有的交易过程和交易数据都是内部信息，不对外公开。会员超额完成的减排指标可以储存。CCX很愿意和其他的温室气体排放交易体系连接。目前，会员通过CDM项目获得的减排权可以用于完成其在

CCX 的减排目标中所承担的义务。

除上述两个交易市场外，世界上还有很多正在运行中的温室气体（碳）排放权交易市场，但相对来说规模较小。

资料来源：中国清洁发展机制基金管理中心。

所有的这一切都是源于全球碳交易市场出现了爆炸式的增长。碳交易量从 2006 年的 16 亿吨跃升到 2007 年的 27 亿吨，上升 68.75%，成交额的增长更为迅速。2007 年全球碳交易市场价值达 400 亿欧元，比 2006 年的 220 亿欧元上升了 81.8%，2008 年上半年全球碳交易市场总值甚至与 2007 年全年持平。联合国和世界银行预测，2008～2012 年间，全球碳交易市场规模每年可达 600 亿美元，2012 年全球碳交易市场容量将为 1500 亿美元，有望超过石油市场成为世界第一大市场[①]。这种预测还没有包括美国在内，如果美国能够通过《清洁空气与安全法案》，按照沃顿商学院一位教授的预测，到 2020 年，全球碳市场的规模将要达到 3 万亿美金，这比目前的原油市场要大得多。

如果说 20 世纪我们交易的是石油、汽车和电子产品等实物资产，那么 21 世纪我们将交易空气，因为科学已经证明如果要防止气候给人们带来灾难性的后果，全球表面的平均温度相对于工业化水平前的水平不得高于 2℃，全球温室气体排放量最迟不得晚于 2020 年达到峰值，到 2050 年全球温室气体排放至少比 1990 年减少 50%，未来二氧化碳将成为人类最为昂贵的资源。为了在全球范围内更好地管理空气，如何建立一个更加有效的全球二氧化碳交易系统，是这个世界的领导者现在最费心思的一个问题。

碳的商品属性与国际货币体系

自科斯之后，人们理所当然地认为二氧化碳可以进行交换，政府分配给企业和个人的排放额就成为一种财产，二氧化碳可以像石油、黄金等商品一样进行交易。随着交易量的增加，人们逐渐从场外交易转到场内交易，为了便于交易，大家也把二氧化碳进行了标准化，从而形成二氧化碳期货市场，就像现在的石油期货市场一样。二氧化碳和煤炭、石油有两个

---

① *Point Carbon Annual Report*, 2008.

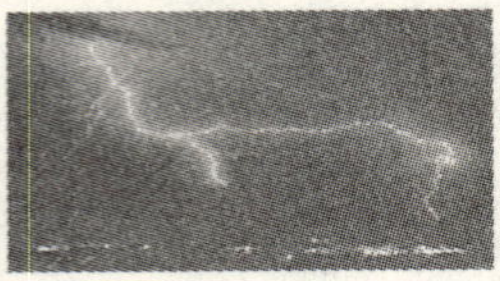

相似的地方：第一，它和煤炭、石油一样是生产、生活所必需的，因为燃烧一升汽油（约等于730克）要排放大概2.25公斤的二氧化碳，用一度煤电大概要排放1.43公斤二氧化碳，也就是说，你购买汽油或电的时候，你也要购买二氧化碳；第二，市场的交易量很大，据世界银行估计，2012年市场的容量将达到1500亿美元，有望超过石油市场。想来也容易理解，你燃烧730克的汽油就要排放出自身重量3倍多的二氧化碳，达到2250克。问题来了，当一个国家的二氧化碳额度不够，需要到其他国家购买时，我用什么货币呢？是欧元、美元，还是人民币？如果未来全球就只有欧洲二氧化碳排放权交易市场，所有的二氧化碳都在欧洲进行交易，那么二氧化碳理所当然地要用欧元计价，各国就不得不储备欧元以备在欧洲购买二氧化碳时使用，随着各个国家储备量的增加，欧元将成为一个国家主要的外汇储备货币，当有了结算单位、储备货币两个功能之后，就可能成为实行非自由汇率制度的外国货币当局干预外汇市场中的瞄准货币。这就是国际货币的形成过程。历史上也有几次国际货币的更迭。

16~17世纪的国际贸易主要是通过海上交易木材、鱼类、粮食、毛皮、香料、棉纺织品、丝绸和瓷器，那个时期主要是“海上马车夫”荷兰垄断着海上霸权，因此大多数国际贸易产品通过荷兰船只转运，经由荷兰商人转手销售，荷兰盾也就成为关键的国际货币。这种状况一直持续到18世纪。

18世纪中叶，蒸汽机革命让英国逐渐替代了荷兰，标志着从手工业时代进入了机器生产时代，从此，煤炭成为工业革命的“食粮”，并引起了煤炭需求的急剧式增长。根据《帕尔格雷夫世界历史统计（欧洲卷）》提供的数据，1816年英国煤炭出口突破100万吨，1876年突破1000万吨，1932年英国煤炭出口量达8073万吨，占其总产量的29%。英国通过军事力量几乎控制着全球煤炭资源，英镑也就成为国际贸易中的结算货币，许多国家中央银行的国际储备也是英镑，而不是黄金[①]。

19世纪后半期，人类发明了内燃机，并逐渐取代蒸汽机。随着内燃机的普及，石油登上历史舞台并成为工业的“血液”，到20世纪30年代，石油贸易占据了国际能源贸易的显著位置，并动摇了煤炭的主体地位。据王亚栋的统计，到1929年，石油贸易额已达到11.7亿美元。这一时期，国际石油物流的流向主要是从美国、委内瑞拉流向西欧，第二次世界大战

① 王颖、管清友：“碳交易计价结算货币：理论、现实与选择”，《当代亚太》，2009年第1期。

时期，美国成为盟国的主要能源供应者，第二次世界大战后，美国一度掌握世界原油产量的2/3。从1859年在宾夕法尼亚打出了第一口油井到二战之后的一段时间，也就是所谓的“墨西哥湾时代”，美国一直是世界石油的主要出口国，虽然之后美国不再是主要出口国，但是美国通过美元牢牢控制着全球石油。这表现在：第一，20世纪70年代美国与沙特达成“不可动摇协议”，将美元确定为石油唯一的计价货币；第二，1982年纽约推出世界第一个原油期货合约，以后无论是伦敦还是纽约石油交易所，都使用美元作为计价和结算货币单位，现在OPEC最新的一篮子平均价所监督的12种原油就以美元作为交易计价货币，美元几乎就等于石油，任何想进行石油交易的国家都得把美元作为交易计价货币。

煤炭—英镑，石油—美元，几乎刻画了一个清晰的能源、货币以及国家兴衰更迭的路线，沿着线性的思路，是不是碳跟哪种货币绑定，就意味哪种货币就将成为霸权货币，并进而影响现在的国际货币体系？

实际上这种可能性并不大。英镑之所以能够成为煤炭的计价货币，是因为英国依靠国家实力几乎控制着当时的煤炭资源，美元也同样如此，无论是“墨西哥湾时代”，还是后来与沙特达成“不可动摇协议”，都是因为美国能够控制石油。欧洲虽有世界上最早、最成熟的碳交易体系，碳的价格用欧元计价，但是这并不是欧元成为国际货币的关键，因为欧洲并不能控制这个世界上逐渐奇缺的资源——碳，并且碳不能依靠军事来获得，而是依靠国际谈判，根据人均GDP、单位GDP温室气体排放、1990～2005年温室气体排放趋势、1990～2005年人口增长趋势等因素来确定每个国家的碳排放额，所以不会造成哪个国家的碳突然变得稀缺或过剩，并且国际组织并没有规定每个国家具体哪一年排放多少，因此即使某年由于国内的突发因素（例如夏天温度突然变得很高）使碳需求量很大，国家完全可以根据实际情况利用储备碳来平衡国内市场，因此不会形成稳定而庞大的国际贸易市场，目前存在国际碳交易的项目就是CDM和JI。欧盟第三阶段减排计划中明确表示要缩减使用CDM的比例，美国利伯曼—华纳议案也明确表示只允许与已经建立了排放体系的国家进行冲销，并且规定最高不超过15%，从而不会形成稳定而庞大的碳国际贸易市场，不像石油，因为全球石油供求分布很不平衡，各个国家之间容易形成供求缺口。实际上，碳不具有使用价值，也就不具有商品的属性，所以煤炭—英镑、石油—美元的类比在出现国际碳市场之前还不明朗，与国际货币体系关系不大。

碳的货币属性与全球碳交易市场

国家实行了碳限额与交易制度之后，本来上帝赋予每个人的排放权利就一下子交给了国家，也只有国家拥有发行碳排放额的权利，碳成为一个国家主权，从而政府多了一个收入来源，这就是碳限额与交易制度的实质。如果美国实行碳限额与交易制度并且全部拍卖，美国 2006 年排放量为 56.7 亿公吨，每公吨按照 40 美元计算，那么拍卖收入将达到 2268 亿美元，而 2006 年美国政府一年的税收收入只有 2.7 万亿美元，约占美国总税收收入的 10%。这对任何政府来讲，简直是“天上掉馅饼”。当国家不实行碳限额时，碳就没有了任何价值，就像政府一夜之间宣布要发行一种新的货币，不再承认原来的货币，那么原来的货币就不再有任何购买力，甚至使用原来的货币就是违法行为。碳由此有了货币的属性。

碳和货币还有一个相似的地方，就是可以借贷，从而形成“碳银行”。在欧洲气候交易体系下，欧盟设置了一个排放有效期，比如第一阶段是 2005 ~ 2007 年，第二个阶段是 2008 ~ 2012 年。在排放有效期内，一个企业可以根据自己的情况自行决定什么时候使用碳排放额，以实现生产的灵活性和有效地节约成本。如果现在企业不想用现在的排放额，企业就可以把一定量的排放额存储到“碳银行”，以换取一个“利息”，而当经济形势比较好、企业要扩大生产而碳排放额不够时，就可以到“碳银行”去借，从而形成一个“碳银行市场”。由于人人都要用碳，并且随着人们交易额的扩大，银行给客户直接支付的利息可能就不再是我们平时用的货币，而是碳排放凭证，这也是银行票据的由来。

目前国际会计协会也紧紧抓住这个机会，推出系列措施以制定新的会计准则，逐渐把企业的碳排放额作为企业的一种无形资产或者政府补贴，并且国际会计标准委员会已经制定了一个新的草案以修改目前的会计标准，开始把碳排放单位作为货币来对待，因为碳的价值由政府规定并由市场决定。

当然，碳不可能代替目前的货币，也不会是像《货币战争 2：金权天下》中所说的碳和黄金将成为未来的替代货币，因为碳排放额度有一个使用的期限，目前美国规定企业或个人不得囤积超过上一年 10% 的额度，欧洲规定的有效期是 3 ~ 5 年，也就是“有权不使，过期无效”，所以不

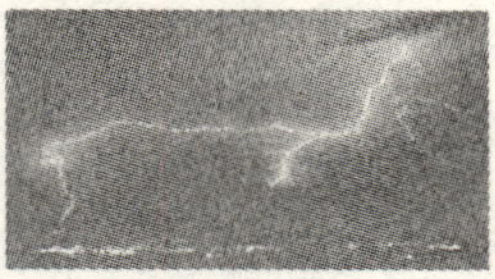

具有货币的长期价值储存功能，但是在有效期内，它在一定程度上却可以代替普通货币购买其他产品。理解碳的货币属性，对建立国际碳交易市场具有很强的指导意义。

在一个市场经济统治的世界里，通过建立全球碳交易市场实现碳资源的合理配置，成为人们自然的想法。2009 年 3 月 2 日欧洲环境部长理事会上正式通过的名为《欧洲理事会关于 2012 年后国际气候综合协议中欧盟立场结论》中，欧盟明确表示不迟于 2015 年在经合组织（OECD）成员国范围内建立碳交易市场，2020 年将碳市场拓展到经济发达的发展中国家，发展中国家应通过进入碳市场在全球减排中逐步发挥作用，到 2020 年，那些有竞争力的工业部门应执行限额排放机制。据估计，2013～2020 年，碳市场中对碳信用额的需求将出现井喷，《京都议定书》三机制将继续发挥重要作用①。现在很多国家已经建立或者准备建立碳排放权交易系统，在美国，已经有东部海岸的地区温室气体交易所（RGGI）、西海岸的西部气候交易所（WCI）以及中西部温室气体协议（MGGA），在国家层面，也正在讨论成立联邦碳排放与交易体系；印度的多种商品交易所（MCX）也已推出 EUA 期货和五种 CER 期货；澳大利亚有新南威尔士温室气体减排体系（GGAS）；加拿大在 2006 年 7 月成立了蒙特利尔气候交易所（MEeX）；新加坡和巴西也已经有属于拍卖性质的碳交易所。

建立全球碳市场的前景已基本确定，在学术层面、政治层面都达成了广泛的共识。但是，如何实施，未来全球碳市场的图景是什么？实施过程会出现哪些问题？实施的步骤，建立全球碳交易市场后如果监管？

从国家间是否认可的角度来讲，其可分为单向联通、双向联通以及多向联通。单项联通中比较典型的就是 CDM 制度，也就是非附件 I 国家中的碳排放权能够得到附件 I 国家的认可，而附件 I 国家中的碳排放权则不能在非附件 I 国家中应用。双向联通就是两个国家之间的交易系统相互承认。最后就是多向，这也是未来建设的图景。建立双向或多向的交易系统，就要求各个交易系统之间的交易标准、交易规则相同。

我们联通的最终目的是利用全球的智慧和技术，以尽可能低的成本来实现全球的碳减排，建立全球碳交易市场并不是我们最终的目的。但首先面临的问题是国际碳交易是在国家层面还是企业之间实现？目前欧洲的碳交易体系是欧洲委员会分配给各个主要排放大户碳排放额之后，由各个企

---

① 王文军、潘家华：“欧盟对 2012 年后气候协定的立场”，《气候变化研究进展》，2009 年第 7 期。

业通过交易所进行交易。欧洲之所以能够这样做，一是因为欧洲各个成员国的碳排放额最终是欧洲各个成员国之间共同协商之后达成的协议；二是因为欧洲各成员国之间的经济结构相似，减排的成本相差不多，各个国家之间的企业交流方便。但是在大部分国家相互交易则不可行，因为各个国家在经济结构、能源结构、人口结构、劳动力价格、土地价格等方面都不相同，两个国家间的减排成本不同，如果企业之间可以交易则明显不公平。其次，建立全球碳交易市场将容易带来投机，引起价格的波动，从而不利于企业减排技术的实现。欧洲气候交易所 CDM 产生的“核准的温室气体减排量”期货价格在 2008 年 6 月和 7 月保持在 20 欧元/吨以上，“欧盟排碳配额”（EUA）现货价格更是摸高至 31 欧元/吨，而到了 2009 年初，EUA 和 CER 价格出现暴跌，CER 价格在 2 月中旬的时候跌至 7 欧元，当然这很大一部分是金融危机的原因，但是前期的投机成分也很大。第三，建立全球碳交易市场的最终目的就是各个国家之间碳排放额可以相互承认和交易，那么就会形成一批说客游说政府设法放松标准，降低碳排放价格，从而以国内较低的价格获取转手到国际市场上高价卖出。

这些问题可以通过国际货币制度来解决，虽然国际货币体系包含的问题很多，但核心的主要问题有：

第一，不同的货币之间有不同的购买力，每种货币都由自己国家的政府决定。

第二，实行何种汇率制度，浮动汇率还是固定汇率？

第三，政府有没有管理汇率的权利？

第四，政府有提供货币流动性和管理外汇市场的义务。

第五，需要一个国际货币监管机构来管理国家货币体系，稳定国际市场，并在必要的时候提供流动性。

依照国际货币的属性，我们可以找出建立全球碳交易市场的思路：

第一，每个国家通过国际谈判确定自己国家的总排放量之后，由国家来分配碳排放额，其价格通过国内市场决定。根据经济学原理，碳排放价格等于减排的边际成本，由于每个国家的经济结构、能源结构、劳动力成本等不同，减排的成本也不同，因此碳的价格也不同，也就是不同的国家碳都有不同的价值，就像货币在国内对应着一种商品购买力，并且碳排放额受到国家的承认和保护，这时碳就有了货币的属性。一个国家的碳排放额和另一个国家的碳排放额进行交易时，就像美元遇到人民币，需要有一个汇率，初期可以按照“购买力平价”，也就是各个国家的碳排放成本进

行交易，抑或是政府规定一个比价，从而两个国家的碳排放交易额就可以相互交易了。例如，美国减少1吨温室气体排放的成本大约是100美元，在欧洲只有50美元，那么欧洲的2吨碳从购买力平价上就相当于美国的1吨碳，当然为了达到低成本和减排的目的，可以把汇率定在欧洲每1.5吨碳相当于美国的1吨碳。也就是C（美国）:C（中国）＝1.5:1。如果欧洲的1吨碳和美国的1吨碳相同，就会形成大量的投机，带来价格的波动，这也达不到美国减排的目的。

第二，国家建立碳市场的目的是形成稳定、低廉、可预期的碳市场价格，不希望因为全球碳市场的建立而扰乱国内的碳交易市场，所以各个国家可以在碳市场建立之初实行“固定汇率制度”或者“有管理的汇率浮动制度”。碳是一种国家主权，因此所有的国际碳交易项目都通过各个国家的“碳中央银行”来进行。

第三，固定汇率制度可能会带来投机，从而扰乱国内市场，破坏现有的“汇率制度”，那么国家就可以实行配额管理制度，就像美国众议院已经通过的《美国清洁能源与安全法案》，规定国际冲销最大不能超过15%，像我国限制资本账户一样。

第四，随着全球碳交易市场的逐步完善和抗风险能力的加强，“汇率”浮动的范围可以逐渐扩大，从而最终达到“浮动汇率”，把汇率的权利完全交给市场，也就是逐步达到碳交易的自由兑换，实现全球统一的减排成本，这个过程可能需要很长的时间。

第五，当国内碳市场的价格超过一定的波动范围时，国家可以利用“国库”的储备碳平衡国内碳市场价格，这在美国《美国清洁能源与安全法案》中就有规定。

第六，有了国际碳市场，也就需要一个国际的碳市场监管机构。其首要责任就是监控每个国家的碳排放额，敦促各个国家按期完成减排目标。通过建立国际“碳储备”、设定“汇率”波动范围、限定借贷的最高额度等措施以避免价格的剧烈波动以及稳定“国际汇率”。国际机构辅助各个国家分配或拍卖碳排放额，制定相关的法律法规以规范市场，防止市场投机。正是碳的货币属性使得类似国际货币基金组织这样的机构更适合做国际监管者。但是目前大家还是习惯于认为碳是一种商品或者是一种新的金融服务，这些理解问题的方式都不能对全球碳交易市场的形成提供更多的思路，而是将遇到更多的冲突和问题。

正像上文所说，建立全球碳市场的目的是在现有技术下，实现减排成本的最小化，同时发现全球碳价格，但是价格机制并不会导致清洁技术的自然诞生，我们需要更多地把拍卖碳的收益用于支持清洁技术的发展。

气候变化、国际竞争力与碳泄露

当人类把温室气体看成是人类灾难的罪魁祸首时，采用市场机制征收碳税或者实行碳排放配额的方式就是成为一个理所当然的事情，但是温室气体确实是一个全球性的污染物，纽约排放的二氧化碳会影响北京，同样，北京排放的二氧化碳也会影响纽约。气候变化的全球性属性使单方面的行动会带来不平等的结果。当2005年2月16日《京都议定书》正式生效以来，具有减排义务的发达国家和经济转轨国家（即附件I国家）会因为气候变化政策而使自己国内的产业处于不利的位置。例如，欧洲准备向企业特别是碳密集型企业征收碳税，而中国不征收，那么欧洲能源密集型产业（如钢铁、水泥行业）的生产成本就会增加，能源密集型产业就面临着竞争的劣势，从而引起欧洲的消费者更多地购买中国的产品，甚至欧洲的跨国企业跑到中国。因为中国没有征收碳税，企业的成本相对较小，但是碳排放量却从欧洲转向了中国，全球总的碳排放量并没有减少，这就是所谓的碳泄漏。另外，当欧洲减少石化燃料的使用时，会相对降低石化燃料的价格，而这又会导致中国更多地消费化石燃料，从而也导致碳减排从欧洲跑到了中国，这也是碳泄漏。企业的国际竞争力和碳泄漏问题成为很多国家推迟实行气候变化政策的重要因素。

但是，气候变化措施真的影响企业的国际竞争力吗？世界银行在2007年《国际贸易与气候变化》的报告中利用数学模型从碳税和能源效率标准两个方面进行了研究，发现无论是征收碳税还是制定能源效率标准，都会对企业的出口竞争力产生重要的影响，并且对不同的部门影响不同。碳税对水泥行业的出口竞争力影响较大，但是钢铁、造纸行业则从碳税中得到好处，这可能是一些补贴的原因。类似的，能源效率标准则主要影响交通装备和金属制造业①。

---

① The World Band, "*International Trade and Climate Change: Economic, Legal and Institutional Perspectives*".

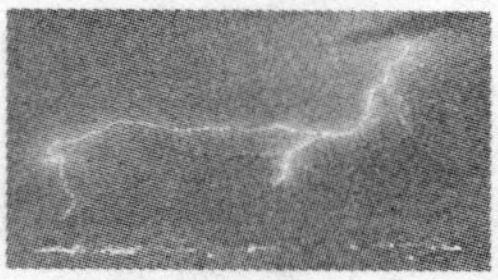

实际上，碳泄漏现象自从经济全球化以来就存在，但是对于碳泄漏的程度则存在不同的看法。测量碳泄漏程度的一个指标就是泄漏率（非减排国家的排放增加量与减排国家的减排量的比值），不同模型、不同机构测出的泄漏率也不同。2000 年斯坦福大学能源模型论坛（EMF）统计了一组模型计算的碳泄漏率：8%（G - Cubed 模型）、9%（GTEM 模型）、11%（Gemini - E3 模型）、14%（WorldSacn 模型）、26%（MS - MRT 模型）和 34%（MERGE4 模型）。政府间气候变化专门委员会（IPCC）在 2001 年发表的第三次评估报告中指出，由于可能发生的一些碳密集型产业向非附件 I 国家转移以及价格变化对贸易流向的影响，可能导致的泄漏率为 5% ~20% 。同时 IPCC 也强调，对碳泄漏率为 20% 的上限是在假设没有技术转移和排放贸易等条件下得出的结果。如果考虑到未来各国可能还会谨慎地采取政策措施，碳泄漏率肯定会低于 20% 。

至于碳泄漏的流向，更有不同的争论。从理论上来说，对非附件 I 国家，石油输出国受到的损失最大，而中国和印度则从中获益最大，Babiker 等认为，到 2010 年《京都议定书》对附件 I 国家（除东欧外）造成的经济福利损失约为 GDP 的 0.5% ~2.0%，而依赖石油出口的中东、北非等地区的非附件 I 国家，经济福利损失可能达到 2.4% ~3.7%，某些能源进口国获益约在 0.3% 以内；中国、印度、巴西、韩国和墨西哥等五国将产生占全球 60% 以上的碳泄漏，其中中国对碳泄漏的“贡献”将达到 30%①。

虽然从理论上说气候变化措施会产生碳泄露，从而导致国际竞争力的变化，并且关于国际竞争力的影响也是政治家喜欢说的一个词。但是经济学家认为，讨论竞争力没有意义，正像诺贝尔经济学家保罗·克鲁格曼所说，竞争力是一个空洞且产生误导的概念。虽然目前发达国家生产的钢铁、水泥、纸张、化肥、铝等五种重要能源密集型产品的生产总量均有不同程度的下降。但是 Sijm et al② 的分析表明，发达国家能源密集型产品生产份额降低的原因是发展中国家工业化进程导致对能源密集型产品的市场需求在增加，而不是发达国家在生产要素上的相对优势在减弱，实际上发

① 谢来辉、陈迎：“碳泄露问题评析”，《气候变化进展》，2007 年第 7 期。

② Sijm J P M, Kuik O J, Patel M, *et al.* Spillovers of Climate Policy, “*an Assessment of the Incidence of Carbon Leakage and Induced Technological Hange Due to CO_2 Abatement Measures*”, [R], Netherlands Research Programme on Climate Change Scientific Assessment and Policy Analysis, ECN report ECN - C - 05 - 014, 2004.

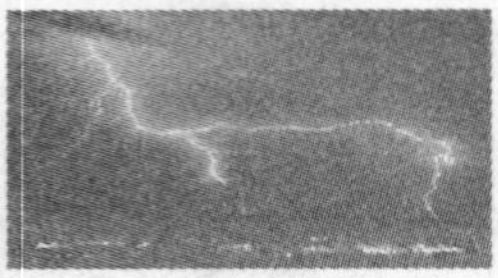

达国家的绝对量有缓慢的增长。虽然从理论上说实行气候变化措施会导致产业的转移，但实际上要复杂得多。因为气候政策引起的成本上升是非常低的，国际贸易要比游说者所说的要复杂得多。很多能源密集型行业的可移动性非常低，例如建材业以及发电企业，并且很多能源密集型部门大都是国家的支柱产业，产业关联度比较高，国家往往通过税收减免或者补贴的方式来减少气候变化政策带来的不利影响。已经开始运营的制造业企业也不可能停工或者转移，这不仅仅是因为前期庞大的资本投资，而且转移企业还面临着很多其他风险，比如汇率风险、政治风险、运输成本等。相反，很多国家已经开始对能源密集型产业进行出口限制。比如 2007 年，埃及就对出口的钢铁征收相当于每吨二氧化碳 20 欧元的关税，同年中国也对成品、半成品钢材征收 5% 的出口关税，并降低和取消了一系列的出口补贴。值得注意的是，碳价格引起的成本变化相对于汇率波动是很小的，例如，1987～2001 年日元汇率变化了 8.7%，能源价格的波动只有 1.9%。在斯特恩的《气候变化的经济学》中也提到，劳动力质量、基础设施、技术门槛、原材料价格以及市场潜力是企业转移的主要原因，而环境法规只占很小的因素，比如日本企业的劳动力成本是中国的 32 倍，土地和交通成本是中国的 50 倍，而能源价格只相差 2～3 倍。日本最近的一项企业调查显示，企业转移的首要动力是新兴经济体的市场潜力，其次是降低运输成本，最后才是劳动力成本①。况且希望把企业迁到发展中国家的早已行动了，征收碳税并不是跨国企业要考虑的首要因素。

目前已经有很多国家（包括澳大利亚、德国、北爱尔兰、英国、美国、中国等）针对碳价格对不同部门的影响进行了研究，他们的研究都表明不同的工业部门受到的影响差别很大，只有很少的一部分特殊行业受到较大的影响。气候战略组织对英国和德国的 159 个制造业部门进行了测算，如果每吨二氧化碳的价格为 20 美元，那么只有 1%～2% 的经济部门成本相对于产业增加值增加了 2%，对大部分制造业部门的影响不到 1%。最近澳大利亚的一家环保组织对澳大利亚的 100 个公司进行了研究，如果按照目前的水平每吨碳的价格为 20 澳元，大概有 3/4 的公司的影响只在 2% 以下，有很多公司在 1% 以下，影响比较大的为水泥、钢铁、石油部门。

虽然从短期来讲，征收碳税对国内的企业有一定的负面影响，但是与

---

① WWF, "*Climate Change Policy and Competitiveness: a Legitimate Concern?*"

其一直对这样的问题争执而裹足不前，不如较早地进入低碳技术领域，从而更早地获得一些竞争优势，而不是简单的担心。比如丹麦就较早地进入了风力发电装备领域，目前在这一领域已经有了很大的竞争优势，相反，美国严重滞后的汽车燃油标准使得美国现在的汽车业面临着濒临破产的境地，因为全球对小排量汽车的需求在明显增大。

即使碳税措施对能源密集型部门有影响，这就一定会导致企业竞争力的下降吗？如果查看电力部门的利润表就可以发现，碳税引起的成本上升都转移到了消费者身上。经济学家的研究发现，德国和荷兰的电力部门能够把40%～120%的上升成本转嫁到消费者身上，但是能源密集型的部门，如钢铁、水泥、造纸等，在面临国际市场竞争时无法有效地转移成本，这些产品的国际竞争力会受到影响。据一项欧洲的研究发现，自1900年欧洲实行环境税以后，美国的钢铁价格对欧盟五个国家都有重要影响①。对于这样的问题，一些国家开始利用碳关税或者贸易壁垒的方式来应对，但是利用这样的方式在WTO框架下合法吗？在实际操作中的效果如何？

WTO框架下"碳关税"的合法性以及经济和环境效果

由于国内实行碳税或者碳交易制度，为了应对可能带来的国际竞争力的丧失以及碳泄漏问题，很多国家都在谨慎地设计税收政策，以处理好国际贸易对经济和环境的影响。其一，政府豁免能源密集型部门的碳税，比如丹麦、瑞典和挪威实施的碳税方案中，能源密集型部门获得高额补贴或被免征碳税，但是免税又起不到碳减排的功效。其二，实行税收返还，全部或部分碳税收入通过税收返还以及使用补贴支持环保的方式返还企业，但是这种方式也是效率低下的。其三，边境碳贸易调整（Border adjustments in relation to an emission trading scheme），比如进口商需要先通过国内的碳市场获取等量的碳排放额度。才能从没有实行碳税政策的国家进口商品。这种方式在实际中还没有应用，然而最近在一些国家开始讨论这种法案。其四，边境税收调整（Border tax adjustments，BTA），1970年的关

---

① Scott，S.，Keeney，M. and Fitzgerald，J.，2006，"*The Market：Structure Andvulnerability*"，COMETR（WP2），Available from www2. dmu. dk/cometr/.

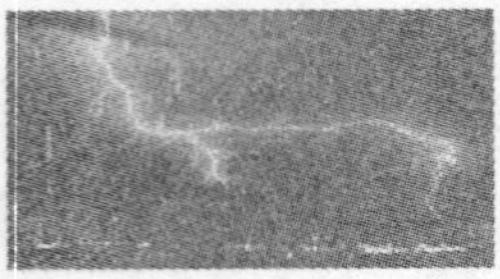

贸总协定中第一次提到了边境税收调整，并在经合组织成员国实行。边境税收调整（BTA）包含两层意思：第一，对和国内性质相同的进口产品按照国内税率征收进口关税；第二，对出口产品免除国内碳税以保持国际竞争力。边境税收调整一般被用在国内产品的零售或消费领域。税务专家认为，边境税收调整是政府财政政策中“目的原则”的一种应用，这种税收方式消除了重复征税，避免了本国和外国的生产者税负不对称，从而使税收政策“中性化”，BTA 为解决国内碳税而产生的竞争力丧失提供了一个有效的解决方案，这既能起到碳减排的功效，又能维持国际竞争力的最为有效的方式。但是 BTA 也导致了与 WTO 规则潜在冲突的可能。WTO 的基本目标是实现世界范围内的贸易自由化，主张消除环保主义的贸易壁垒，尽管肯定可持续发展与环境保护的重要性，但环境保护显然并非 WTO 的基本目标。气候变化公约的基本目标是保护全球气候系统，采用与贸易相关的政策措施仅仅是实现公约中的环境目标的手段，针对市场失灵，主张政府介入，通过经济手段和其他政策措施，促进环境目标的实现。

通过对进出产品的碳税 BTA 的分析发现，碳税的 BTA 合法性存在不确定性[①]，应该说 WTO 规则为减缓气候变化设置了一个障碍，最近学术和政策层面也就两者之间的分歧广泛讨论，逐渐认识到需要共同努力以达成气候变化和经济发展的目标。WTO 总干事拉米在 2009 年的联合国气候变化会议中也明确表示：“从我个人来讲，我坚定地相信国际贸易和气候变化之间的关系，并将就国际共识以和气候变化达成一致意见，从而把所有主要的污染国家都纳入进来。” WTO 已经认识到“WTO 规则有必要尽可能采用环境税或费[②]”，这表明 WTO 规则有可能修正以使碳税及其 BTA 合法。奥巴马上台之后对气候变化态度的转变无疑会增加 WTO 修改有关碳税及其 BTA 条款的可能性，一旦如此，包括我国在内的广大发展中国家将面临巨大的压力。

即使法律上允许 BTA，实施这项方案却困难重重。首先，如何评估特殊产品的碳排放量；其次，碳价格会随着经济形势经常变动，面对这种波动，我们按照什么价格征收边境调节税？

评估产品碳排放量的主要困难是每一种产品的零部件来自不同的国家、公司，而每个零部件的碳排放量又依赖于生产过程中电力的使用效

---

① 金慧华：“多变贸易体制下的碳税问题探析”，《社会科学》，2009 年第 1 期。

② World Trade Organization, “*Taxes for Environment Purposes*”.

率、国内电力来源的组成，例如可再生能源、煤炭、核能、水电的比例等。

碳价格的波动也是税收调节的一个重要困难。由于碳排放额度有的来自不同的市场、有的来自于政府拍卖、有的来自于国际市场交易、有的来自于政府的免费配额等，这都会导致产品的碳排放成本的不同，从而给税收调整的价格确定带来困难。

也有一些新的提议应对这个问题。比如，进口国要求进口的产品需要有许可证或者碳标签。所谓碳标签，就是将一个产品周期中造成的全部温室气体计算出来，并直接影响消费者和厂商的消费和生产决策。但是这一提议面临同样的问题，如何确保数据的准确性和有用性，同时简单、透明，交易成本低。从碳排放角度对贸易产品生命周期的初步分析已经表明，这个过程非常复杂并且成本高昂，实际上并不具有可行性，因为它将给 WTO 带来庞大的办事机构，并将带来未来几十年的碳关税谈判，所以短期内实行碳关税的可行性几乎为零。但是短期的成本高昂并不意味着长期来讲不可能实行，假如碳标签像其他标签一样普遍用在国际贸易商品中，就有可能被某些国家或商家滥用来设置技术贸易壁垒，从而很容易被赶出发达国家的市场。虽然对很多发展中国家来讲，实行碳标签就像作茧自缚，但是当世界其他国家都开始实行碳标签时，不实行碳标签的产品将非常被动，实际上目前很多商家都展开了诸多碳标签的尝试，随着社会各界对环境保护和气候变化关注的日益加深，对国家贸易商品的碳足迹进行统一测度、推广标签的使用将逐渐加速。

Warwick J. Mckibbin 和 Peter J. Wilconxen① 的研究发现，虽然边境调节税对减少碳泄漏有效，但是对进口行业的影响很小，不过碳排放的减少可能是由于关税引起的国际贸易总量减少导致的。从边境调节税中得到的效益还不足以弥补政府为此付出的成本以及对国际贸易的负面影响，即使没有边境调节税，碳泄漏也是不大的。美国的进口数据也表明，美国“碳密集”型产品主要来自加拿大和欧盟，这些国家无论是人均碳排放量还是全国总的排放量都比美国要低。更为重要的是，美国征收碳关税将导致很多来自发展中国家的反对，最后只能导致全面的贸易战，从而最终让美国的出口贸易受损，这样的做法对全球碳减排并没有好处。在美国众议

① Warwick J. Mckibbin and Peter J. Wilconxen, “*The Economic and Environmental Effects of Border Tax Adjustments for Climate Change*”, www. brooking. edu.

院通过的《美国清洁能源与安全法案》草案中即使实行碳税或者实行特殊配额，也是在2019年以后。无论是征收边境调整税还是要求进口商购买进口配额，在经济上都是不科学的，但是在政治上却是受欢迎的。所有的这些方式都是“以邻为壑”的方式，我们在应对共同的苦难时与其相互的“埋怨”，不如共同致力于技术进步。

技术交换与气候变化：国际交流、障碍和框架

技术进步的实质是如何通过制度和技术创新突破人类生存空间和资源的有限性，探讨如何用更少的资源实现福利的最大化。据估计，最近30年，能源效率的提高减少了一半的能源消耗，斯特恩报告中也提到未来建筑、交通、工业、农业，特别是电力行业中的能源效率都有很大的提高潜力。从1972年的《斯德歌尔摩人类环境宣言》，到1992年的关于环境与发展的《里约热内卢宣言》，再到2002年的《可持续发展宣言》，技术作为解决环境问题的根本手段，受到人们越来越多的关注。《联合国气候变化框架公约》（UNFCCC）第4条第5款明确指出：“附件2所列的发达国家缔约方和其他发达缔约方应采取一切实际可行的步骤，酌情促进、便利和资助向其他缔约方特别是发展中国家缔约方转让或使它们有机会得到不危害环境的技术和专有技术，以使它们能够履行本公约的各项规定。2007年底达成的‘巴厘路线图’中强调，必须重视减缓、适应、技术开发和转让、资金四大问题。会议各方达成协议，技术转让专家组负责在接下来两年内设立机制，以推进大规模的环保技术转让，这对于全球，尤其是发展中国家，至关重要。”①

但是包括能源在内的技术涉及国家的安全和战略，涉及国家、企业以及个人的利益，特别是发达国家与发展中国家的分歧是现在国家技术谈判的主要障碍，各个国家为维护自己的利益，使得技术转让和交流存在很多障碍，清洁技术的国际贸易环境也存在相当大的复杂性：（1）如何识别清洁产品；（2）随着技术的进步，如何保证技术进步的持久性，比如日本转移给中国一项清洁技术，但是随着技术的进步而很快就过时了；

① 裴卿、王灿、吕学都：“应对气候变化的国际技术协议评述”，《气候变化研究进展》，2008年第9期。

(3) 如何处理非关税贸易壁垒；(4) 如何保障发展中国家的技术出口；(5) 如何处理农业问题①。现在关于国际技术转移的主要焦点是南—北技术与资金交流，特别是官方发展援助以及《京都议定书》倡导的发达国家通过清洁发展机制（CDM）对发展中国家的补偿。虽然这是一个分析和谈判的框架，但是这是对国际技术转换的一个非常狭隘的观念，虽然出于历史原因，发达国家有责任对发展中国家实行免费的技术转移，而实际上技术转移在实际操作中十分不易，技术的引进也不能保障国家能够掌握这种技术，并且技术进步非常迅速，即使接受了技术转移，也可能很快被新的技术替代。由于信息的非对称性，甚至技术的转让会带来技术的依赖，从而埋下更大的隐患，现在国际贸易和直接投资是促进清洁技术推广更为有效和普遍的方式。

与气候变化相关的清洁技术不计其数，各个国家的标准和需求也不同，最具有代表性的就是 Pacala 和 Socolow（2005）列出的清洁技术清单，包括提高终端用户的效率和节能、电厂、碳封存与碳捕捉、替代能源、农业和森林，联合国气候变化框架公约也有一个清洁技术的清单（见专栏 3.3），美国和欧盟为减少贸易关税也制定出了一个与气候变化相关的制造业清单②。斯特恩报告（2007）提供了有助于减缓气候变化的 9 项技术，效率、碳捕捉与碳封存、核能、生物能、热电联合技术、太阳能、风能以及水能。欧盟委员会的技术清单分两部分，51 个类别，一个是工业部门，比如常规能源供给；另一个就是其他技术，比如能源效率、可再生能源等。美国气候变化技术项目列举了几百种技术，包括现有技术和未来研究技术，包括终端基础设施（比如交通）、能源供给（比如风能）、碳捕捉与封存技术（比如深度掩埋）、零碳技术（比如垃圾制沼气）、监控与控制技术（比如海洋二氧化碳封存技术）等。美国国际贸易委员会、世界银行等也都有类似关于清洁技术的清单。

与减少温室气体排放的技术相比，现在还没有系统和明确地提出气候适应技术。不过，联合国气候变化公约在 2006 年也提出了一些技术，包括海岸防护堤坝等工程技术、水供应技术、农业和健康技术等。

清洁技术转移表现出了十分复杂的多样性：技术交流的空间多样性不

① World Bank 2007，"*International Trade and Climate Change*"，Washington，DC：World Bank.

② 美国一直是清洁技术产品的净进口国。2006 年美国从欧盟进口产值达 180 亿美元，而出口产值只有 150 亿美元。

是简单地从发达国家到发展中国家、各国对清洁技术需求的多样性、国际技术交流中贸易障碍的多样性、便利或阻碍国际技术交流的机构多样性，这些仅仅通过政府的谈判很难满足实际的需要。

由于清洁技术的多样性，很多发展中国家也在某些技术领域走在了前列，巴西的生物乙醇技术、印度的风力发电技术等，而且南—南合作的例子也很多。实际上，官方援助的项目占总的清洁技术项目投资的比例很小，2000 年非附件 I 国家（不承担减排义务的国家）中，只占 0.4% ~ 0.7%，而国际直接投资和国际债务投资每年达到上千亿美元，并且国际投资更多地流向了附件 I 国家，也就是发达国家。2000 年，非附件 I 国家只得到 9% 的国际投资，2006 年投资于清洁能源的 2/3 的国际投资投向了欧盟和美国。现在，跨国公司以及国际直接投资的比例明显增多，印度的 Suzlon 绿色投资公司是世界上风力涡轮机的领先者，并且在美国、欧洲、中国都有分支公司，印度的 Tata 集团在能源、交通以及与气候变化相关的工业领域都走在了世界的前列。当然，在风力和很多清洁能源发电领域居于领先地位的是 GE 和西门子，这些公司都在印度和中国投资了大量的清洁能源项目。

现在致力于气候变化和贸易投资的国际制度安排也很多，既有双边、区域的，又有多边的。在多边组织中，最为典型的是政府间气候变化组织中的技术转让专家小组，他们专门致力于清洁技术的应用，并要求发达国家和发展中国家都应该努力推动清洁技术的发展，并为清洁技术的应用提供经济和政策的支持，尽力推动清洁技术的转让，特别是发达国家对发展中国家的技术转移。《京都议定书》中提倡的清洁发展机制和联合履行机制也日益受到重视，全球环境组织、世界银行的很多碳项目以及受世界银行支持的新能源基金日益成为推动清洁技术转移的重要力量。未来这些组织将发挥越来越重要的作用，并将带动社会其他投资，但是相对于私人企业的国际贸易和投资则显得很小。

但是这些国际组织依然无法应对目前的国际技术转移。清洁技术国际转移的障碍不仅存在于南—北合作领域，还存在于南—南和北—北领域，这是需要多边组织和政策制定者予以关注。出于历史原因，UNFCCC、世界银行和其他世界组织应该主要关注南—北之间的技术转移，WTO 和其他贸易、投资组织也应该努力减少国际贸易和国际直接投资的障碍，这种障碍不仅存在于附件 I 国家，也存在于非附件 I 国家中。因此，现在的国际组织需要全面改革以适应现在的全球气候变暖。

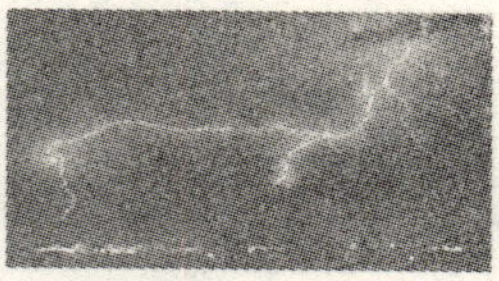

专栏3.3　减少温室气体排放的几种技术类型

一、通过能源供给和基础设施减少温室气体排放

1. 高效的化石燃料发电技术；

2. 氢技术；

3. 可再生能源技术；

4. 核技术；

5. 能源基础设施：高温超导技术、分布式发电技术、热电联合技术、能源存储系统、传感控制和交流技术、电力电子技术。

二、通过能源应用减少温室气体排放

1. 交通：电动汽车、混合动力汽车、燃料电动汽车，智能交通系统，航空、公交系统；

2. 建筑：建筑装备和照明、建筑外层（隔热、墙壁及屋顶）、智能建筑系统等；

3. 工业：资源循环利用、提高生产过程的效率等；

4. 提高管理和控制温室气体排放的能力：碳捕捉与碳封存技术；

5. 减少影响气候变化的其他温室气体。

三、减少其他温室气体排放

1. 来自能源和垃圾中的甲烷：天然气系统的管理和控制技术、垃圾焚烧发电技术等；

2. 来自农业中的甲烷和一氧化氮：先进农业系统以减少一氧化氮排放、粪便管理以减少甲烷的排放等；

3. 工业过程中的温室气体排放：半导体回收和再利用、大型超市中的制冷设备排放出碳氢化合物等。

资料来源：世界银行。

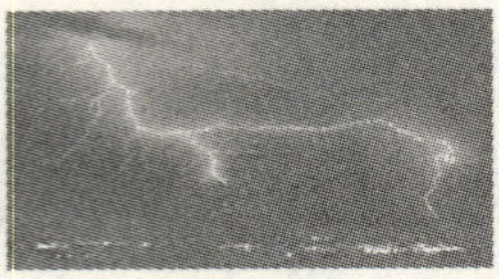

以信息化带动工业化，以工业化促进信息化，在工业化和信息化过程中加强节能化。

作者

第四章
清洁技术：改造我们的世界

煤炭的地位

人类在最初发现煤炭时，并未想到要拿它作为燃料，而是觉得它的颜色很特别，觉得很昂贵，甚至有人将其作为首饰，但是最终发现它可以燃烧，由此成为蒸汽机的动力，并引发了第一次工业革命。19 世纪末期，随着电力技术的普及和应用，煤炭又逐渐成为电力的主要动力，这一地位一直持续到现在。煤炭有两个优点：一是其成本低廉；二是与石油、天然气相比，其分布十分广泛，正像图 4.1 所示，无论在发达国家还是在发展中国家，都有丰富的储藏。

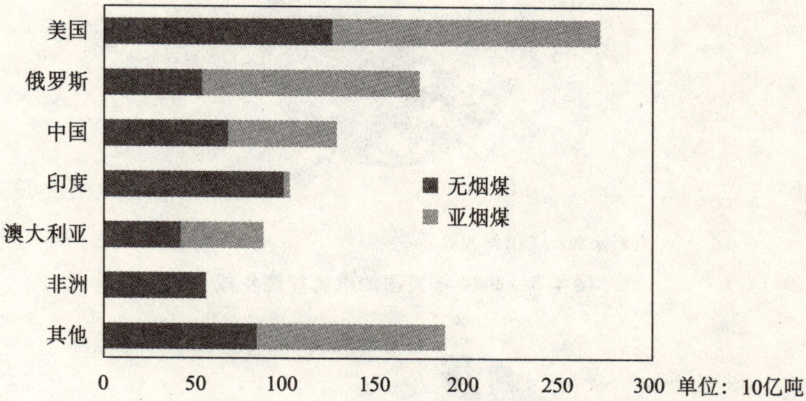

资料来源：美国能源署。

图 4.1　世界煤炭储量

从图 4.1 可以看出，美国、俄罗斯、中国、印度、澳大利亚是煤炭储量非常丰富的国家，而且这些国家都是能源消耗大户。美国的能源约 1/3 来自煤炭，并且煤炭几乎全部用来发电，占电力供应的一半以上（见图 4.2 和图 4.3）；中国 2/3 以上的能源，80% 的电力来自于煤炭；20 世纪中期以后，随着印度经济的迅速发展，煤炭占到其电力能源的 70%（见图 4.4）。

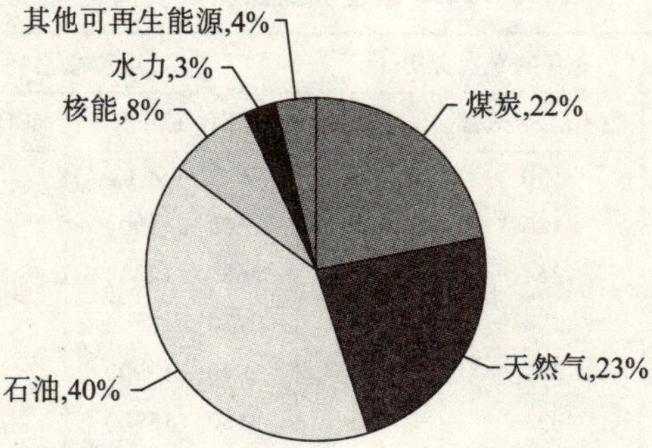

资料来源：美国能源署。

图 4.2　2004 年美国的能源构成

根据世界能源署的能源发展展望的估计，煤炭在未来仍将保持快速的增长，特别是在美国、中国和印度（如表 4.1 和图 4.5）。

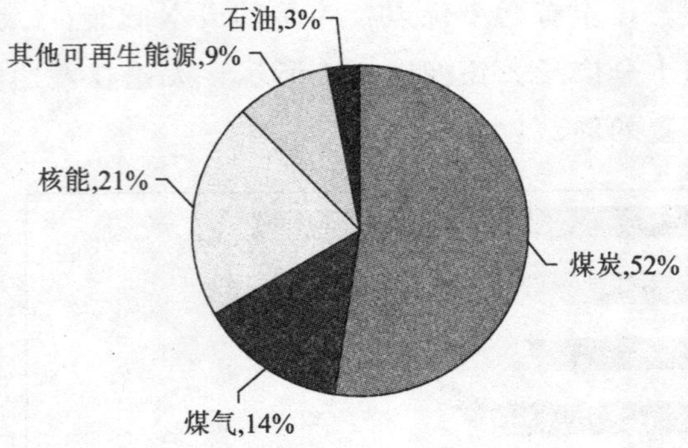

资料来源：美国能源署。

图 4.3　2004 年美国的电力能源构成

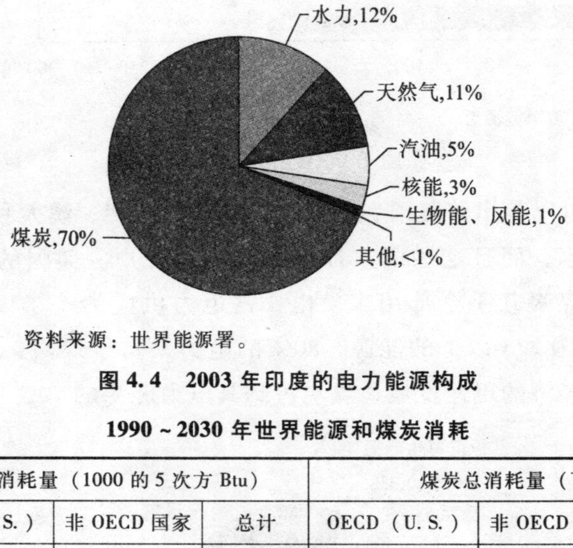

资料来源：世界能源署。

图 4.4　2003 年印度的电力能源构成

表 4.1　　1990～2030 年世界能源和煤炭消耗

	总能源消耗量（1000 的 5 次方 Btu）			煤炭总消耗量（百万吨）		
	OECD（U.S.）	非 OECD 国家	总计	OECD（U.S.）	非 OECD 国家	总计
1990	197（85）	150	347	2550（904）	2720	5270
2003	234（98）	186	421	2480（1100）	2960	5440
2010	256（108）	254	510	2680（1230）	4280	6960
2015	270（114）	294	563	2770（1280）	5020	7790
2020	282（120）	332	613	2940（1390）	5700	8640
2025	295（127）	371	665	3180（1590）	6380	9560
2030	309（134）	413	722	3440（1780）	7120	10560

资料来源：世界能源署。

但是，煤炭对环境却有着很大的负面影响。早在数千年前就有人将它用来取暖和照明，但是其产生的烟雾令人窒息和流泪，再加上早期木材原料的充沛，人们无法忍受煤炭的缺点，从而放弃使用煤炭。随着木材逐渐短缺，很多国家特别是英国开始开采煤炭，使伦敦在 17 世纪末期就成为

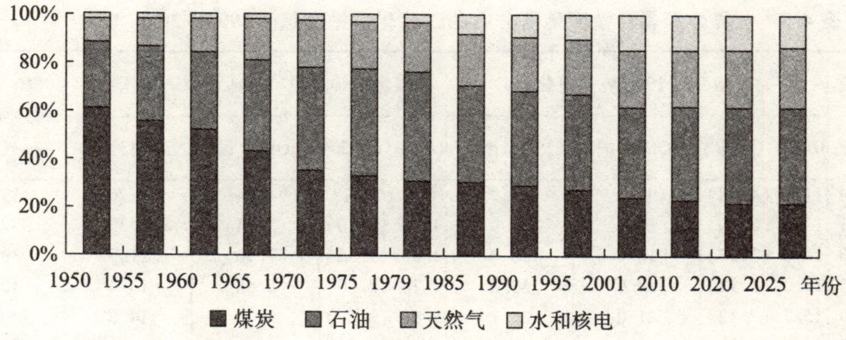

资料来源：世界能源署。

图 4.5 世界一次性能源消耗

著名的“雾都”。自然观察家与园艺学家约翰·伊夫林与洛杉矶的环保主义者一样，只要碰到烟雾弥漫的天气就异常恼怒，并且认为“这里不再是理智人类的聚居地，也不是我们崇高君主的帝国所在地”①。这主要是是因为二氧化硫、氧化氮以及大量的粉尘等有毒气体的存在，而且科学上已经基本证明煤炭燃烧排放出的主要气体——二氧化碳是气候变化的罪魁祸首。根据世界能源署的估计，全球能源消耗将以每年 2% 的速度增长，其中新兴经济体的增长速度是经合组织成员国的 3 倍以上（见表 4.2）。按照现有的气候变化政策，二氧化碳的排放量将继续增长，其中来自煤炭的排放量将占到排放总量的 41%（见表 4.3）。

表 4.2　2002 ~ 2030 年能源、煤炭、二氧化碳的年平均增长率

	OECD 国家	美国	非 OECD 国家	中国	印度	总计
能源	1.0	1.2	3.0	4.2	3.2	2.0
煤炭	1.2	1.8	3.3	4.2	2.7	2.5
全部二氧化碳排放量	1.1	1.3	3.0	4.2	2.9	2.1
煤炭的二氧化碳排放量	1.2	1.6	3.3	4.2	2.7	2.5

资料来源：世界能源署。

目前全世界向以二氧化碳为主的温室气体“宣战”，向二氧化碳收费成为一个自然的选择。向二氧化碳征税的多寡决定了未来整个能源的结构，决定了煤炭的利用总量、利用形式甚至整个经济发展的运行方式。根据 MIT 的研究报告，全球如果不实行任何限制排放的气候变化政策，到 2050 年全球温室气体排放量将达到 600 亿吨，相反，如果全球对二氧化

① 阿尔布雷德·克劳士比，《人类能源史：危机与希望》，中国青年出版社 2009 年版。

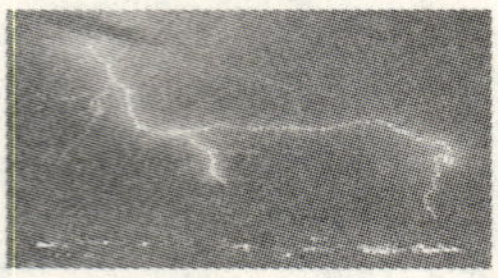

表 4.3 世界能源署：按照地区分布的二氧化碳排放量（1990 ~ 2030 年）

	总排放量（10 亿吨二氧化碳）			煤炭的排放量（10 亿吨二氧化碳）			煤炭占总排放量的百分比
	OECD（U.S.）	非 OECD 国家	总计	OECD（U.S.）	非 OECD 国家	总计	
1990	11.4（4.98）	9.84	21.2	402（1.77）	4.24	8.26	39
2003	13.1（5.80）	11.9	25.0	4.25（2.10）	5.05	9.30	37
2010	14.2（5.37）	16.1	30.3	4.63（2.35）	7.30	11.9	39
2015	15.0（5.72）	18.6	33.6	4.78（2.40）	8.58	13.4	40
2020	15.7（7.12）	21.0	36.7	5.06（2.59）	9.76	14.8	40
2025	16.5（7.59）	23.5	40.0	5.42（2.89）	10.9	16.3	41
2030	17.5（8.12）	26.2	43.7	5.87（3.23）	12.2	18.1	41

资料来源：世界能源署。

碳征收高碳税，那么到 2015 年全球温室气体排放量将逐步稳定在 280 亿吨左右，如果实行低碳税政策（高碳税和低碳税的两种税率如图 4.6 所示），那么温室气体将要到 2045 年才能达到稳定状态，每年为 420 亿吨。

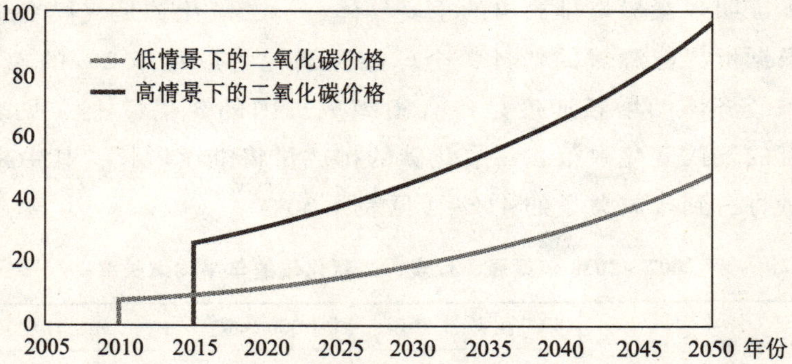

图 4.6 两种碳税税率的征收方案

从图 4.6 也可以看出，碳税政策对二氧化碳排放量的影响非常大，而且如果实行低碳税政策，碳封存与捕捉（Carbon capture and storage，CCS）近年来就没有大规模推行的可能，但是如果较早地实行高碳税政策，那么 CCS 技术将占有很大的市场份额。所以决定煤炭前途的不是煤炭本身的储量，而是气候变化政策。如果环境税或碳税高到一定程度，那么就有可能促进其他能源的发展。但是征收碳税不仅可能会减少煤炭的消耗，而且还有可能真正解决煤炭的“致命缺陷”，那么碳捕获与封存技术就成为决定化石能源未来发展前景的关键性技术。

根据能源信息署的统计，到 2025 年之前，世界能源的 88% 仍将来自于化石能源，因为化石能源与其他能源相比仍将具有价格优势，煤炭在未

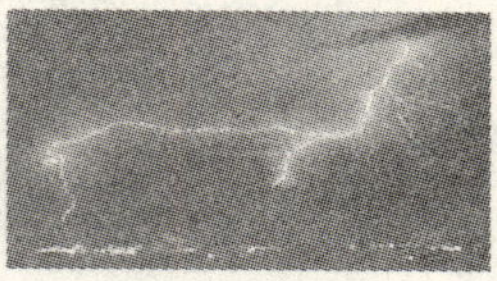

来仍将保持稳定的增长，虽然能源效率不断提高，但是可再生能源、核能的应用比例将不断增加。因此，在一个化石能源仍将占据主导地位的未来（根据不同的研究，估计将占到55%～70%的比例），碳捕捉与碳封存可能会成为未来具有价格优势的战略技术。

核能的未来

原子能在人类历史上所带来的变革，相当于火的发现，而火是人类得以区别其他动物，不再茹毛饮血的第一个重大发现。

——赫伯特·乔治·威尔斯，英国著名科幻小说作家

人类一直都是“太阳的孩子”，除了从地热与潮汐汲取少量的能源之外，其他能源都直接或间接地来自于太阳。但是如果有一种新的“自然力”出现，且优先考虑不会对环境造成污染，核能就是首选的对象。

在第二次世界大战结束之前，美国在日本广岛和长崎投下了两颗原子弹，此后，人类就一派天真地以为可以和平地利用核能。第二次世界大战以后，负责督导美国原子弹事务长达25年之久的美国原子能主席史特劳斯曾宣称，核反应堆很快便可以产生廉价电力，廉价到连用电表来计算都不值得的地步。1953年艾森豪威尔在联合国发表“原子能和平利用”演说，并表示除了用核来毁灭世界，还有另一种选择，就是使用核能来保护地球。1954年俄罗斯人在莫斯科附近的奥布宁斯克建造了首座民用核发电厂，第二年位于美国爱达荷州、人口约为1000人的阿科村成为全世界第一个享用核能供电的村落①。在此后的二三十年内，核能获得了迅速的发展。有关研究指出，美国以及其他一些国家在那个时期几乎将全部的新能源研究经费投入了核能，以压水堆和沸水堆为代表的轻水堆技术迅速发展，成为核电产业发展的主导技术，并逐渐输出到欧洲国家。到1972年，世界上大约有500座大型核电站在运行、建造或已经订货。

产业的飞速发展往往容易留下隐患，1979年美国的三哩岛事故以及1986年的切尔诺贝利核电站的爆炸，改变了人们对核能的看法。其造成

① 阿尔弗雷德·克劳士比：《人类能源史——危机与希望》，中国青年出版社2009年版，第176页。

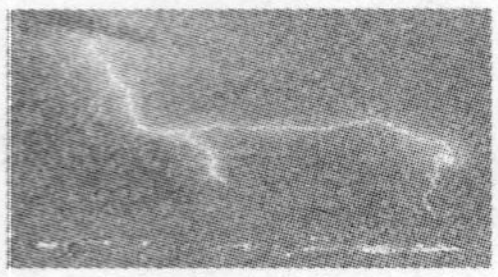

的严重社会影响不仅扑灭了人们对核能美好未来的憧憬，甚至在世界范围内将整个核工业拖入低谷，民众的质疑和绿党势力的强大都成为核电建设的阻力。除法国等少数国家以外，大多数国家纷纷取消了拟建和在建的工程项目①，意大利、奥地利、瑞典等国家通过全民公决宣布关闭或逐步关闭核电站，1976 年以后美国再也没有批准过一座商业核电站。20 世纪 80 年代，三哩岛和切尔诺贝利事件接二连三地跃上报纸的头条，核能产业失去优势和支持者。不过这一趋势到 21 世纪初开始有所转变，随着世界能源需求的不断增加、温室效应的日益严重，随着三哩岛事件和切尔诺贝利事件的阴霾逐渐驱散，很多国家出于经济和国家安全、未来核能产业竞争力以及国际贸易的考虑，重新认识核能，公众对核能的态度也有所转变②。核能的发展迎来了发展的第二个春天。

目前，全球大概有 443 座核电站，分布在 31 个国家，为世界提供了 16% 的电力和 7% 的能源（见图 4.7、图 4.8）。

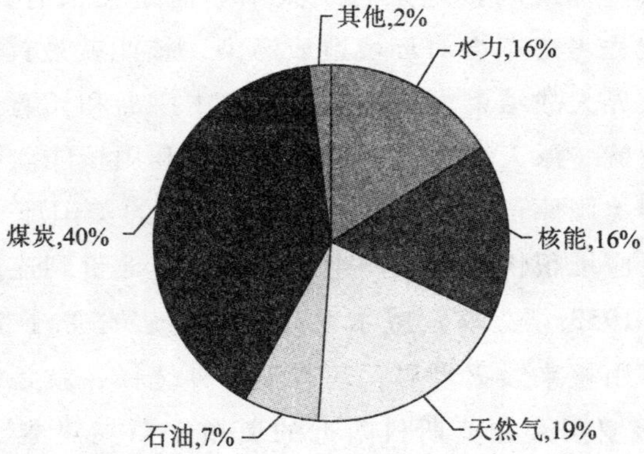

资料来源：国际能源署（2004）。

图 4.7　世界电力能源的构成

未来核能所占比例将有一个飞速的提高。因为经过多年的论证发现，核能在成本、安全、核燃料来源、废料处理、核扩散领域的障碍不再是太大的问题。核能逐渐被认为是清洁、安全、经济的能源，特别是随着人们对气候变化的关注，核能逐渐获得了环保主义者的认可和支持，而且这也是一个非常现实和务实的做法。

① 曹崴：《美国核能战略的新动向及对中国核电发展的启示》，中共浙江省委党校学报，2009 年第 5 期。

② 《美国核能舆论有大变化》，2002 年 3 月。

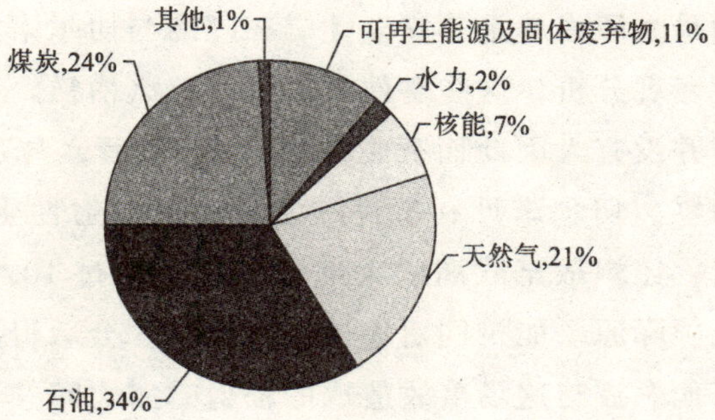

资料来源：国际能源署（2004）。

图 4.8 世界能源的构成

在众多能源中，核电的碳排放量几乎是最小的，即使把核电所有过程（铀矿的提炼、核电站的建设等）的碳排放量加起来，其排放量与煤电相比都小得惊人。根据国际原子能机构的测算，每瓩时核电只排放 9 克二氧化碳，远远低于煤电的排放（见图 4.9）。与煤炭相比，核电还不排放 SO_2、NO、NO_2 等有毒气体，大大降低了环境成本。如果核能发的电都用煤炭，那么世界每年将再排放 23 亿吨碳，占全球煤炭发电排放量的 1/3。如果考虑到人类的肺、地球上的植物，其与化石能源相比就更具有竞争优势。另外，核燃料的能量密度非常大，1 磅（约 0.45 公斤）的铀能够产生相当于 250 万磅（相当于 1134 吨）煤炭的热量，能够大大节约运输成本，与新能源相比，也会大大节约土地空间，而且这些因素越来越重要。从目前来看，各个国家很难完成其减排目标，而核能是唯一能够提供可控、无排放的技术，仅从减排的角度来看，这是一项重要的战略性技术。

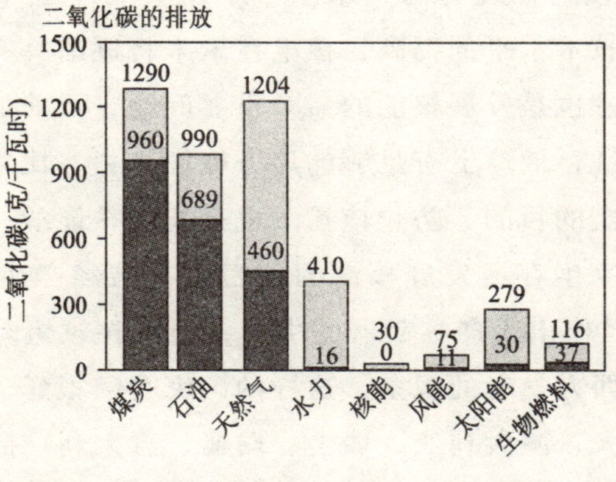

资料来源：Vaclav Smil，“*Energy at the crossroads*”。

图 4.9 各种发电技术碳排放量的比较

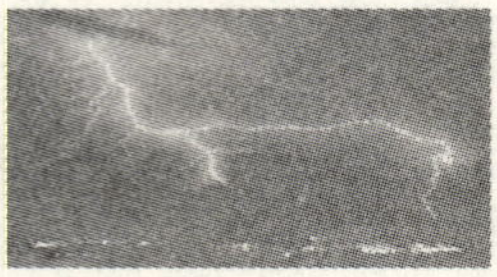

发展核电的最大顾虑就是其安全性。三哩岛与切尔诺贝利事件确实令人震惊，但经过客观分析，这些事件其实没有那么糟糕。三哩岛事件虽然严重，但是当时并没有人因此而死亡，而且25年后，与那次事件相关的死亡人数仍然为零。切尔诺贝利事件非常不幸，放射性尘埃足以毁灭10公里以外的松树，还飘散至欧洲的大部分地区。不过10年后，欧盟、世界卫生组织以及国际原子能机构召集了一次会议，会后得出结论：除了甲状腺癌之外，其他癌症与这场事故造成的辐射曝露之间并不存在显著的关系，特别是曝露在辐射中最容易引发血癌，并未因此增加。此外，到那时为止，数百名因事故而不幸患上甲状腺癌的儿童中，只有3人死亡。因广岛、长崎遭受原子弹辐射而失去生命的人，其数量远远少于因煤烟与汽车废气而死亡的人数。20世纪，美国煤矿发生的矿难共导致10万名矿工罹难，400万名矿工受伤，1969年有5万人患上了“黑肺病”①。这些老式的排放物之所以能够躲过我们的谴责，是因为历经一代又一代，它们已经成为我们生活的一部分，再加上它们每天只令少数人致死，这种速度让我们难以觉察到其危害的严重性。实际上，目前核电的安全性已经相当可靠，法国80%以上的电力来源于核能，但是其并未发生过严重的核事故。为了确保50年不发生一次严重的核泄漏事件，必须把核泄漏事件的概率降低10倍②。

至于核电的价格，在现有的制度框架和技术水平下，核电比煤电和天然气的价格要高，但是如果实行碳税或碳限额与交易制度，情况就可能不同了。根据美国MIT的研究报告《核能的未来》，当美国碳的价格提高到100元/每吨时，核电在现有的技术水平下就具有了竞争力。当然，随着生产的规模化，技术水平的提高，核电在未来将逐渐具有价格的竞争力。

核废料的处理也是发展核能的一个重要问题，目前的地理掩埋可以保证核废料的安全性，地球上有足够的地方掩埋废料，比如沙漠。

出于国家安全的目的，防止核扩散也是发展核能的一个重要考虑，而且实际上出于国家生存或发展核潜力的目的，已经产生了一批“核门槛国家”（那些一旦作出生产核武器的决定，便能在较短时间内研制出核武器的国家。根据西方学者的观察，这样的国家有阿根廷、巴西、日本、德国、韩国、加拿大、澳大利亚、瑞士、瑞典、意大利、捷克、比利时、芬

① 阿尔弗雷德·克劳士比：《人类能源史——危机与希望》，中国青年出版社2009年版，第178页。

② An interdisciplinarity MIT study，“Interdisciplinarity the Future of Nuclear Power”，2003.

兰和波兰等）和“事实上的核国家”（那些没有公开进行核试验或没有被《核不扩散条约》承认其地位，但被国际社会认为实际上拥有了核武器的国家，像印度、巴基斯坦、以色列、南非、朝鲜等国家）[1]。核技术不再是什么高精尖技术，国家安全需求是核扩散的最重要动力，不解决安全动机问题，很难从根源上防止核扩散现象。因此，核扩散也不是阻碍核电发展的理由，当然，这并不意味着不对核能的利用进行有效的管理。

核能虽然不是可再生能源，需要从地下挖掘，但是铀的存量足以维持人类在地球生存几百年。铀矿的分布也不像石油，其分布相对分散和平均（见图 4. 10）。

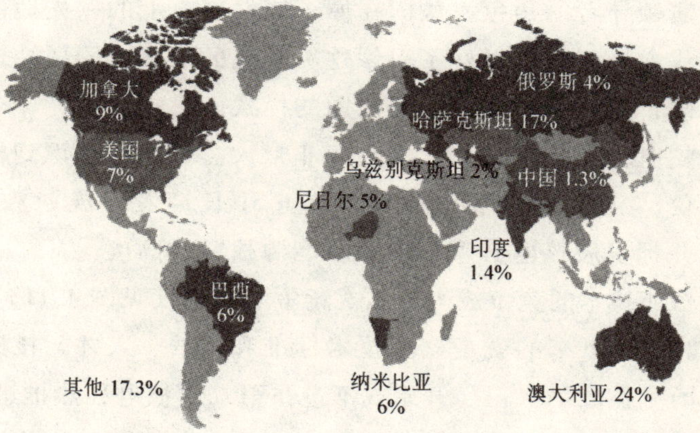

资料来源：IEAE Red book（2005）。

图 4. 10　核材料的世界分布

美国核电沉寂 30 年后，也开始有新的动作。1999 年，美国能源部和国会批准一项新的“核能研究计划”（NERI），标志着美国政府新一轮核能发展开始实施。2001 年 5 月，美国政府发布国家能源政策发展小组起草的《国家能源政策报告》，把核电置于重要地位。为了执行这一政策，美国能源部发布了“核电 2010 年项目”，其中把核能放到了一个战略性技术的位置，特别是第四代核电技术的发展，意欲重新控制核能发展的轨道。2000 年 5 月美国能源部在华盛顿主持召开了“第四代核能技术”研讨会，初步定义了第四代核能系统的主要目标。2006 年美国发起成立了“全球核能伙伴关系”计划，并在 2007 财政年度拨出 2. 5 亿美元用于这一计划，并与法国、英国、日本和俄罗斯合作发展民用核能，其中包括创新

① 孙向丽：“核扩散：发展历史、扩散模式与前景”，《世界经济与政治》，2007 年第 12 期。

性先进核反应堆和核废料循环利用新办法。美国的行为，彰显了其在未来继续主导核能技术的决心。

英国在 2007 年 5 月发布了《核能的未来》研究报告，全面评估了核能与碳排放、核能的安全性、核材料的运输和供给、核能产业链与人才培养、核废料的回收利用等问题。为了给核能的发展扫清障碍，该报告认为虽然依靠现有的技术水平可以保证能源供给和减排目标，但是英国不想失去这一重要而关键的技术，因此英国明确以后要大力发展核能。

法国向来志存高远，但由于其化石燃料有限，所以选择不多。第二次世界大战后，戴高乐就急于拥有自己的核弹，同时也希望在和平利用核能的事业中扮演领导者的角色。法国在原子能发展史上的领先地位可追溯到居里夫妇时代，法国早就做好了引领这一潮流的准备。同样缺乏化石燃料的日本、中国台湾和韩国也都追随法国的模式。

中国的核电占比非常低，发展空间非常大。中国也意识到核电在未来能源中的地位，并在 2007 年制定了《核电中长期发展规划》，明确了核电的地位，并把发展核电必须放到国家能源战略的高度。

第四代核能技术的竞争成为了本次竞争的核心（见图 4. 11）。当发展核能成为共识时，接下来的就是核电技术标准和路线、人才、核原料等问题的竞争。这场“核战争”已经开始，不过在第二次核电狂热推进的过程中，我们必须接受第一次核电狂热的教训，防止发生三哩岛和切尔诺贝利类似的事件。美国、日本、欧洲等国家和地区早已看到中国发展核能的决心和潜力，利用中国市场和资金来发展核能技术是西方国家一个蓄谋已久的想法。

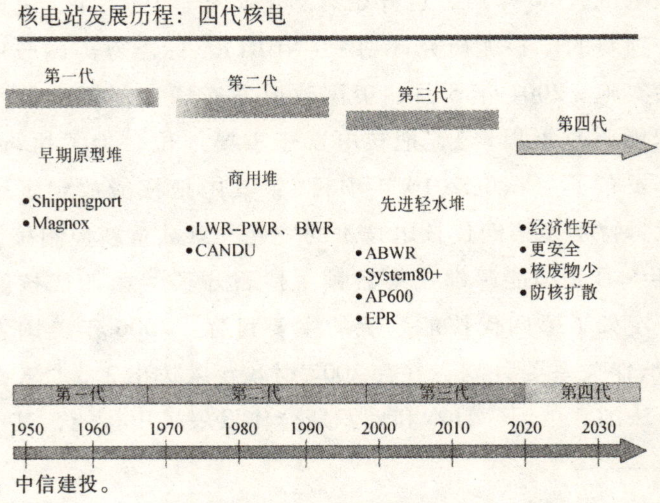

资料来源：中信建投。

图 4.11　核电技术的发展历程

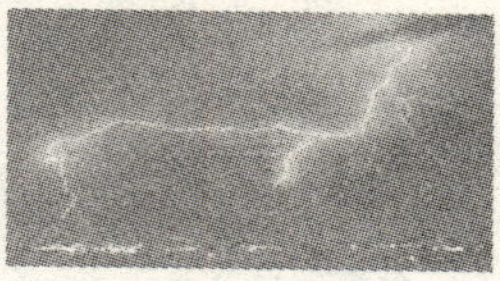

太阳能：最有前景的新能源

除了地热、潮汐和核能不是来自太阳外，其他能源都是直接或间接地来自于太阳。太阳能有二十亿分之一的能量辐射到地球，其中30%被大气层反射，23%被大气层吸收，其余的到达地球表面。据统计，太阳能每秒钟达到地面的能量高达80万瓩，相当于燃烧500万吨煤所释放的能量。假如把地球表面0.1%的太阳能转化为电能，每年的发电量可达5.6×10^{12}瓩小时，相当于世界能源总消耗量的40倍。同时，太阳能具有较高的能源密度（每立方米所含的能量较高），因此，太阳能成为了最具有发展潜力的产业，其利用的形式和产品有很多种。

- 太阳能—热能转换。黑色吸收面吸收太阳辐射，可以将太阳能转换成热能，其吸收性能好，但是辐射热损失大，所以黑色吸收面不是理想的太阳能吸收面。选择性吸收面具有较高的太阳吸收比和较低的发射比，吸收太阳辐射的性能好，且辐射热损失小，是比较理想的太阳能吸收面。这种吸收面由选择性吸收材料制成，简称为选择性涂层。它于20世纪40年代提出，1955年达到实用要求，70年代以后研制成许多新型选择性涂层，并进行批量生产和推广应用，目前已研制成上百种选择性涂层。我国自20世纪70年代开始研制选择性涂层，取得了许多成果，并在太阳集热器上广泛使用，效果十分显著。

- 太阳能—电能转换。电能是一种高品位能量，利用、传输和分配都比较方便。将太阳能转换为电能是大规模利用太阳能的重要基础技术，世界各国都十分重视，其转换途径很多，有光电直接转换、有光热电间接转换等。这里重点介绍光电直接转换器件——太阳能电池。1941年全球出现第一个有关硅太阳能电池报道，1954年研制成效率达6%的单晶硅太阳能电池，1958年太阳能电池应用于卫星供电。在20世纪70年代以前，由于太阳能电池效率低，售价昂贵，主要应用于空间。70年代以后，对太阳能电池材料、结构和工艺进行了广泛研究，在提高效率和降低成本方面取得了较大进展，地面应用规模逐渐扩大。但从大规模利用太阳能而言，与常规发电相比，成本仍然太高。

- 太阳能—氢能转换。氢能是一种高品位能源。太阳能可以通过分解水或其他途径转换成氢能，即太阳能制氢，其主要方法如下：

（1）太阳能电解水制氢。电解水制氢是目前应用较广且比较成熟的方法，效率较高（75%～85%），但耗电大。用常规电制氢，就能量利用而言得不偿失。所以，只有当太阳能发电的成本大幅度下降之后，才能实现大规模电解水制氢。

（2）太阳能热分解水制氢。将水或水蒸汽加热到3000℃以上，水中的氢和氧便能分解。这种方法制氢效率高，但需要高倍聚光器才能获得如此高的温度，一般不采用这种方法制氢。

（3）太阳能热化学循环制氢。为了降低太阳能直接热分解水制氢所要求的高温，科学家发明了一种热化学循环制氢方法，即在水中加入一种或几种中间物，然后加热到较高温度，经历不同的反应阶段，最终将水分解成氢和氧，而中间物不消耗，可循环使用。热化学循环分解的温度大致为900～1200℃，这是普通旋转抛物面镜聚光器比较容易达到的温度，其分解水的效率在17.5%～75.5%。存在的主要问题就是中间物的还原，即使按99%～99.99%还原，也还要作0.1%～0.01%的补充，这将影响氢的价格，并造成环境污染。

（4）太阳能光化学分解水制氢。这一制氢过程与上述热化学循环制氢有相似之处。在水中添加某种光敏物质做催化剂，增加对太阳光中长波光能的吸收，利用光化学反应制氢。日本曾有人利用碘对光的敏感性，设计了一套包括光化学、热电反应的综合制氢流程，每小时可产氢97升，效率达10%左右。

（5）太阳能光电化学电池分解水制氢。1972年，日本本多健一等人利用n型二氧化钛半导体电极做阳极，而以铂黑做阴极，制成太阳能光电化学电池。在太阳光的照射下，阴极产生氢气，阳极产生氧气，两电极用导线连接便有电流通过，即光电化学电池在太阳光的照射下同时实现了分解水制氢、制氧和获得电能。这一实验结果引起世界各国科学家的高度重视，认为这是太阳能技术上的一次突破。但是，光电化学电池制氢效率很低，仅0.4%，只能吸收太阳光中的紫外光和近紫外光，且电极易受腐蚀，性能不稳定，所以至今尚未达到实用要求。

（6）太阳光络合催化分解水制氢。自1972年以来，科学家发现三联吡啶钌络合物的激发态具有电子转移的能力，并从络合催化电荷转移反应提出了利用这一过程进行光解水制氢。这种络合物是一种催化剂，它的作用就是吸收光能、产生电荷分离、电荷转移和集结，并通过一系列偶联过程，最终使水分解为氢和氧。络合催化分解水制氢技术尚不成熟，研究工

作正在继续进行。

（7）生物光合作用制氢。40 多年前发现绿藻在无氧条件下，经太阳光照射可以放出氢气。十多年前又发现，兰绿藻等许多藻类在无氧环境中适应一段时间，在一定条件下都有光合放氢作用。目前，由于对光合作用和藻类放氢机理了解还不够，藻类放氢的效率很低，利用该方法要实现大规模产氢还有相当大的距离。据估计，如果藻类光合作用产氢的效率提高到10%，那么每天每平方米藻类可产氢9克分子，用5万平方公里接受的太阳能，通过光合放氢工程，即可满足美国的全部燃料需要。

• 太阳能—生物质能转换。通过植物的光合作用，太阳能把二氧化碳和水合成有机物（生物质能）并放出氧气。光合作用是地球上最大规模转换太阳能的过程，现代人类所利用的燃料都是远古和当今光合作用所固定的太阳能。目前，光合作用机理尚不完全清楚，能量转换效率一般只有百分之几，今后对其机理的研究具有重大的理论意义和现实意义。

• 太阳能—机械能转换。20 世纪初，俄国物理学家的实验证明光具有压力。20 世纪 20 年代，苏联物理学家提出，利用在宇宙空间中巨大的太阳帆，在阳光的压力作用下，可推动宇宙飞船前进，将太阳能直接转换成机械能。科学家估计，在未来 10～20 年内，太阳帆的设想可以实现。太阳能转换为机械能通常需要通过中间过程进行间接转换。

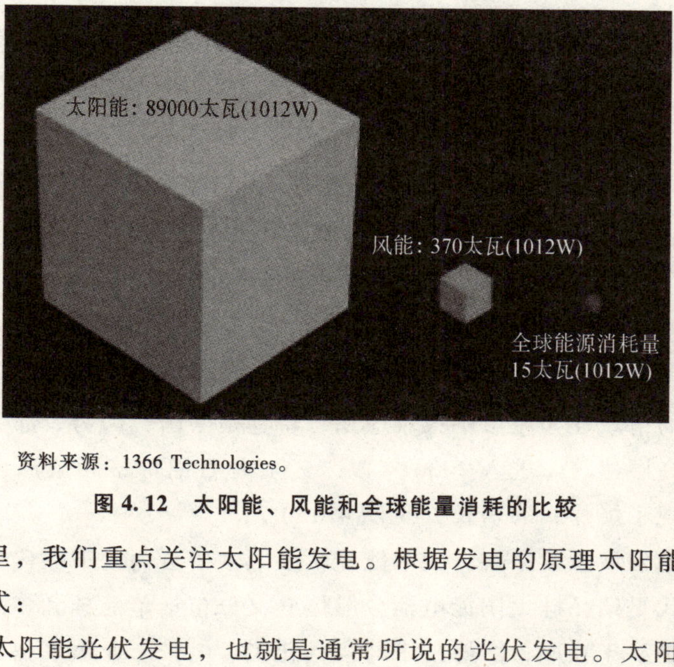

资料来源：1366 Technologies。

图 4.12　太阳能、风能和全球能量消耗的比较

在这里，我们重点关注太阳能发电。根据发电的原理太阳能可分为以下两种形式：

（1）太阳能光伏发电，也就是通常所说的光伏发电。太阳能的功率

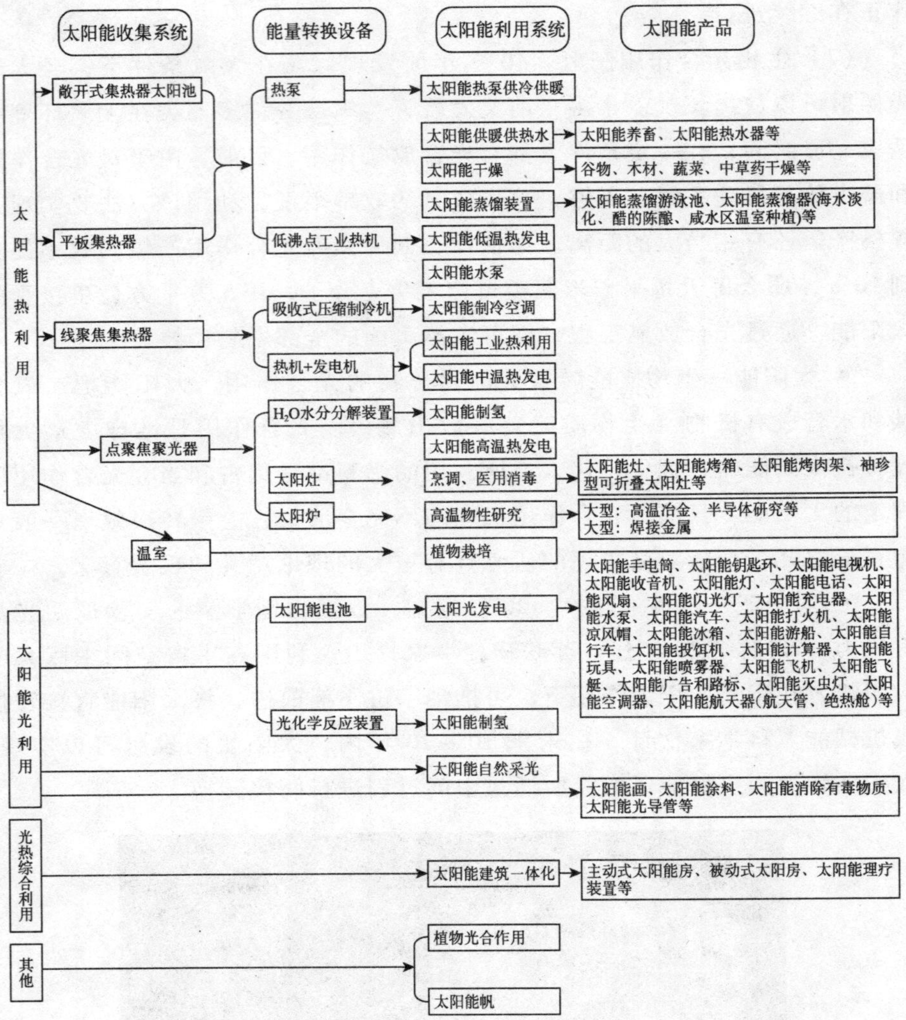

资料来源：中投顾问。

图 4.13　太阳能产业产品转化谱系图

密度和家庭建筑所需的功率密度差不多，因此未来可能是家庭用电的主要形式，这在美国、欧洲以及中国农村都有很大的应用空间（见图 4.14）。但是这样的情景在大城市中很难应用，特别是中国，因为大部分城市居民住的都是高层建筑。进入 2000 年以来，随着石油价格的上涨，太阳能光伏发电出现了爆炸式的增长（见图 4.15）。

从技术发展阶段来讲，太阳能光伏发电主要分为以下三代：

第一代是结晶硅太阳能电池。晶体硅又分包括单晶硅和多晶硅。晶体硅的特点是易于获取，冶炼技术与当代化工、电子工业水平契合，是目前

图 4.14 家庭利用太阳能光伏发电

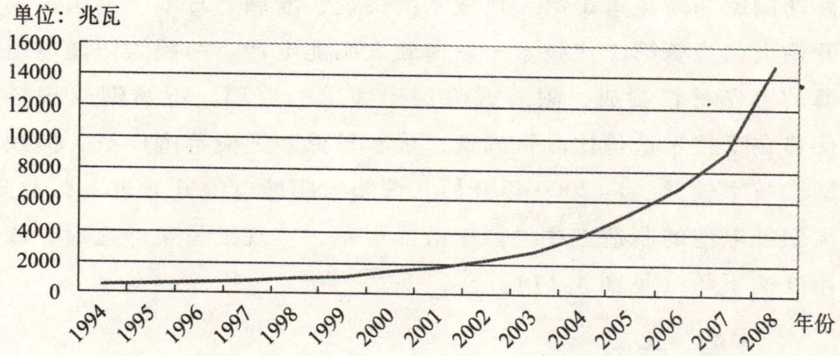

资料来源：EPIA。

图 4.15 1994～2008 年全球光伏累计装机容量

技术最为成熟、稳定且应用最广泛的电池，但是耗能严重、成本高。目前，90% 的投资都集中在晶硅技术领域。虽然目前光伏发电的价格还比较高，但是最近几年的技术进步非常快，硅片厚度 40 年内下降了 2 倍（见表 4.4），太阳能光伏元器件的价格从 1982 年的 27 美元/Wp（Wp：太阳能峰值功率缩写）下降到 2009 年的 4 美元/Wp 左右，降低了 6 倍左右（见表 4.4）。目前第一代技术已经相对非常成熟，进入门槛相对较低。

表 4.4 晶体硅的厚度不断降低

年　份	硅片厚度（μm）	硅用量（吨/MW_p 电池）
20 世纪 70 年代	450～500	>20
20 世纪 80 年代	400～450	16～20
20 世纪 90 年代	350～400	13～16
2006	200～220	10～11
2007	180～200	9～10
2010	160～180	约为 7

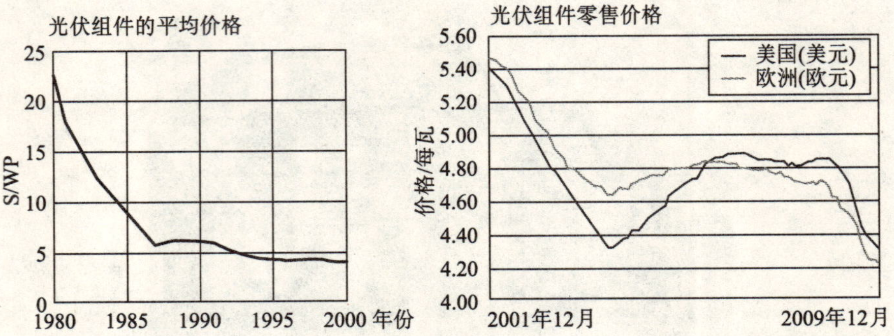

资料来源：Vaclav Smil，“*Energy at the Crossroads*”。

图 4.16　重新整合制

发达国家为避免重走第一代技术的失误，欧洲、日本、美国等国家和地区开始大量投资第二代技术——薄膜太阳能电池。薄膜太阳能电池利用非常薄的感光材料制成，附着或涂层于廉价的玻璃、不锈钢或塑料衬底上，优势在于技术造价比晶体硅低，成本较低和适应范围广泛，但缺点是光电转换效率较低。自 2009 年开始，薄膜太阳能电池开始进入普及阶段。薄膜太阳能电池的制造工序类似于液晶屏幕，实现批量生产之后，成本会有大幅度的下降（见图 4.17）。

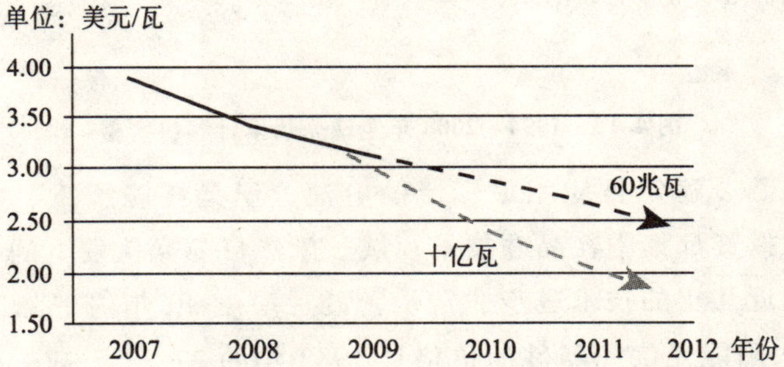

资料来源：美国电力研究所。

图 4.17　单位设备投资随规模扩大后迅速降低

在第二代技术还未发展成熟的时候，第三代技术已经大量涌现，但是这些技术还都处于研发阶段，其前景很难预测。目前主要有 19 世纪 80 年代发明的有机太阳能技术，例如应用有机材料色素增加的增感太阳能、有机薄膜太阳能电池以及量子矩阵太阳能电池等。

从总体来看，光伏发电的转化率不断提高，但是各种技术之间的差距很大，太阳能光伏元件成本多年来一直呈现下降态势（见图 4.18）。

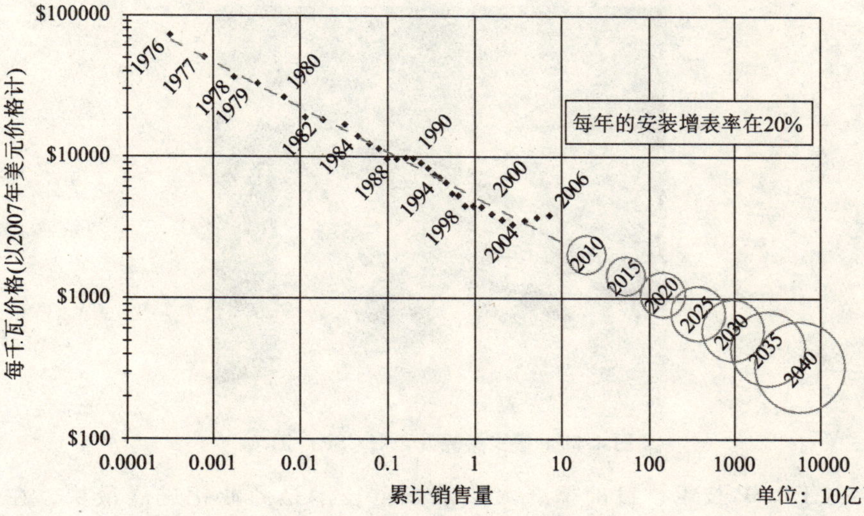

图 4.18 全球光伏元件平均销售价格

（2）太阳能聚光光热发电（CSP）。其原理就是利用聚集的太阳光进行光伏转换。CSP 通过聚集光热产生蒸汽，推动涡轮，带动发电机发电，通常规模大于 1 兆瓦，适合阳光充足的荒漠地带。同时，它还可以借助生物质等其他燃料，实现持续稳定供电，更受电网欢迎。CSP 技术路线兴起于 20 世纪 80 年代，占聚光路线的比例达 97%。CSP 技术按照聚光方式的不同，分为槽式技术、塔式技术、碟式技术和菲涅耳式技术。

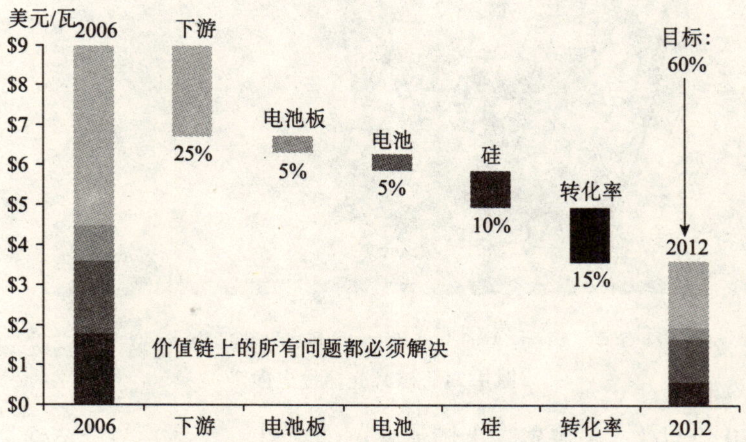

图 4.19 太阳能光伏产业链成本下降的空间

图 4.20 槽式聚光发电（CSP）图示

对于 CSP 技术，目前槽式太阳能发电技术是商业化进展最快，在全球范围内有广泛的应用方式。

碟式太阳能发电是利用旋转抛物面反射镜，将太阳光聚焦到焦点上，焦点处放置斯特林发电装置进行发电。

碟式太阳能发电系统的核心部件是斯特林电机（代表企业为 Stirling Energy Systems），由于这种电机能够应用于潜艇上，国外将限制该电机对我国的出口。

资料来源：Florida A&M University and Florida State University。

图 4.21 碟式光热发电图示

1970 年以来，采用碟式太阳能发电的项目主要是一些示范性工程，但是近期美国的一些商业动态显示，碟式太阳能发电技术将会成为聚光太阳能发电的一个重要发展方向。

塔式太阳能发电是利用一系列的日光反射装置（heliostats），将太阳光能聚焦到中心接收高塔上，对传热工作物质加热进而发电的一种聚光太阳能发电技术。早期的传热物质使用水蒸汽，目前用更高热容量的液态钠替代，可以实现高效的热存储性能。

资料来源：speakeasy。

图 4.22　塔式太阳能发电技术图示

太阳能接收器是实现塔式太阳能发电最关键的核心技术，由于工作温度达到 700℃，因此接收机在高温下的吸收性能非常重要（代表企业是 eSolar）。目前，采用塔式太阳能发电的项目主要是一些示范性工程。但是，2009 年 eSolar 宣布参与两个总容量达 15 亿瓦的太阳能发电项目，这一技术再次成为人们关注的热点。目前以德国为首的欧洲国家已经准备在非洲的撒哈拉沙漠建设世界上最大的太阳能光热发电站。

由于太阳能较高的功率密度及其充足性，决定了其未来广阔的发展潜力，因此要在可再生能源领域有大的发展，必须占领太阳能领域的几项关键技术。从长远来看，太阳能光伏发电将在很大程度上解决商用建筑和社区用电，这也是美国、欧洲等国家实行屋顶计划的重要原因。其之所以能够这么做，是由其人均住宅面积及其建筑形式决定的，但在我国使用的空间相对有限。我国的城市居民主要的住宅方式是聚集式高层住宅，太阳能的功率密度无法满足这么大的需求，因此屋顶计划的主要用武之地在农村。而农村的人均耗电量和安装太阳能电池板的能力都十分有限，很难有大规模的应用市场，导致其市场空间有限。但是分布式发电的主要技术却有很大的应用空间和市场前景，这也是光伏发电主要的“用武之地”。在光伏发电领域存在所谓的“摩尔定律”，特别是第二代和第三代光伏发电领域。随着新材料的不断进步和创新，光电的转化率还有一定的提高空间，以降低成本，实现最终的竞争优势。但是光伏产业所用的材料都具有污染性，这不符合我们发展新能源的目的，因此第三代技术具有很大的探索空间，一是为我国的应用提供技术；二是为出口国外市场作准备，因为其在欧洲、美国等国家还有非常广阔的发展空间。

太阳能光热发电（SCP）与光伏发电相比，就是其生产过程不产生污染，并且在地域广袤的美国、非洲、拉丁美洲以及中国的西部都有广大的应用空间，并且十分适合安装在沙漠地带，从而要重新诠释“沙漠变绿洲”的涵义。因此，太阳能光热发电对我国来讲更具有广阔的市场空间和应用前景，我们在此领域要加大投入（见表4.5）。

表4.5　不同技术路线产业化现状和前景比较

技术路线	实验	转换效率批量	2010 E	主要原材料	千瓦造价	产业化现状
单晶硅	25.0%	16%~20%	18%~22%	高纯硅料、玻璃，资源丰富	2.5万元	已商业化量产，我国拥有完善的产业链和国际领先企业
多晶硅	20.3%	14%~16%	16%~18%	高纯硅料、玻璃，资源丰富	2.5万元	已商业化量产，我国拥有完善的产业链和国际领先企业
非晶硅	13.0%	6%~8%	8%~10%	硅烷、玻璃，资源丰富	2万元	逐步商业化量产，国内企业大规模介入，设备及高纯原料为国外厂商垄断
CIGS	19.2%	8%~11%	10%~12%	铟（In）储量不足限制了行业规模	2万元	正逐步量产，国内企业少量介入
CdTe	16.5%	8%~16%	9%~15%	镉（Cd）为有毒金属，需要回收	2万元	已商业化量产，整条产业链为国外公司垄断，国内公司未涉足

续表

技术路线	实验	转换效率批量	2010 E	主要原材料	千瓦造价	产业化现状
GaAs	41%	20% ~30%	25% ~35%	GaAs 价格昂贵，聚光精度是瓶颈	—	少量商业化试点，国内零星介入
CSP	—	14% ~32%	15% ~33%	玻璃、铝、钢、铜，资源丰富	1 万 ~ 10 万元	西班牙和美国大规模发展，其他国家仅有零星试点

风能：已具有价格优势

利用风力由来已久，古埃及利用帆船扬帆远航至少有 5500 年的历史。风力发电的发展始于 19 世纪末期，其最重要的设备就是涡轮发电机，从安装的地理位置来看，分为陆地发电与海上发电两种（见图 4.23）。从技术构成来看，风力涡轮发动机比较简单（见图 4.24），目前风力发电设备主要有齿轮型和直驱型两种机型（见图 4.25）。

资料来源：www. baidu. com。

图 4.23 陆地风力发电（左）和海上风力发电（右）

风力发电是新能源中最为成熟的技术，近 5 年的成本下降了 20%（见图 4.26）。

风力涡轮机的设计要克服的几个重要问题是：稳定性、与电网的兼容性、减少噪音、提高风力转化率、低风速下如何提高发电效率以及海上发电的运用。

资料来源：中金公司研究部。

图 4.24　风力涡轮机的构成

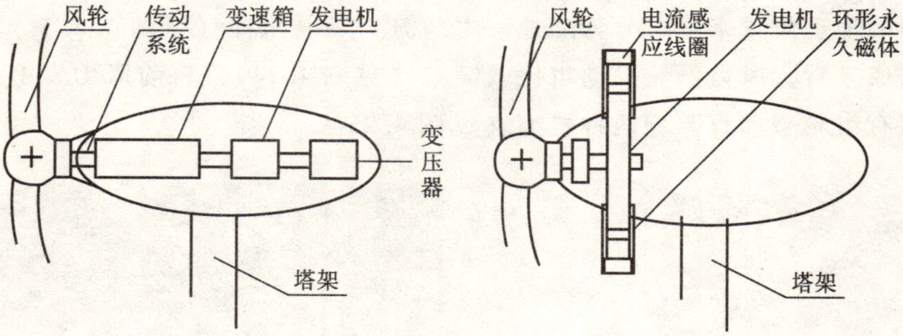

资料来源：中金公司研究部。

图 4.25　齿轮型发动机（左）和直驱型发动机（右）

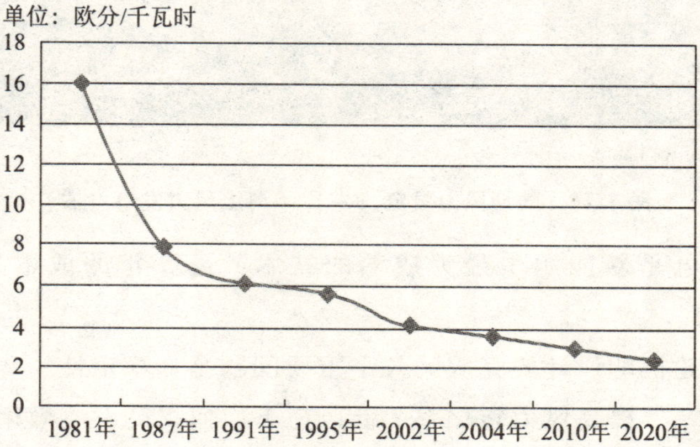

图 4.26　风力发电的成本

自19世纪80年代第一个风力涡轮机进入商业以来，装机容量、转化效率以及视觉设计都有了很大进步。风力发电的最大障碍就是风力的不稳定性，风速太慢不能驱动发动机，风速太大超过涡轮机的负荷，会把发动机烧坏。目前涡轮发动机的设计能够适应不同的风速和不同的地理环境，适应的风速范围从3～4米/秒～25米/秒（25米/秒的风速相当于9～10级的大风）。从风力规模来讲，目前最大的风力涡轮机是1980年的100倍，叶片的半径扩大了8倍；2007年每台发动机的平均装机容量为1492瓩，世界上最大的涡轮发动机的叶片直径达到126米，装机容量为6000万瓦。大容量的风力发动机主要用于海上发电，未来还有继续上升的趋势，装机容量为500万瓦以上的风力发电将会成为未来的主流。但是，大容量的发动机带来的问题就是运输与安装的麻烦，未来技术创新的一个重点就是如何利用新材料来降低风力发动机的重量。目前欧洲的海上发电规模最大，而我国还几乎没有海上风力发电。我国有将近2万平方公里的海岸线，毗邻太平洋，海上风能得天独厚，具有大力发展海上风电的资源和潜力。因此，海上风力发电和低速发电成为我国未来技术创新的重点。

随着风力发电所占比重的上升，风电对电网的运行质量以及负荷管理产生了一定的影响，一些风力发电厂由于无法接入电网而无法正常运转，严重打击了投资的积极性。风电对电网的冲击主要有两个方面：（1）干扰电网运行质量。首先，风电只能采取固定功率因数运行，无法按照电网波动来调节电磁能力，其次，风电设备所装备的电力电子器件会产生谐波，干扰电网，但是随着电子器件的升级，谐波问题最终将得到较好的解决。再次，风电对电压比较敏感，一旦电压瞬间降低，风电机组立即与电网断开，不利于电网挺过故障阶段。（2）风能分布无规律，需要用电的时候可能无风，而风大的时候可能没有用电需求。比如夜间风力一般较大，但是这个时候用电量相对较小，从而造成供需不平衡，其对电网的干扰具体见表4.6。实际上，风力发电对电网的冲击没有想象的那么严重。

目前德国是世界上最大的风力设备发电机的生产国，其次是西班牙，欧洲占据风力发电的半壁江山，第三名是美国，2007年美国风力发电产业增长了45%，中国近年来增长得更快。但是，风力涡轮机的关键技术主要掌握在德国和美国手中，比如中国风电涡轮机的轴承全靠进口。

表 4.6　　风电对电网的冲击

风电接入电网的不利影响	具体细节	解决办法
电压与无功率调节	各类风电机组不具备水、火电机组那样按照电网电压波动调节励磁电流的能力，只能采取接近固定功率的方式运行，负荷所需更多的无功率只能靠电网其他机组承担。	对风电场或单机安装无功率补偿装置。
谐波干扰	风电机组在软启动、交叉或交直交换变频等电控环节应用了大量电力电子器件，产生高次谐波干扰电网。	风电场存在风力电缆、箱式变压器、升压主变压器等电容电感阻抗元件，对高次谐波有削弱作用。 电力电子器件不断升级换代，谐波问题将得以逐步解决。
电网在瞬时故障时的反应能力	电网电压瞬时降低时不希望发电机组立即从电网断开，而是尽可能提供较大的励磁电流，协助电网挺过故障阶段，但风机组为了保障自身安全运行，会立即断开与电网的连接。	为风电机组附加“低电压跨越”等功能。
风能分布无法预测，加大电网负荷调节负担。	风能是人力无法控制和调节的能源，发电功率变化完全有可能与电网负荷需求相反，增加电网的负荷调节负担。	为电网配置储能装置，例如蓄水池。 在不同的地区建设风场，降低能量波动。 利用柴油系统，弥补风能低估。

资料来源：国家风力发电工程技术研究中心。

根据 IPCC 第四次委员会的测算，与煤电相比，每一千万时风电大概节约 600 吨的二氧化碳排放，但是风力发电的负面影响也受到环保主义者和风电场附近居民的反对，因为风力发电会产生噪音、影响鸟的飞翔、电磁辐射以及影响视觉。随着设计的不断优化，噪音已经大大减小，比如直驱型发动机的噪音就比齿轮型发动机的噪音小，如果与煤矿井下的噪音相比，其对人的危害要小得多，因为风力发动机大多安装在人烟稀少的地方。风力发动机还可能影响鸟类的飞行和栖息，但是根据美国的研究，因风力涡轮机产生的鸟类事故只占鸟类总事故的 0.01% ~0.02%。随着设计的不断优化，风力涡轮发动机在很多地方成为景点，而不是影响视觉的障碍。当然，风力的分布特征也是需要长期研究的基础性工作。

生物燃料：未来石油的替代品？

如果说水能、风能的应用历史悠久，那么生物能源的利用则是从人类钻木取火就开始了。在人类的能源史中，木材一直占据着主导地位，直到1880年，美国的能源还主要是木炭，我国目前很多农村还用木柴做饭。化石能源占据人类能源的主导地位之后，生物燃料所提供能源的占比逐渐下降。

在新的时代背景下，生物燃料的应用形式已有所改变，目前主要是利用化学或生物化学作用把生物燃料转变成液体燃料，以实现对石油的替代。煤炭、核能、风能、太阳能、地热能等能源主要是提供电力，但是在全球一次性能源消费结构中，石油所占的比例接近40%，美国交通占到所有能源消耗的25%。在中国的一次性能源消费结构中，石油也占到22.7%。石油所引起的地缘政治更是历史悠久，寻找石油的替代品不仅是为了减少二氧化碳排放，更是为了解决石油的对外依赖。但是这一美好的愿望并不容易实现。

生物能源有很多种，我们主要讨论生物质燃料。生物质燃料主要有两种：一是生物燃料乙醇；二是生物柴油。生物燃料乙醇主要是以甘蔗、玉米、大豆等原料来生产。美国是发展生物乙醇最早的国家之一，其在1979年《能源税收法案》中首次提出“乙醇石油”。《2005美国新能源法案》提出，到2012年要使每年利用燃料乙醇或生物燃料的数量达到75亿加仑。但是根据研究表明，把玉米转化成乙醇只能创造出10%的能量，也就是说从玉米的生产到加工成乙醇已经消耗了90%的能量①。所以其发展生物乙醇的最重要的目的不是解决其石油的对外依赖，因为美国目前利用农作物提炼的乙醇仅能满足其3%的石油需求，即使把美国生产的全部粮食都用来制造乙醇，所能够提供的燃料也仅能满足美国石油需求的18%。更为重要的目的是为了实现粮食的供需平衡，这与美国农业集团强大的游说能力不无相关。世界银行发布报告明确表示：“2002年至2008年2月，国际粮食价格上涨了140%，促成这一涨幅的因素中，化肥和农药价格的上涨仅占粮食价格上涨幅度的15%，而生物燃料则占粮食涨幅

---

① Richard Wolfson，“*Energy Environment and Climate*”，P319.

的75%，所以美国生物乙醇的生产引起了世界粮食价格的上涨，具有很大地缘政治的目的。”

具有农业生产比较优势的还有巴西。巴西位于热带雨林地带，阳光充足，国内有大量的土地用于生产甘蔗。目前，巴西生物燃料作物的种植面积已扩大到950万公顷，乙醇和生物柴油生产企业分别达到320家和43家。巴西在1975年就声明要建成以乙醇为基础的能源交通体系。目前，巴西交通燃料用油中加入了25%的乙醇，并且甘蔗的能源转化效率比玉米高，2005年世界石油价格为60美元/桶时，巴西的燃料乙醇出口大增，而且甘蔗对粮食价格的影响不大。具有同样气候特征的印度也可以学习巴西。我们可以看到，美国和巴西的生物乙醇之所以发展迅速，与其国内农业的比较优势有很大的关系（见图4.27）。

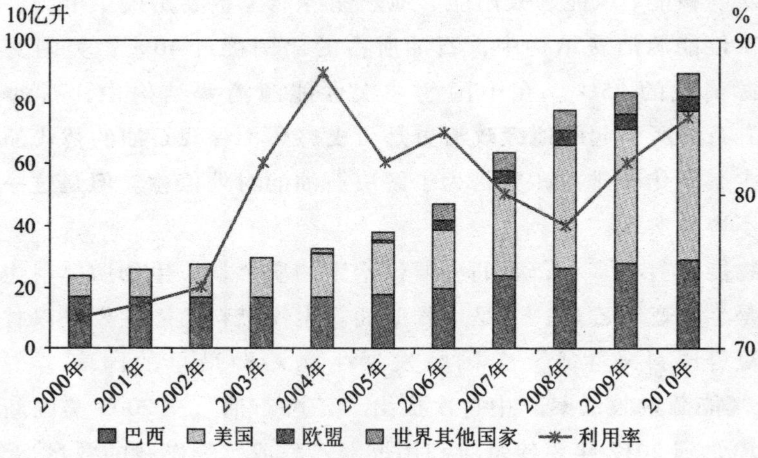

图4.27 全球生物燃料的利用情况

利用粮食作物生产乙醇燃料在像中国这样人均耕地面积比较少的国家并不适用。更有市场发展前景的是利用餐饮废油、野生油料、植物油下脚料、地沟油，特别是最近两年兴起的利用藻类和麻风树作为原料生产的生物柴油，但这些原料不能制造乙醇燃料。藻类是未来重要的可再生能源之一，可大量培养而且不用占用太多耕地。与其他农作物不同，藻类即使在贫瘠的地区，诸如在地下水咸涩的地区也能生长，这就避免了占用良好的土地资源，而且藻类仅仅一天时间其数量就能翻两番。对藻类的研究自2005年以后也成为热点，并且目前该技术已经具有了规模化生产的商业价值，微藻的产油效率相当高，在一年的生长期内，一公顷玉米能产出172升生物质燃油，一公顷大豆能产出446升，一公顷油菜籽能产出1190

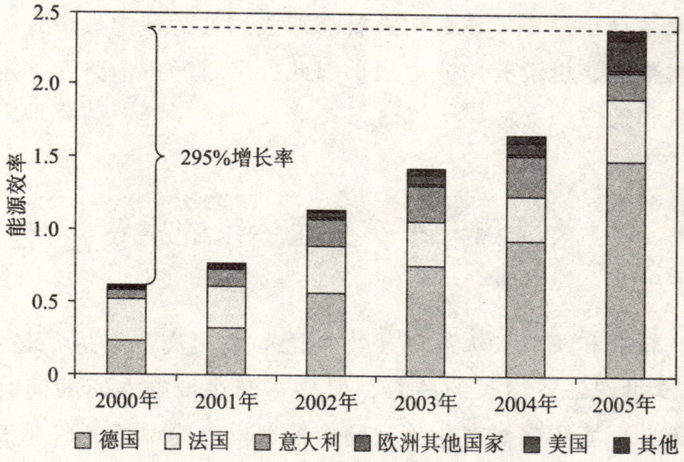

资料来源：IEA，《世界能源展望 2006》。

图 4.28　全球乙醇燃料的生产量与使用率

升，一公顷棕榈树能产出 5950 升，而一公顷的微藻则能产出生物质燃油 95000 升。中国科学院青岛生物能源研究所生物制氢团队负责人郭荣波说：“我国盐碱地面积达 1.5 亿亩，如果用 14% 的盐碱地种植微藻，在技术成熟的条件下，生产的油量就可满足全国 50% 的需求。”美国的研究也表明，仅用美国土地面积的 0.3% 就可生产出满足全美国需求的运输燃料。只要石油价格维持在 70 美元/桶以上，生物燃料的研发就会有更多的动力，所以发展藻类等生物燃料技术已经成为一项战略性的技术。

生物柴油目前主要应用在欧洲，这主要是因为欧洲 50% 的汽车使用柴油发动机，以生物柴油做燃料不用更换汽车装置。2006 年，欧盟委员会公布了一份由生物燃料研究顾问委员会提供的《2030 年欧盟生物燃料实施计划》，到 2030 年将有 27% ~48% 的机动车使用生物燃料。2009 年 5 月美国总统奥巴马签署了一项关于发展先进生物燃料的总统指令，该指令支持发展先进的生物燃料，这里所说的生物燃料定义为区别于传统淀粉乙醇的纤维素乙醇、绿色生物燃料柴油以及其他新一代的低碳生物燃料①。中国也早在 2005 年《中华人民共和国生物能源和生物化工财税扶持政策的实施意见》中明确提出要大力发展生物柴油。

国内的轿车主要使用汽油发动机。当前中国的汽车销量突飞猛进，一方面有利于带动经济发展，另一方面也增加了我国石油的消耗。如果汽油

① 徐锭明、张金源：“奥巴马新生物能源战略对中国的启示”，《中外对话》，2009 年 8 月 26 日。

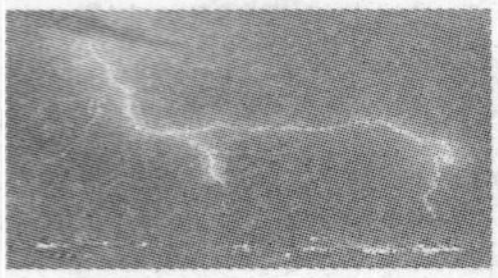

发动机继续主导小汽车市场，那么就会形成用油的锁定效应，即使生产出大量的生物柴油，也没有用武之地。因此，燃料的技术路线一定要与汽车的技术路线相适应。

新能源汽车：交通体系的重建

汽车、轮船和飞机大大缩短了人类之间的距离，促进了经济的发展，这是整个20世纪经济增长的核心，但是它们在带来方便的同时，也给人类带来能源、环境和气候变化等问题。根据世界能源署的研究报告，交通部门二氧化碳排放占全球排放的21%。昔日文明的象征成为21世纪的“祸害”。

首先是汽车。人类交通的历史从动物、火车、公交汽车到最后的私人汽车，随着经济的发展，对汽车的需求也越来越大。汽车诞生一百多年以来，经历了从欧洲的手工生产到美国的自动化生产，再到日本的精益生产，汽车的出现改变了世界。但是目前我们需要对其进行改革，好像历史又回到了从前。因为在内燃机汽车出现之前，一直是蒸汽机汽车和电动汽车。克莱因指出，1900年蒸汽机汽车和电动汽车大约占“共计57家企业生产的4000量汽车”的3/4。虽然未来汽车的具体技术路线还不是非常清晰，就像19世纪的末期一样，但是发展新能源汽车已经成为未来明确的方向，并且已经成为各个国家竞争的焦点。

未来汽车的改造，一种方式是改造传统汽车的材料和外形设计，因为在汽车所产生的动力中，95%用来推动汽车本身，只有5%才用来推动驾驶。现在的汽车消耗的能量至少80%都浪费掉了，这是因为汽车的重量大概为驾驶者体重的20倍，而马达功率大约比一般驱动要求高9倍，这是因为汽车是用钢材制造的。而目前用在飞机和造船业中的材料完全可以用在汽车上，比如碳纤维等新材料，从而可以大大减轻汽车的重量，减少能源的消耗。改变汽车的外形和材料是汽车未来节能的方向，因为汽车的材料不一定非用钢材，1920年，美国汽车车身85%采用木材。

另一种方式就是改造驱动动力和燃料，因此需要设计新型的发动机。动力的改造包括研制新型发动机，革新发动机的燃烧及其控制，提高燃油经济效率并减少排放，其中包括纯电动汽车、混合动力汽车、燃料电池电动汽车、柴油机汽车等。从燃料方面来看，主要是研发新型清洁燃料，诸如天然气、液化气、生物柴油、氢气等。未来汽车的技术路线与19世纪末期一样，有很多种选择，但是还都处于实验室阶段或商业化开发的前期阶段。但是国务院发展研究中心副主任陈清泰认为："在未来二三十年新能源汽车格局将定。"汽车产业的发展是国家兴衰的标志，美国福特汽车的崛起产生了福特主义的工作方式，并帮助美国超过英国；20世纪五六十年代日本依靠"反向工程法"重塑整个工业体系，到1989年，日本的汽车产量超过900万辆，超过美国（仅仅不到800万辆），这也标志着日本对美国形成了致命的威胁；大众汽车是德国机械工业的象征。因此，美国、日本、欧盟和中国都在为未来的汽车路线进行激烈的竞争。目前相对成熟的技术路线主要有以下几种：

纯电动汽车使用电动机作为动力，用蓄电池作为能源存储单元。其特点就是无排放，不依赖汽油。但是由于蓄电池的能量密度和功率密度比汽油低很多，因此纯电动汽车的行驶里程有限。目前比亚迪开发的纯电动汽车的持续里程寿命大约60万公里，每次充电可以行驶200公里左右。电动汽车的核心是电池技术，也是未来电池领域中的一个重要方向。德国政府早在2007年制定高科技战略中，就将电动汽车的关键技术——锂电子电池作为攻坚项目。2009年，德国产业界的五大巨头——巴斯夫、博世、EVONIK、LiTec、大众和科学界与应用界的60家单位组建了锂电子电池"创新联盟"。我国在电动车领域走在了世界的前列，由于中国特殊的发展阶段，在从自行车到汽车的转变过程中，有一大部分人购买了电动车，使我国成为世界上最大的电动车市场，我国有发展应用电动汽车的环境，公众也比较容易接受，蓄电池技术与国际相比落后不多。另外，电动汽车还有望成为新能源的"蓄电池"以克服新能源发电的间歇性问题。

混合动力汽车是目前电动汽车的主流，具有广阔的应用范围，逐渐被市场接受。它是采用内燃机和电动机作为动力，使用汽油和蓄电池，蓄电池可由汽车中的内燃机驱动发电机充电，这是目前市场上混合动力电动车所特用的。电池也可由电网充电，这是另外的一种充电式混合动力电动汽车。在这一领域，日本处于领先的地位，日本的丰田Prius、本田Insight牌混合动力汽车销量已超过20万辆，丰田和本田公司决定在其新一代车型上全部采用混合动力技术。美国福特公司在推出ESCAPE牌混合动力汽车的基础上，还将推出第四款混合动力汽车。通用、戴克、大众、雪铁龙、雷诺、宝马、日产、现代以及三菱等世界大汽车公司开发的混合动力汽车也即将推向市场。

燃料电池电动汽车是以电动机作为动力，用燃料电池作为能源转换，其能源来自氢气。因为燃料电池的能量密度可与汽油相比，所以行驶里程也可与汽油汽车相比，但燃料电池的功率密度比汽油的功率密度低很多，因此还需要少量的电池或超级电容，以提高汽车的加速性能。虽然氢能几十年前就被看好，但是直到现在都难以产业化，氢气的基础设施一直难以建立，氢气的来源和供应没法解决，但是关键技术上正不断取得新的进展，预计在2015～2020年前后将实现商业化。日本政府计划到2010年燃料电池汽车保有量达到5万辆，2020年达到500万辆。德国戴克公司生产的33辆电池客车和100多辆燃料电池轿车，已在世界11个城市开展了两年多的商业化运营。2001年，美国在《国家能源政策》中将氢列为高度可靠、可被接受和环境友好的能源，指明是美国未来的重要能源之一，并在2002年发布了《国家氢能路线图》。日本2002年制定的《科技基本计划》将燃料电池列为能源环境领域首要战略重点，2003年发布了日本的《氢能经济路线图》，2004年又在《新产业创新战略》中将燃料电池列为国家重点推进的七大新兴战略产业之首。欧盟在2003年发布了《欧洲未来氢能源图景》，并制定了《欧盟氢能源发展路线图》。氢能的发展已经成为未来各国看好的技术选择（见图4.29和图4.30）。

图4.29　新能源汽车

虽然未来汽车的技术路线还不确定，但是我们可能需要储备多种技术方案来应对未来的交通秩序的重建。

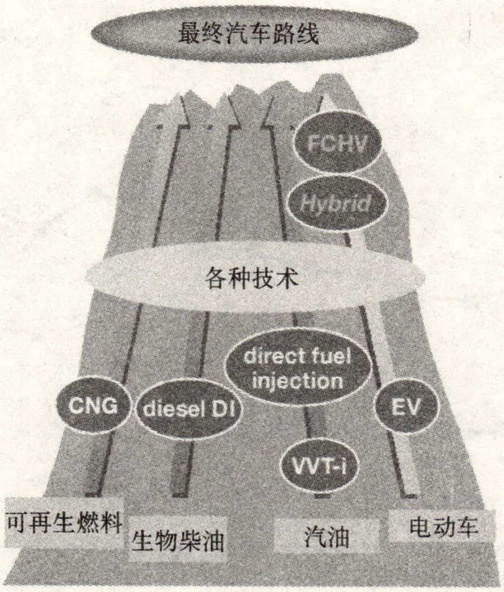

资料来源：Sasanouchi，IPIECA Workshop，2004。

图 4.30　多种汽车路线的选择

其次是轮船。根据国际航运署的估计，全球经济总量近年来平均增长 4%，而全球贸易则增长了 8%。到 2007 年 1 月，全球国际贸易船只达到 60000 万艘，到 2020 年，估计消耗能源接近 5 亿吨，将比 2007 年增长 25%。此外，国际航运业已被纳入国际气候谈判的议程，因此必然会要求提高航船的燃油效率，对传统船只进行改造。

最后，是飞机。2009 年 1 月，欧盟发布了有关在航空部门实施总量管制与排放权交易制度的指令，并且规定从 2012 年 1 月起，从欧盟区域外进入欧盟区域领空的航空飞行器必须接受欧盟的二氧化碳碳排放的管制。目前飞机二氧化碳排放量约占人类全部排放量的 2% ~3%，在 2009 年 12 月的哥本哈根会议中也明确提出要把航空列入议程之中，航空公司不得不从 2009 年开始在喷射燃料中添加生物燃料。2009 年 6 月 26 日，由阳光动力公司研制的阳光动力 HB－SIA 飞机的正式亮相，也给未来的新能源飞机留下了足够的想象空间（见图 4.31 和图 4.32）。

未来，减少交通领域二氧化碳的排放，一方面是改造交通工具，另一方面也可以通过改造目前的城市规划来减少交通需求。例如，鼓励公共交通的发展，投资自行车租赁系统，大力发展数字通讯技术等。

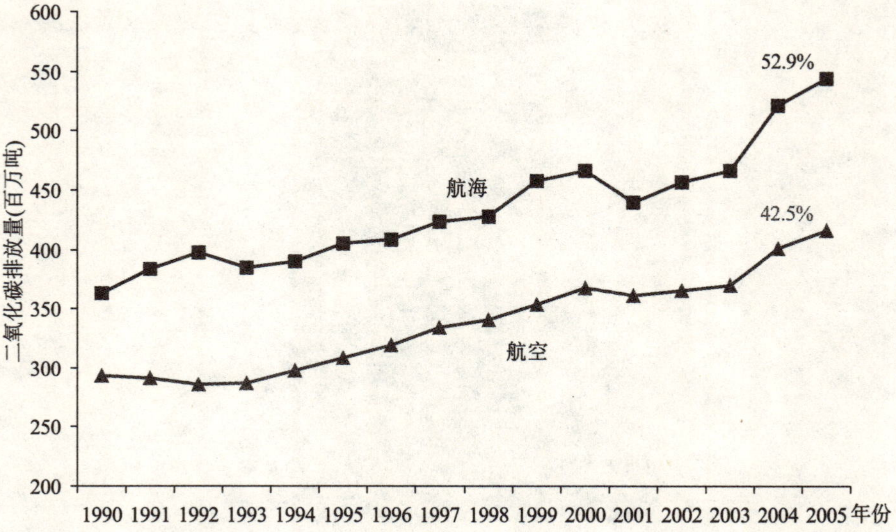

资料来源：国际能源署。

图 4.31　海运和航空的国际排放量

图 4.32　HB－SIA 飞机

绿色建筑革命

建筑物的能源消耗约占世界能源消耗的 40%，温室气体排放量约占世界的 1/3。根据 IPCC 第四次评估委员会的报告，2004 年与建筑相关的温室气体排放量大约相当于 86 亿吨当量二氧化碳，到 2030 年这一数字将要增至 156 亿吨当量二氧化碳。更让人担心的是，从 1971 年到 2004 年，商用建筑温室气体排放量每年以2.5%的速度上升，民用建筑的排放量每年以1.7%的速度上升；冰箱、空调的使用还将放出氟化温室气体、氟氯碳化物（CFC）和氯化氢碳氟化合物等温室气体。历史上的温室气体排放量主要集中在北美、西欧、东欧以及中亚地区，但是到2030年，发展中国家的建筑排放量将超过这些地区（见图4.33和图4.34）。

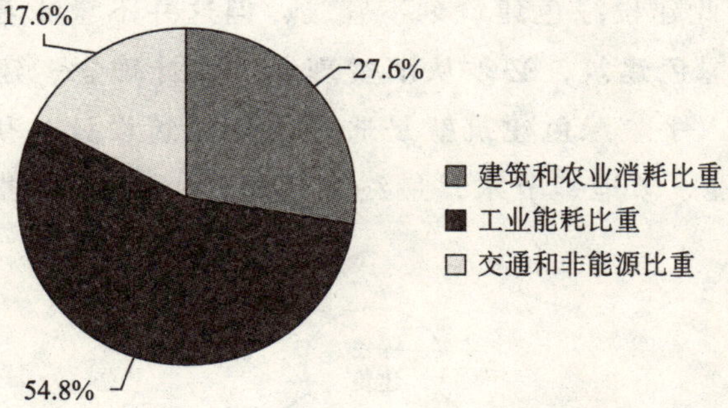

资料来源：住房和城乡建设部。

图4.33 我国终端能源消费量的部门构成

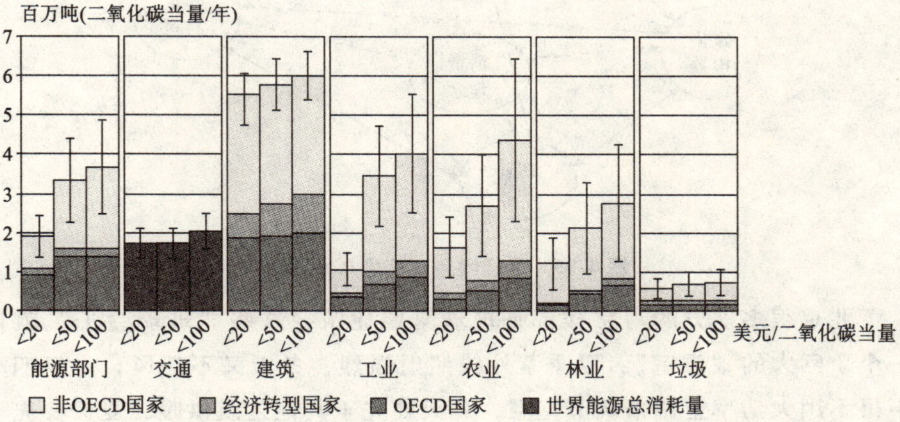

资料来源：联合国环境署。

图4.34 建筑和气候变化

据2008年中国城镇建设数据统计，我国每年的城镇居住建筑约4亿～5亿平方米，公共建筑约4亿至5亿平方米，乡村居住建筑约7亿至8亿平方米，房屋总建筑规模约17亿～18亿平方米。我国目前一年建成的房屋建筑面积，比所有发达国家一年建成的房屋建筑面积的总和还要多，而且21世纪头20年内，建筑业仍将迅速发展。预计到2020年底，全国房屋建筑面积将达到686亿平方米，其中城市为261亿平方米。如此巨大的建筑规模，在世界范围将是空前的。建筑能耗若照此延续下去，到2020年能耗量将是目前的3倍，能源需求将达到11亿吨标准煤，相当于4.5个三峡发电站的发电量。

令人感到欣慰的是，与工业、交通等其他部门相比，建筑节能的空间非常大，比如把房顶的颜色由黑色涂成白色，就会使空调的工作时间缩短20%。因此建设绿色建筑刻不容缓，但这并不意味着建筑节能容易实现。要建设绿色建筑，必须从消费理念、设计理念、建筑材料、家用电器等多方面入手。绿色建筑就是通过优化建筑设计，利用节能技术和材料，实现节能、节地、节水，最终实现舒适、健康的居住环境的建筑（见图4.35）。

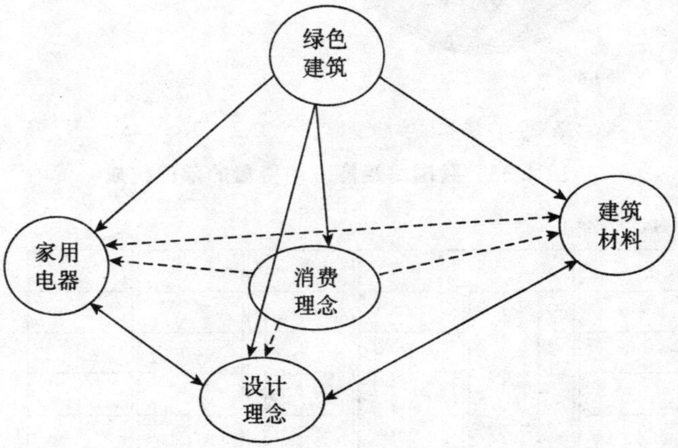

图4.35　实现绿色建筑的几大要素

北京很多地方的写字楼都是玻璃幕墙建筑，这些“玻璃盒子”就像一个个巨大的“温室”：夏季紫外线照射强烈，冬天又不挡风，一年四季不得不用大功率空调来调节室温，冬天要先于其他建筑供暖，夏天要先于其他建筑供冷。由此可见，设计师在设计时首先考虑的是美观、新潮和气派，而没有把节能放到第一位。所以，我们首先要树立节能的价值观，从需求方抵制这些高排放和高污染的建筑物。

当节能和环保成为人们首要考虑因素的时候，绿色建筑革命将会对设计师和建筑师产生广泛的影响。建筑是一个整体，以前设计师和建筑工程师是分开的，设计师更关注设计的整体效果和外观设计，工程师更多的精力集中在建筑物的供水、供电、供暖、制冷等方面。但是目前他们必须联起手来，设计时必须全方位、全生命周期考虑。全方位是指要从建筑相关的方方面面着手分析，例如外围护结构、太阳辐射的控制与改善、自然通风与采光、可再生能源的利用、高舒适度、低能耗的室内气候控制系统、噪声控制、水资源高效及循环利用、供电与照明系统、智能控制系统等等。考虑全生命周期内的维护和运行费用，以寻求最佳平衡点，达到真正的节能环保效果。引入“整体设计”的理念，即在设计的最初方案阶段就有生态节能的专业人员介入，向客户灌输生态节能意识，并通过对项目的分析提出初步的生态节能方案。在后续的建设中综合建筑、规划景观、结构、暖通空调、给排水、建筑电气与楼宇控制、室内设计等各个专业，通过各专业有机的整合，密切协作，对建筑自身特点及区域自然资源、环境的深入分析，以及对当前成熟的高新技术及产品的应用，才能形成一套可行的、适合的且内部有机相连的生态节能技术。

绿色建筑革命还将体现在建筑材料的革新上。我国房屋建筑材料中，70%是墙体材料，其中粘土砖占据主导地位。我国每年生产粘土砖耗能6000万吨左右的标准煤，破坏耕地50万亩左右，因此我们必须要用新的墙体材料来替代原来的材料。2005年，国务院办公厅发出《关于进一步推进墙体材料革新和推广节能建筑的通知》，提出到2010年底全国所有城市都要禁止使用空心粘土砖。为了达到更好的保温效果，现在的保温材料也要不断更新。自20世纪80年代中期我国实行全国范围内建筑节能以来，墙体保温经历了外墙内保、夹心保温和外墙外保温的发展历程，目前的“外墙外保温”技术相对成熟，即在建筑物外侧附加保温材料达到节能的效果，现在利用聚氨酯等保温材料，只需要3.5厘米的厚度就能达到65%的标准。未来还需要有更多的保温材料，以实现更好的节能效果。

在我国的建筑能耗中，门窗造成的能耗占到了建筑总能耗的40%～50%左右。在门窗能耗中，矿体约占25%，玻璃约占75%。目前出现了塑料材料的门窗，这种材料的导热系数是铝合金的1/1250，钢的1/357，同样装塑钢门窗的房间，在冬天比装铝合金的高5℃，在夏天要低5℃左右，节能效果非常明显，塑料型材门窗可节约采暖以及空调能耗的30%～50%左右。当节能成为一种运动之后，必然会催生新的节能技术。

以前建筑用电都是从电网引进，但是随着分布式能源的发展，特别是太阳的能源密度和家庭建筑的能源需求密度差不多，非常适合发展太阳能屋顶，因此现在节能建筑还将引导分布式能源技术的发展。此外还需要储能技术的发展，现在的电动汽车也有望成为未来的一个很好的储能工具，也就是未来的建筑特别是民用建筑用电将在很大程度上实现自给自足，但首先是分布式能源技术的发展。

家用电器效率的提高也刻不容缓，以白炽灯和节能灯为例，节能灯的光效大约是白炽灯的6倍，比如7瓦的三色节能灯的亮度基本上相当于40瓦白炽灯的亮度，而节能灯的寿命大概相当于白炽灯的5~10倍。现在欧盟、日本、美国以及中国都宣布禁止使用白炽灯，从而让持续了一个多世纪的白炽灯退出历史舞台。高耗能电器的淘汰刚刚开始，空调、电磁炉、电风扇、电饭锅等大功率家电将因不节能而更快地退出历史舞台。2009年10月国家标准化管理委员会下发了《房间空调电器能效限定值及能源效率等级》征求意见稿，明确表示从2009年开始，3~5级的定频空调将不能继续生产和销售。不久的将来，将有更多的小家电纳入能效标识节能标准，高效家电将是历史的发展趋势。为了提高家电的能源效率，智能家电也是未来的一个发展方向，特别是在智能电网的配合之下，实现不同电价下的用电。节能家电和智能家电将加速替代传统白色家电。

任何革命的发生都是一个系统，不可能一蹴而就，特别是建筑业，其包含的系统非常复杂，必须要把节能变成一个行为习惯之后，节能建筑才可能进行下去。

节能——第五种能源

将功率为11瓦的高品质节能灯代替60瓦的白炽灯，以每天燃点4小时，推广使用12亿只计算，一年可节电858.48亿瓩时，比建成后的三峡工程的年发电量还多，相当于节省3210万吨标准煤的能耗，减少温室气体排放8585万吨。如果全国的机关、学校、企业都采用电子办公，那么每年减少的纸张消耗可达100万吨以上，减少林地消耗20万公顷，可以节省造纸消耗能量100多万吨标准煤，直接和间接地减少温室气体排放1000多万吨。同样的问题还发生在汽车领域，今天的汽车使用同样数量的汽油比20世纪70年代时多跑1倍的路程。今天的各种设备大约用一半的能源成本就比20世纪70年代生产更多的产品、更多的娱乐和更多的其他服务。世界著名能效问题专家艾默里·罗文斯在其2005年的著作《石油残局制胜》中明确提到：“美国轻型车辆每加仑燃料节省2.7英里的效能就会完全取代波斯湾的进口，也就是说通过汽车燃油效率的提高，可以减少一半的石油需求，换句话说，目前所能节省的石油比我们能在地下找到的石油还要多。

根据联合国气候变化政府间工作小组的数据，到21世纪末，我们能源需求的30%以上将不是靠新的清洁技术来满足，而是靠能源节约来满足。许多能源倡导者还认为，这个30%的份额最终还要扩大，原因就是新的低碳燃料和能源技术所包含的动力密集度不如他们所要替代的碳氢化合物的动力密度高。达特茅斯学院生物燃料专家李·林德预言，在我们今天所使用的能源中，将有2/3甚至是3/4的部分被能源效率所取代，只有1/4到1/3的部分将被新的供应和技术所取代。能源的节约已经被国际社会视为与煤炭、石油、天然气、电力同等重要的“第五能源”。

在整个人类历史上，人类一直都是千方百计地节省能源，这并不是因为节约能源符合道德规范，而是因为所有的能源，不管是煤炭、石油，还是从牛粪中提取的能源，成本都非常昂贵。使用者节省能源的动机都十分明确，这种动机给科学发明带来了极大的动力，尤其在西方工业革命时期，科学发明的动力更大。今天一桶石油或者一吨煤炭所生产出的能源“服务量”是一个世纪以前的5倍。这也充分地解释了这一现象：发达国家的能效是发展中国家的3倍。面对能源供给的短缺，美国和法国的做法会给我们更多的启发。第一次石油危机之后，面对能源价格的高涨，法国选择了能源独立。为此，法国研究了各种石油替代技术，开发节能技术，其中重要的一点就是建设核电。法国从美国进口核发电技术，并加以改进，最终建成的核电站发电量占全国发电量的70%。20年后，法国电力公司的核电站投资优势逐渐显示，中国目前之所以能够和法国在核电方面进行合作，就是因为法国拥有核心的核发电技术。美国则采取了一种与法国不同的办法，一方面，美国不是想办法积极减少自己对石油的进口依赖，而是去搞国际石油市场的“安全化”，美国挑头组建了国际能源机构，想把石油消费国组织起来，协调消费和进口需求，用石油进口国的办法对抗石油输出国的卡特尔；另一方面，积极鼓励其他石油消费国建立石油储备，以便在市场短缺时拿出来平抑市场价格。同时，美国利用跨国公司参与欧洲、拉丁美洲、非洲的石油开发，促进石油市场供给的多样化，所以到现在美国的能源效率还低于欧洲。最为明显的就是汽车油耗，使美国三大汽车巨头在2008年金融危机之后面临倒闭的境地，目前，它们不得不把精力放到提高燃油效率和开发新能源汽车上，把高油耗的汽车品牌砍掉或卖掉，不过中国成为这种汽车的买家。虽然这种汽车在中国还有很大市场，但是多年以后我们会发现这是一种“祸害”。美国之所以减排的困难十分大，还有一个重要的原因就是其“奢侈习惯”，大多数的美国家庭至少都有两台甚至是三台电视机，多台电冰箱，其中两台电冰箱放在厨房里，还有一台旧的、效能差的放到库房装啤酒。虽然现在的电冰箱的能效可能是1975年型号的4倍，但是如果要让美国人节能，他会认为这是在损害他的个人福利。根据麦肯锡的估计，美国一年所浪费的能源总额达1300亿美元，这就是“由奢入简”难。美国推广电动汽车非常困难，因为他们无法忍受电动汽车的小功率，但是中国已经成为了世界上第一大电动自行车消费国和出口国，其重要原因就是开电动车的人大多没有开汽车的经历。我们要在中国未养成浪费的习惯之前培养更多的节约习惯。

我们这里所说的节约能源意义更为广泛，其与新的能源经济有着极大的联系。当我们谈论节约能源时，我们的意思并不仅仅是少使用能源，而是效率更高地使用能源，也就是说，我们要从所消费的每瓩小时的电力中获得更多的商品和服务、更多的财富。从这个意义上讲，节约能源与其说是伦理道德方面的问题，不如说是健康的商业实践。节能不是经济发展的阻碍，其本身就是一个很有前景的产业，而且节能涉及的领域十分广泛，包括工业节能、建筑节能、交通节能、电器节能等，涉及生产和生活的每一个方面。目前，第五能源这一蕴藏着5000亿元人民币的庞大市场只是露出了冰山一角。或许，下一任大陆首富就来自“第五能源”这个新兴产业。目前，一种用在饮水机上的“懒得管”的市场规模就达到225亿元，而且如果“懒得管”得到普及，那么将在3年内节约一个三峡工程的发电成本。

当节能成为一个风暴或者国策，那么将给社会带来深刻的变化，这无异于一场新的革命。节能要改造原来一切耗能的产业和环节，其伴随的是耗能设备的更换和改造、经济结构的转型、生活习惯的改变，这是破坏性创造得以产生的前奏，尽管节能不一定减少能源总量的消耗（见图4.36）。

不过，在大力推动节能环保的同时，我们必须牢记节能设备和节能技术的国产化。欧美等发达国家对中国减排施压的重要原因之一就是希望打开中国的节能市场。

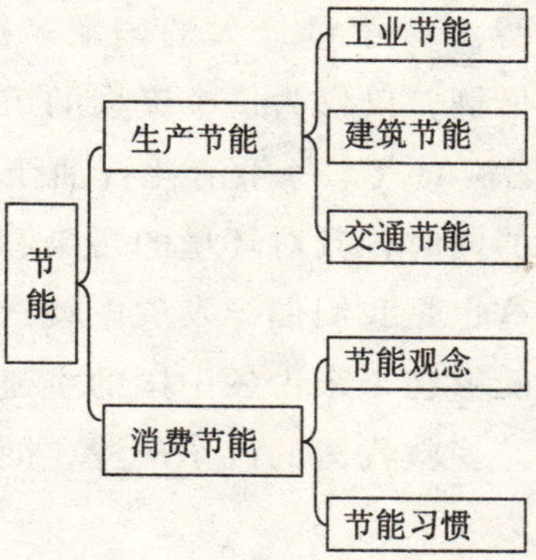

图 4.36　节能的实现领域

储能技术——第六次康德拉基耶夫长波中的核心

可再生能源、电动汽车、分布式能源虽然是发展的方向，但是要克服太阳能、风能等可再生能源的间歇性和不稳定性，实现电动汽车的快速充电和长距离运输，让家庭或社区能够利用太阳能、风能等分布式发电设备，其必不可缺的就是高效、安全、稳定、使用寿命长的储能设备，储能技术的发展要重点解决以下问题（见图 4.37）：

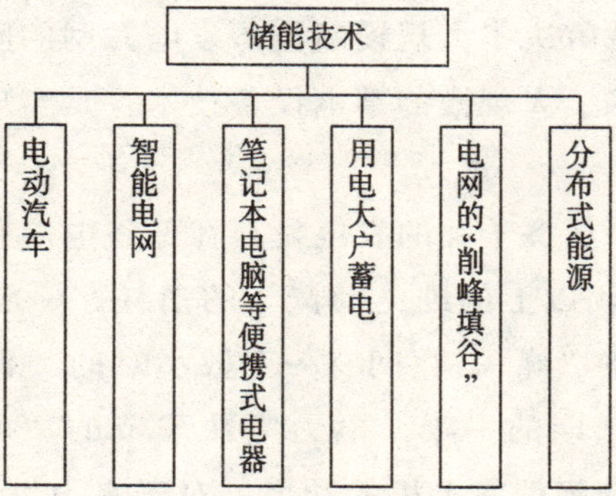

图 4.37　储能技术的应用领域

电动汽车发展之争，归根结底是电池技术的路线之争，谁能突破关键的电池技术，谁就能够占据未来的电动车市场。中国 2008 年汽车产销量达 930 万辆，增长速度是 5%，即便遭遇全球金融危机，2009 年 2 月份也恢复到 80 万辆的水平，2009 年中国的汽车生产量突破 1000 万辆，成为继美国和日本之后的第三大千万级的生产大国。中国居民购车的欲望早已激起，中国未来将成为世界上产销量最大的国家。据估计，2020 年中国汽车的保有量将突破 1.5 亿辆，仅仅为这个庞大的市场就让中国的汽车产业激动不已。但是，1.5 亿辆的汽车每年消耗石油至少 2.5 亿吨，庞大的汽车存量在带动经济增长的同时，其对环境的污染和石油的消耗是我们发展汽车产业最大的制约。这也是我们倡导发展电动汽车的重要原因之一。如果我国的电动汽车产业能够在未来占领中国的主流市场，那么中国将不仅赢得了巨大的经济利益。挽救我国的汽车产业，同时也将大大缓解环境污染和石油对外依赖的压力。

智能电网看起来是电网问题，但实际上是新能源发展问题。智能电网的出现在很大程度上也是解决新能源发电的间隙性。在未来的能源结构中，可再生能源将占据越来越大的比重，但是风能、太阳能及海洋能等可再生能源具有不稳定和不连续的特点，如我国大部分地区的风力资源往往在夜间强于白天，风强时正是用电低谷，电价大约是白天电价的 1/3。如果有配套的电能储存设备将风电储存起来，白天上网，不但可以增加效益、降低电网负担，而且容易保证发电、供电的连续性和稳定性。其将主要应用在两个方面：第一，对于独立运行的（离网）中小型风电、太阳能光伏发电及海洋能发电进行调节，也为未来的分布式发电提供发展的基础。第二，对于作为常规电网电源（或称并网发电）的大型风电、光伏发电，在并网前进行调峰和调频，以保证电网的品质不受影响，如果能够解决这个问题，也就解决了大规模新能源发电并网的问题。同步发展与可再生能源配套使用的、大规模的蓄电设备技术，是实现可再生能源大规模利用的必要途径。

目前，中国有 7 亿多千瓦的发电量存在低谷电浪费的问题，中国低谷电足够供应 3000 万辆以上的纯电动汽车的消耗，一般情况下，白昼有一个长达十几小时的高“峰”，夜间有一个数小时的“深”谷，“谷”期的负荷甚至不及“峰”期的一半。电力紧缺季节的“峰”期要拉闸限电，而电站要在“谷”期降低发电机的功率。对于水力发电和火力发电而言，在一定程度上可以做到降低发电机的功率，实际上闲置了相当规模的发电机组，火力发电的煤耗也要提高。与之相比，核电站很难调低发电机的功率，核电越发达，“调峰”的任务就越重，大规模的电能储存技术可用于电力的“削峰填谷”，改善电力的供需矛盾，提高发电设备的利用率。如果电动汽车能够普及，那么电动车将成为未来很好的“蓄电库”。

用电大户的“谷电”蓄电。白天为用电高峰，晚上为低谷，用电低谷时，大量电能放空。电解、电镀、电冶金等企业，电车、轻轨、地铁等交通部门，都是集中的用电大户，在电网负荷中占有一定的比例，拉闸限电对它们产生的影响也很大。因此，用电大户企业应利用低谷时的低价格蓄电，在用电高峰时使用，缓解电网的压力。当然，这需要电价能够因用电的供需变化而变化，从而调节用电峰谷。

分布式能源技术是未来世界能源技术的重要发展方向。分布式能源技术就是那些不依附“大机组、大电网、超高压”、分布在用户端或靠近用户端的各种高效节能的能源梯级利用和资源综合利用以及可再生能源系统。该技术跨越了电力、燃气、供热、制冷、建筑节能、环境污染控制、资源综合利用、国家能源战略安全、城市规划、安全生产等多个行业和学科，是一项打破垄断、消除壁垒、改变社会观念和公众意识的关键技术。特别是可再生能源系统，尤其需要储能设备。

储电技术在一定程度上决定了电动汽车、电网、发电技术的发展路径和方向，是一项战略性技术。美国已经将大规模储能技术定位为支撑新能源发展的战略性技术，2009 年上半年已拨款 20 亿美元用于支持包括大规模储能在内的电池技术的研发。在美国能源部制定的关于智能电网资助计划中，储能技术项目从数量和金额上均超过了其他所有项目。

根据储能技术的分类，目前的储能主要分为机械储能、电磁储能、电化学储能（见图 4.38）。

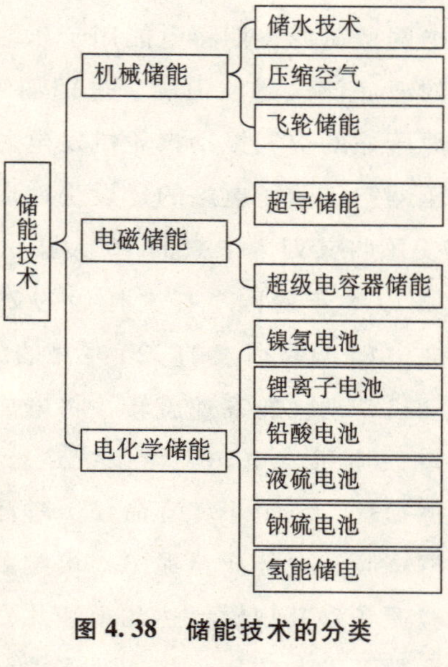

图 4.38　储能技术的分类

（一）机械储能

抽水储能是在电力负荷低谷期将水从下池水库抽到上池水库，将电能转化成重力势能储存起来，在电网负荷高峰期释放上池水库中的水发电。抽水储能的释放时间可以从几个小时到几天，综合效率在70% ~85%之间，主要用于电力系统的调峰填谷、调频、调相、紧急事故备用等。抽水蓄能电站的建设受地形制约，当电站距离用电区域较远时，输电损耗较大。抽水蓄能是目前电力系统中应用最为广泛的一种蓄能技术，一般工业化国家抽水蓄能装机占比约为5% ~10%（见图4.39）。

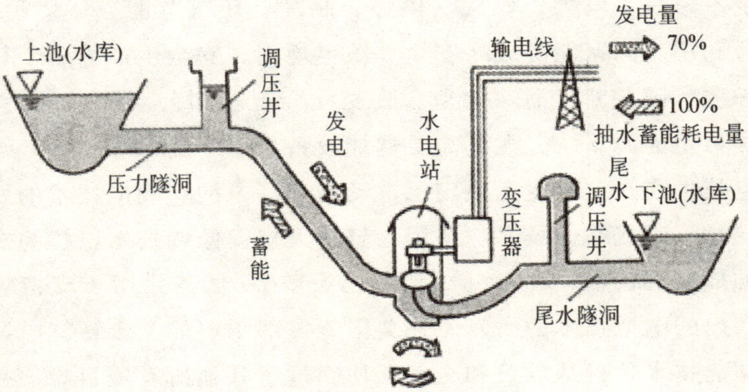

资料来源：《中国电力百科全书》，中国电力出版社，2001年版。

图4.39　抽水储能电站示意图

压缩空气技术在电网负荷低谷期将电能用于压缩空气，将空气高压密封在报废矿井、沉降的海底储气罐、山洞、过期油气井或新建储气井中，在电网负荷高峰期释放压缩的空气推动汽轮机发电。压缩空气主要用于电力调峰和系统备用，压缩空气储能电站的建设受地形制约，对地质结构有特殊的要求。2009年美国将其列入未来的10大技术，德、美等国家都有示范电站投入运营，如1978年德国亨托夫托运的290兆瓦的压缩空气蓄能电站，美国电力协会（EPRI）研发的220兆瓦的压缩空气蓄能电站。

飞轮蓄能利用电动机带动飞轮高速旋转，将电能转化成机械能储存起来，在需要时飞轮带动发电机发电。飞轮系统运行于真空度较高的环境中，其特点是没有摩擦损耗、风阻小、寿命长、对环境没有影响，几乎不需要维护，适用于电网调频和电能质量保障，可配置在城市和用电中心附近的变电所，用来调峰调频。其规模已达几十和几百兆瓦级，特别是由于具有高温超导磁力轴承的开发和应用。将加速飞轮储能技术的发展与其他形式的储能方式相比，飞轮储能具有大储能、高功率、无污染、适用广、维护简单、可实现连续工作等优点，目前已经成为研究的热点。飞轮储能技术在许多领域已经有广泛的应用，特别在美国、日本、德国等发达国家，储能技术的发展已经比较成熟，其主要用于电力调峰、不间断电源、飞轮电池、航空航天等领域，该技术目前已经成功地为美国新英格兰地区的电网提供了频率稳定的服务。机械飞轮系统已经形成系列产品，如 Active Power 公司 CleanSource 系列、Pentadyne 公司 AvSS 系列、Beacon Power 公司的 25 兆瓦系列（见图 4.40）。

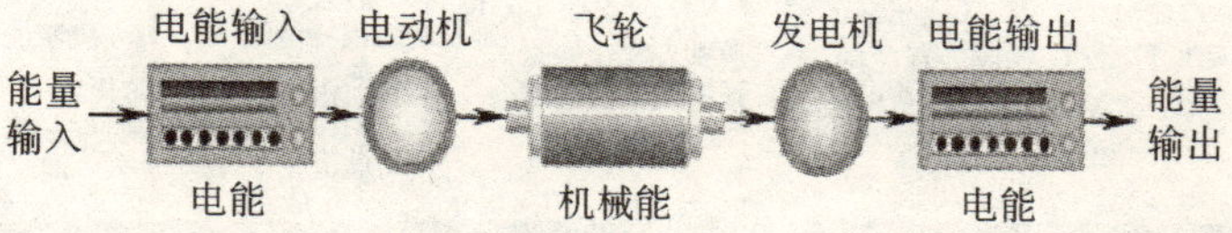

图 4.40　高温超导飞轮储能系统原理示意图

（二）电磁储能

超级电容器根据电化学双电层理论研制而成，可提供强大的脉冲功率，充电时处于理想极化状态的电极表面，电荷将吸引周围电解质溶液中的异性离子，使其附于电极表面，形成双电荷层，构成双电层电容。在电力系统中，其多用于短时间、大功率的负载平滑和电能质量峰值功率场合，例如大功率直流电机的启动支撑、态电压恢复器等，在电压跌落和瞬态干扰期间提高供电水平。

超导磁储能系统（SMES）利用超导体制成线圈储存磁场能量，功率输送时无需能源形式的转换，具有响应速度快（ms 级）、转换效率高（96%）、比容量（1～10Wh/kg）/比功率（104～105kW/kg）大等优点，可以实现与电力系统的实时大容量能量交换和功率补偿。目前，世界上 1～5MJ/MW 低温 SMES 装置已形成产品，100MJ/MW SMES 已投入高压输电网的实际运行，5 GWh SMES 已通过可行性分析和技术论证。SMES 可以充分满足输配电网电压支撑功率补偿、频率调节、提高系统稳定性和功率输送能力的要求。与其他储能技术相比，超导电磁储能仍然非常昂贵，除了超导本身的费用之外，维持系统低温导致维修频率提高以及产生的费用也相当可观。目前，世界上有许多超导磁储能工程正在进行或者处于研制阶段①。

① 俞振华："大容量储能技术的现状与发展"，《中国电力企业管理》2009 年第 7 期。

（三）电化学储能

电化学储能包括铅酸电池、锂亚电池、锌锰电池、锂离子电池、镍氢电池、铅酸电池、液流电池、钠硫电池等。目前可用于大规模储能的电池主要是液流电池。电化学电池的历史可以追溯到1799年，两百年来，始终朝着高容量、高功率、低污染、长寿命、可靠性的方向发展，应用范围也随着扩大（见图4.41）。

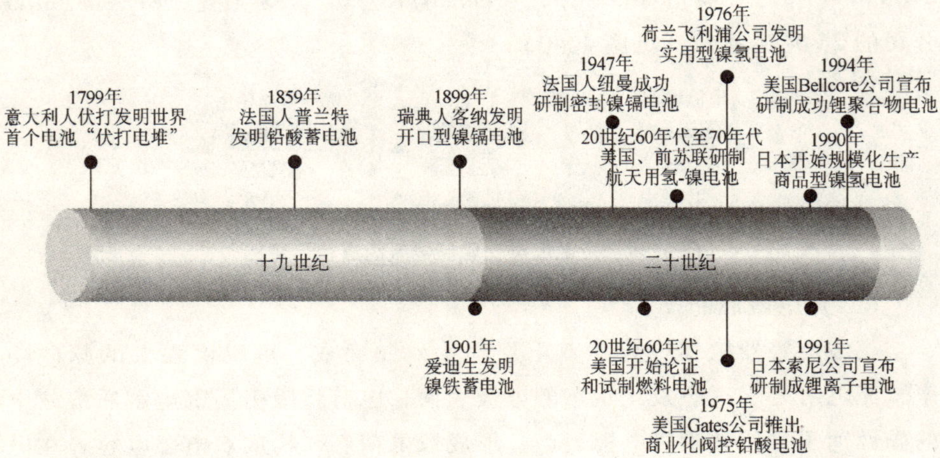

资料来源：国泰君安研究所。

图4.41　电池发展史大事回顾

在化学储能中，从铅酸电池的发明到镍镉电池、镍氢电池、锂离子电池的依次出现，新材料的应用让电池性能有了质的飞跃。但是与化石能源相比，这些电池最为重要的弱点就是其“能量密度”（能量比体积）小，而又很难再找到比锂元素更好的材料，因为锂元素是最轻的一种金属元素，在金属元素中化学性能最活泼、电位最负，因此采用含有锂元素的导体材料作为电极材料是高能电池的最佳选择（见图4.42）。

化学电池中容量比较大的是液流电池。液流电池的活性物质可溶解分装在两大储存槽中，溶液流经液流电池，在离子交换膜两侧的电极上分别发生还原与氧化反应，而且此化学反应为可逆的，因而具有多次充放电的能力。此系统的储能容量由储存槽中的电解液容积决定，而输出功率取决于电池的反应面积。由于两者可以独立设计，因此系统设计的灵活性大且受设置场地的限制小。液流电池已有全钒、钒溴、多硫化钠、溴等多个体系。液流电池电化学极化小，其中，全钒液流电池具有能量效率高、蓄电容量大、能够100%深度放电、可实现快速充放电且寿命长等优点。全钒

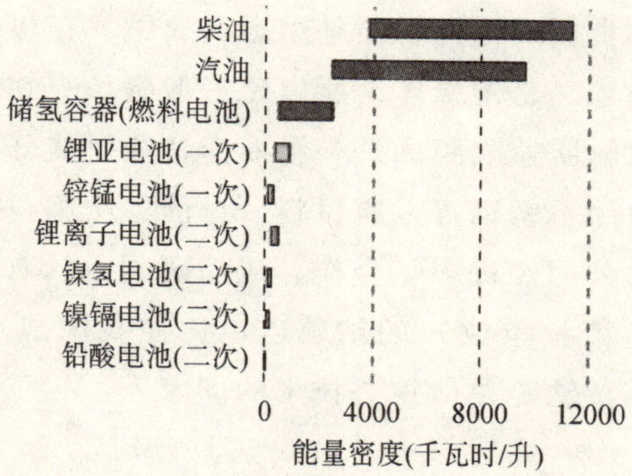

资料来源：国泰君安研究所。

图 4.42 不同种类材料的能量密度

液流电池已经实现商业化运作，能够有效平滑风能发电功率。在日本运营的容量为 4 兆瓦的全钒液流电池为当地 32 兆瓦的风电场提供储能，并已运行 27 万次循环，世界上还没有任何其他储能技术能够实现这一要求。

目前，发展比较成熟的有全钒液流电池和钠硫电池。早期的全钒液流电池研究主要集中在澳大利亚新南威尔士大学的 Maria Skyllas – Kazacos 等人提出全钒液流电池体系以后，开展了大量关于电极反应动力学的基础性研究，所发表的单电池研究结果构成了全钒液流电池发展的基础。1988 年，UNSW（一个研究机构）提出并开始建造 1 瓩级全钒液流电池堆，该电池堆由 10 个单电池组成，电极面积 1500 平方厘米，能量效率可达 71.9%。88% 瓩级电堆的开发和建造成功具有重大意义，标志着全钒液流电池开始走出实验室，迈向工程化研发阶段。全钒液流电池工程发展的第二个阶段主要集中在日本。从 20 世纪 90 年代初开始，以住友电工（SEI）和 Kashima – kita 电力公司为首的工业企业先后开发了一系列规模不一的试验性电堆，逐步把全钒液流电池系统推向商业化试运营阶段。目前，位于日本北海道、由 J – power 电源开发会社为 30 兆瓦的风电场建设的全矾液流电池，使用最大输出功率 6 兆瓦、储能容量为 6 兆瓦时的全钒电池是世界上最大的全钒液流电池系统。全钒液流电池对于提高可再生能源的可预测性、可调度性具有重大作用。

钠硫电池是美国福特（Ford）公司于 1967 年首先发明的，至今才有 40 年左右的历史。该电池是由正极、负极、电解质、隔膜和外壳等几部分组成。一般常规二次电池，如铅酸电池、镉镍电池等，都是由固体电极和液体电解质构成，而钠硫电池则与之相反，它由熔融液态电极和固体电解质组成。构成其负极的活性物质是熔融金属钠，正极的活性物质是硫和多硫化钠熔盐。由于硫是绝缘体，所以硫一般是填充在导电的多孔的炭或石墨毡中，固体电解质兼隔膜的是一种专门传导钠离子被称为 Al_2O_3 的陶瓷材料，外壳一般用不锈钢等金属材料。目前，中国科学院上海硅酸盐研究所和上海市电力公司经过多年合作，成功研制出具有自主知识产权、容量为650Ah（Ah：能量单位）的钠硫电池，使我国成为继日本之后世界上第二个掌握大容量钠硫单体核心技术的国家。

人类历史上的两次能源转换

在人类的历史长河中，应用化石能源的历史极其短暂，在人类上万年的农业文明时期，人类一直利用柴薪作为能源，人类早期一直没有认识到额外的能源消耗和能源利益之间的联系。但是随着游牧和农业生活向城市生活过渡，能源供给紧张开始出现，城镇中的人们不能像游牧民族那样可以在所到之处找到干柴，邻里之间开始争夺柴火，特别是随着人们开始炼制陶瓷和铁器——熔炼10磅重的金属需要1吨的木柴——最早的能源紧张开始。中世纪的欧洲已经面临一次严重的、令我们现代人都可能怨声载道的能源短缺。这时，煤炭成为替代产品，但是当时英国和欧洲其他国家开采的软软的褐煤充满了硫磺和其他杂质，这种煤炭燃烧时会产生强烈的烟雾，既刺激鼻子又呛肺，而且将墙壁和衣服都熏得黝黑，更为主要的是，燃烧木柴的能源技术根本不适合用来燃烧煤炭。酿酒厂和面包房拒绝使用煤，因为煤将食品和酒的味道都给毁了。还因为硫磺—铁的化学成分相冲突，因此煤炭不能用来熔炼铁制品。只要能弄到，木柴仍是首选燃料。从1709年用焦炭炼铁开始到1920年煤炭占世界商品能源结构的87%，前后用了200年的时间。但是从木柴到这种矿物质的过渡完全改变了这个世界的经济、政治和文化，并引发一场我们目前所能认识到的能源革命，这也标志着工业革命的真正开始。

直到1858年，从美国打出一口油井开始，到1958年石油、天然气在世界商品能源构成中占到50%，首次超过煤炭，前后经历了100年。石油的发现，引起了蒸汽机和冶铁技术向内燃机发展，这一过程伴随着汽车、动力化和大规模生产时代的到来，也标志工业文明的顶峰。这个时期，全世界都为石油着魔。

随着工业文明的发展，带来了化石能源的枯竭和气候变化问题，新能源重新进入人类的生活范围。新能源的发展速度，技术创新、应用规模、资金规模等方面都有了质的飞跃，于是我们可能会非常乐观地认为新能源能很快地替代传统化石能源，但是，新能源自身的特点决定其替代速度不会太快。这五个特点分别是：转变的规模、能源密度、功率密度、新能源的间隙性、新能源分布不均衡、未来能源的方向不明确。

第一个是可再生能源的规模。从整个人类历史上来看，人类利用化石能源的时间非常短暂（见图 4.43），因此最终实现化石能源的替代是毫无疑问的，但是这个过程要非常漫长。

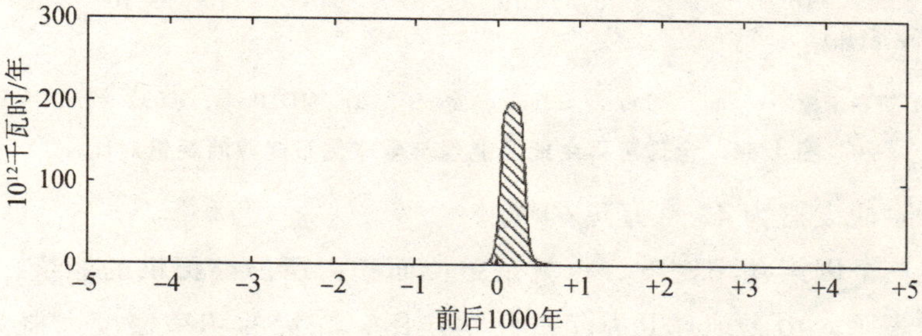

资料来源：Hubbert（1974）。

图 4.43　人类历史上的化石能源时代（前后 5000 年）

大约在 150 年前，也就是 19 世纪 50 年代左右，地球上 85% 的能源来自于木柴，从此人类的能源开始从木柴向化石能源转变。大概 50 年后也就是 19 世纪末期，化石能源和木柴各提供 0.7 太瓦（TW）的能量，2005 年化石能源提供的能源占到了 85%。今天，我们又处在 19 世纪 50 年代的时期，人类的能源开始从化石能源向可再生能源转变，不过这一次如果要达到替代 50% 的目标，则意味着可再生能源要提供 6 太瓦（TW）的能量，这个规模大概是 100 年前的 90 倍。所以面临的首要问题就是需要的可再生能源规模巨大。虽然辐射到地球上的太阳能的能量是人类所需能量的几个数量级（见图 4.44），但是以现在的转化率计算，利用太阳能实现替代的可能性还很渺茫，更不用说其他可再生能源。核能也会因为其有限的核原料而不能实现完全的替代。

第二个因素就是单位重量燃料中所包含的能量，也就是能量密度。在人类的能源转变过程中，从生物燃料转变成煤，再从煤转变成碳氢化合物，低能量密度的燃料转变为高能量密度的燃料。比如，植物秸秆的能量密度为 12 ~15 百万焦/千克，而高质量的煤的能量密度为 25 ~30 百万焦/

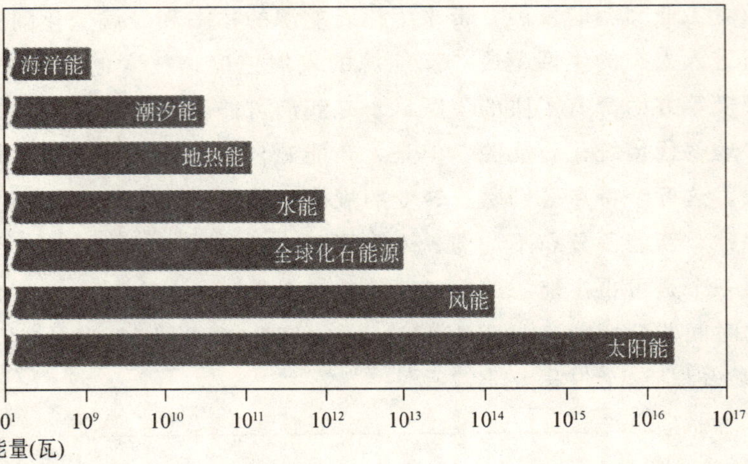

资料来源：V. Smil. “Energy at the crossroads”, The MIT Press, 2003。

图 4.44　全球可再生能源能量与全球化石能源消耗量对比

千克，原油大概为 42 百万焦/千克。

第三个因素功率密度，也就是单位面积内所能够提供的能量，一般用瓦/米^2 表示。由于地球几万年的化学作用，煤炭的功率密度大概为 10^2 ~ 10^3 瓦/米^2，相反，生物燃料的功率密度大概为 1 瓦/米^2，水能和风能的功率密度都在 10 瓦/米^2 以下。太阳只有在中午的时候，其功率密度能够达到 10^2 瓦/米^2。而城市高层楼宇、超市、工厂、城市等所需功率密度远远高于新能源的功率密度（见图 4.45）。如果用太阳能来为家庭提供能量的话，意味着所有的屋顶都要安装上太阳能电池板；如果要用太阳能给超市或者高层建筑提供能量，意味着要用几千倍于建筑物的面积；要实现太阳能发电，就意味着需要更多的安装面积和更大范围的电能输送。如果美国要用生物燃料替代所有的石油，则需要美国将种植面积扩大两倍。特别是 100 万人口以上的大城市，人们大都居住在高层建筑内，可再生能源的能源密度不可能满足他们的能源要求。

第四个因素就是间歇性。现代社会需要连续性的能源，而新能源最大的特点就是其非连续性和不可控性。在目前还不具备大功率储能设备的情况下，新能源的发展需要克服很多困难。

第五个因素就是新能源的地理分布。新能源的分布也非常不平均，非常适合利用的潮汐能、地热能或海洋能所在的地方并不是太多，很多人口密集的地方不适合利用可再生能源。例如，我国太阳能、风能丰富的地区主要在西部，而用电大户主要在东部，长距离输电带来很大的麻烦。

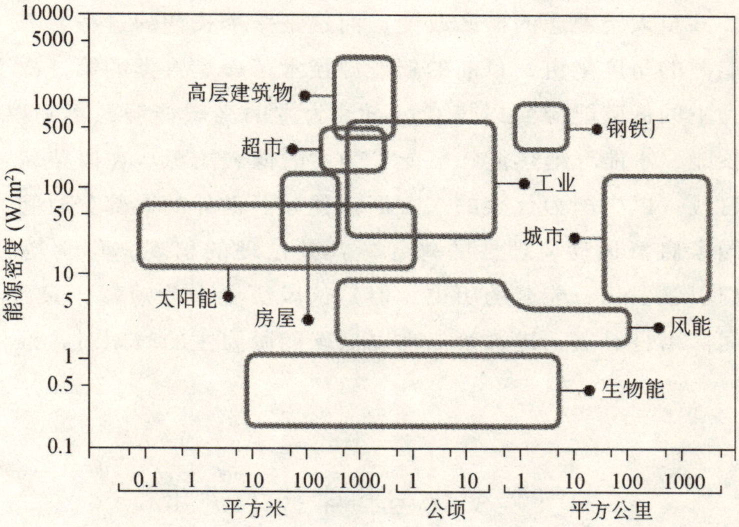

资料来源：V. Smil。

图 4.45　能源消耗密度与新能源功率密度的比较

第六个因素就是未来能源的发展方向不明确。目前，无论是太阳能、风能、核能，还是氢能，都还存在很大的不确定性，快堆和聚变堆都还在研究过程中，有的核专家不相信快堆和聚变堆能经济地解决人类的能源问题。虽然太阳能、风能等新能源发展迅速，但是到底是哪种能源将取代现在化石能源还不是非常明确，核聚变、太阳能、氢能、可燃冰？还是多种能源的共同替代？由于可再生能源的前景不明确，人们在寻找替代能源的过程中可能会造成非常大的经济损失。

19 世纪能源转变的三个重要因素——森林资源的破坏、化石能源的高质量（较高的能源密度、储存的便利性、更强的适应性）以及较低的成本，从目前来看，这些因素并未消失。当然，如果没有气候变化，化石能源的转变不会这么急迫，但是在从化石能源向可再生能源转变的过程中，新能源除了具有环境优势之外，几乎没有其他优势，因此在通往未来的路上，我们必须拥有充分的耐心并做好长期的准备。

很多人会把本次新能源技术革命和上一次信息革命相比较，认为新能源领域也存在“摩尔定律”（摩尔定律是指集成电路上可容纳的晶体管数目，大约每隔 18 个月便会增加 1 倍，性能也将提升 1 倍。摩尔定律是由英特尔名誉董事长戈登·摩尔经过长期观察发现得之），但实际上并不存在，因为能源利用方式的改变是一个系统工程，需要大量的基础设施、制度范式，甚至人类观念的彻底改变，而这是一个长期的过程。

从能源的角度来讲，目前的新能源技术革命是人类的第三次变革，从以柴薪为主的低碳能源到以煤炭、石油为主的高碳能源，再到以太阳能、风电、核能、水能、地热能、氢能等为主的低碳能源。在以柴薪为主的低碳能源时代，以中国为代表的东方国家领导了世界的大部分时间，但是随着西方国家启蒙运动、理性的兴起、新教伦理的出现，科学得到快速发展，他们引领了化石能源的历史，但是这段历史十分短暂，只有不到200年的时间。当世界重新进入第二次以低碳能源为主的时期时，谁将主导世界？

气候变化与科学技术进步

气候变化涉及一切与温室气体排放有关的领域，包括能源供给和能源需求，目前所说的太阳能、风能、地热能、潮汐能等能源供给只是很小的一部分，实际上更具有革命意义的是能源需求领域。减缓温室气体排放的技术十分广泛，从能源供给方面来讲，包括传统化石能源和可再生能源两个领域，碳封存与碳捕捉技术、煤炭集成气化综合循环（IGCC）发电技术、汽车新材料技术等，太阳能、风能、地热能、潮汐能、核能、氢能等新技术，新能源领域的发电技术。从能源需求方面来讲，包括的领域更是十分广泛，有新能源汽车技术、建筑设计技术、建筑材料技术、各种节能技术、储能技术、高温超导技术、分布式发电技术、工业废热利用系统、节约型农业技术、农业污染综合防治技术、农村生物质能开发技术等（见图4.46）。

如此广泛的应用技术需要很多基础科学作为支撑，包括物理科学、生物科学、环境科学、先进的计算科学以及核聚变科学等众多领域。气候变化的科学技术是一个非常复杂、全面的系统工程，我们必须从战略的高度来认识，通过气候变化推动我国相关领域科学技术的进步，使中国进入新的一轮技术创新领域。我们如此做的目的不仅仅是为了气候变化，更为重要的是节约能源，减少对外能源的依赖，保护环境，促进中国的技术进步，加速中国的产业升级，推动中国生态文明建设。

因此，建议由多个部委联合成立气候变化技术战略小组，全面统筹、协调目前的气候变化技术，从战略高度上认识第六次康德拉基耶夫周期技术长波。

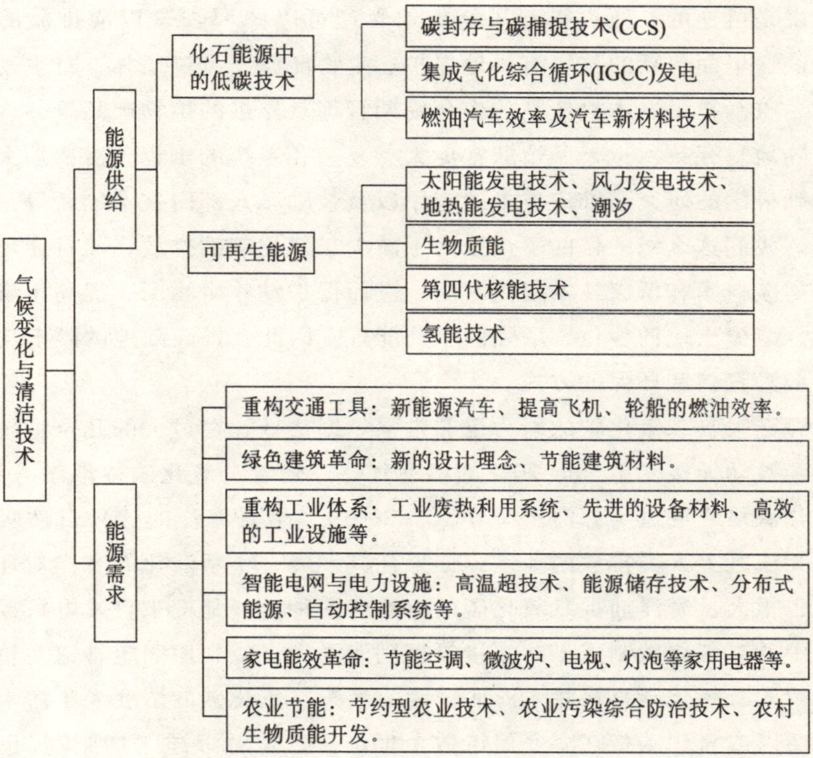

图 4.46　清洁技术产业示意图

碳捕捉与碳封存：治疗气候变化的良方？

实行碳系统管理的方式有三种：一是陆上封存，也就是通过扩大陆地上的生物区域来提高二氧化碳的吸收能力，比如通过扩大植树面积等方式；二是从大型点源中捕捉二氧化碳的技术，比如从煤电厂、炼油厂以及工业生产中捕捉二氧化碳，然后在海底、地下或其他地方进行封存；三是海洋捕捉和封存。

陆上封存是一种自然碳封存过程。陆地植物在其生长过程中，吸收二氧化碳，放出氧气，从而实现碳汇（从大气中清除二氧化碳的过程、活动或机制，《联合国气候变化框架条约》）。实际上，土地开发和农业活动也会导致二氧化碳排入大气。在过去的 150 年内，土地开发与用途的改变导致全球温室气体的 1/3 排入大气（IPCC2000），未来 100 年内，土地用

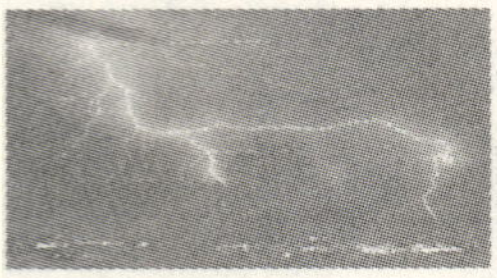

途的改变以及森林的破坏还将至少增加全球温室气体的10%。过去的土地开发是可逆的，所以重新进行土地管理可以“回收”以前排放的二氧化碳。这里面包括的技术有耕地保护、生物能源、退耕还林、野生动物圈保护、收割技术、木材产品的生命周期管理、先进的生物产品等。

陆地封存技术也是一个非常庞大、复杂和系统的工程，需要加大对相关基础科学的研究、推广技术的应用以及鼓励私人部门技术创新等一系列措施。我们这么做的目的不仅是为了减少二氧化碳的排放，而且还可以为开发零碳技术和低碳技术提供时间，进而保护动物生物圈，提高土壤的生产率，减少土地的沙化、增强固水功能等。因此，提高陆地的碳汇功能是一种最为直接和环保的方式。

海洋吸收二氧化碳的能力也非常强。据估计，在过去的几个世纪，海洋已经被动地接受了全球70%的温室气体。随着二氧化碳逐渐融入海洋，二氧化碳最终混进了深海中（IPCC，2001），但是海洋的这种自然吸收率还是无法赶上人类排放的速度，如果任其发展，不断酸化的海洋对环境的破坏也很大。海洋捕捉二氧化碳的方式有两种：一是把来自发电厂或工业过程中的二氧化碳制成干冰直接投掷到海洋中，或利用固定管道、轮船将液化后的二氧化碳直接注入海底。因为液态二氧化碳的浓度大于海水的浓度，所以二氧化碳将在海底保持数个世纪。二是对海洋“增肥”，也就是利用生态系统来达到碳封存的目标。其思路是向海洋投放微量营养素（如铁）和常量营养素（如氮和磷），以加速浮游植物的光合作用，增加其产量。然后借助生物链增加二氧化碳向有机碳的转化，再通过有机碳的重力沉淀、矿化等机制来实现碳封存。大范围的海洋“增肥”能够增加渔业产量，从而带来商机。这种方式的最大风险就是其对环境的影响现在还不完全清楚。如果向海底直接注入液态的二氧化碳会增加海水的酸性，从而可能影响海底生物系统。此种技术目前还处于初级探索阶段。短期的技术主要是评估注入的二氧化碳或“养料”对海底生物系统的影响，中长期的任务主要是系统地认识海底二氧化碳浓度的增加对整个海洋有机系统和生态系统的影响。虽然这种技术目前还基本处于设想阶段，但是海洋的储藏能力十分大，美国等国家现在正在加紧研发投入。

既然海洋储藏二氧化碳的能力如此之强，那么就有必要充分了解海洋作为减排战略的可能性。从目前的技术进展来看，在这三项技术方案中，把二氧化碳打入枯竭的油田或者其他地下场所，在短期来看，是一种具有前景的技术。也就是通常意义的碳捕捉与碳封存，其包括三个步骤：碳捕

捉、碳运输与碳封存（见图 4.47）。

碳捕捉：也就是在化石燃料燃烧之前或之后将二氧化碳分离出来

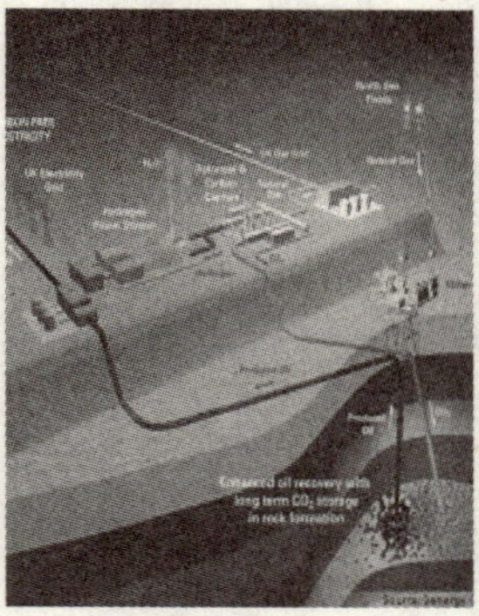

碳运输：就是把二氧化碳从碳源压缩之后利用管道、轮船等方式运输到可以封存的地方

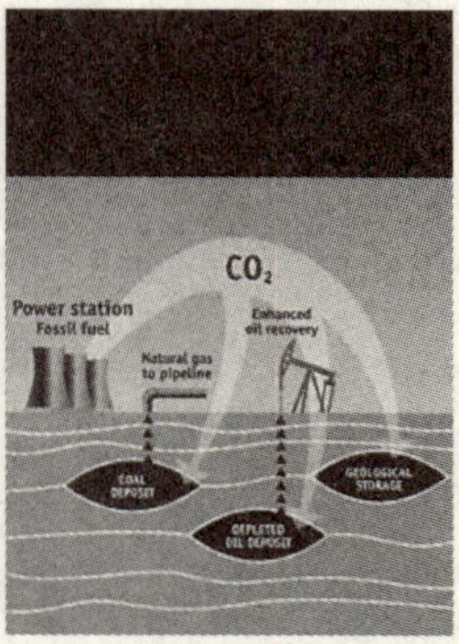

碳封存：就是将液化或固化的二氧化碳保存于深层地下或海下

图 4.47　碳捕捉、碳运输与碳封存技术示意图

进行碳封存之前，需要先捕捉二氧化碳，这里有三种技术方案可供选择：燃烧后捕捉、富氧燃烧、燃烧前捕捉（见图 4.48）。

燃烧后捕获是指碳氢化合物燃烧之后，将稀释了的二氧化碳从排出的废气中进行分离捕获。现有的工矿企业和发电厂无需重大改造，只需加装燃烧后捕获技术即可。本路线图主要侧重燃烧后捕获技术的运用。

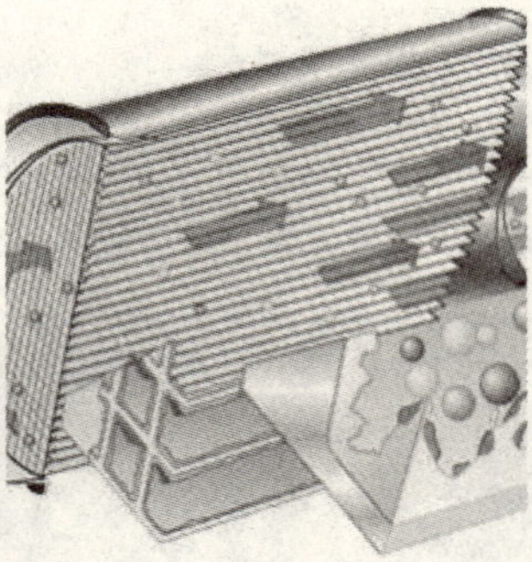

富氧燃烧：混合使用高纯度氧气和再循环烟气（主要是二氧化碳）燃烧燃料，富氧燃烧产生的烟气主要是二氧化碳和水蒸气，水蒸气凝结同时产生高纯度二氧化碳。

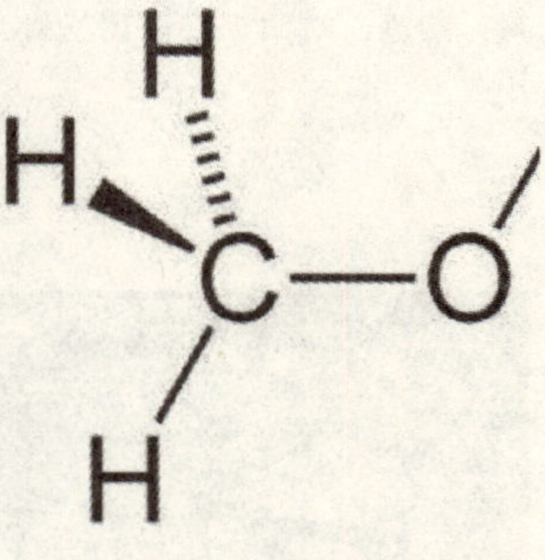

燃烧前捕获是指在化石能源燃烧之前将二氧化碳分离并产生氢。二氧化碳可以从煤气化炉中产生的合成气体与空气混合进行燃烧之前被分离和捕获。燃烧前，二氧化碳的捕获适用于燃煤电厂，主要是通过整体煤气化联合循环发电技术(IGCC)实现。燃烧前捕获技术要求对发电厂进行大量改造，所以目前仅对新建电厂可行，不适合老电厂。

资料来源：www.163.com。

图 4.48　二氧化碳捕捉技术示意图

进行碳捕捉的化学原理主要是二氧化碳和胺类物质发生反应，或二氧化碳与生石灰发生反应。以后者为例来说明这个“捕捉”反应的实质，这个反应是中学化学教材中有的，大家都很熟悉。

将石灰石高温煅烧之后产生生灰石，并且排放出二氧化碳：

$CaCO_3 = CaO + CO_2$

把 CaO 放在火电站废气的出口处，二氧化碳遇到生石灰就会与之反应生成碳酸钙（即石灰石）：

$CaO + CO_2 = CaCO_3$

这就完成了“碳捕捉”。

二氧化碳收集之后有很多用途（见图 4.49 和图 4.50）。

在轻工业上，生产碳酸饮料、啤酒、汽水等都要用二氧化碳。

在现代化仓库中经常充人二氧化碳，防止粮食虫蛀。

在农业上，温室中直接施用二氧化碳做肥料，利用植物根部吸收二氧化碳，可以增进植物的光合作用。

图 4.49　二氧化碳在轻工业、仓库以及农业中的应用

作为油田注人剂，可有效地驱油和提高石油的采油率。

保护电弧焊接，既可避免金属表面氧化，又可使焊接速度提高大约9倍。

在烹饪中用发酵粉或苏打的目的是为了产生微小的二氧化碳气泡。

图 4.50　二氧化碳在油田、焊接以及烹饪中的应用

当然，以上这些方式无法吸收这么多的二氧化碳，能够大规模储存且相对比较有前景的就是深地封存（CCS）（如图 4.51 所示）。

目前的 CCS 技术还面临很多问题。首先是成本高昂，不同行业的 CCS 成本也不同。对油气行业来讲，利用二氧化碳驱油一般能使一个老油田的产量增加 5%，但是目前缺乏对二氧化碳捕捉与油田封存的永久性成

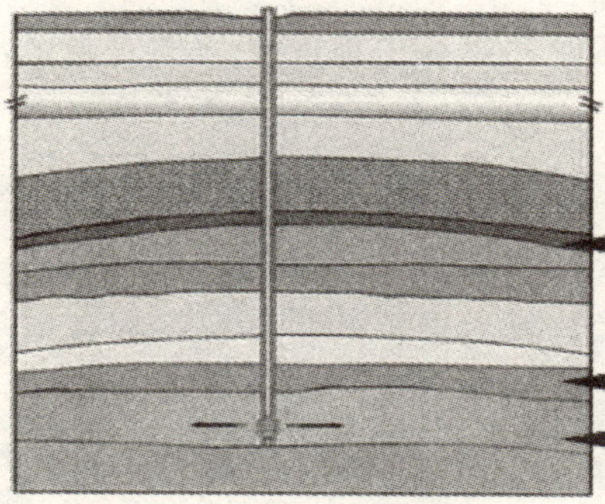

图 4.51　碳封存示意图

本估计。对于燃煤厂来说，CCS 会使成本增加 40% ~80%。在 IGCC 电厂加装 CCS 会增加成本 40% ~60%。按照目前的项目估计，CCS 项目的商业化运行成本是每吨二氧化碳约为 70 美元。其次是降低发电效率并增加能耗。利用目前的技术，碳捕捉将使目前的煤电成本提高 50% ~80%（Davison 等，2001），能源消耗增加 20% 左右。以一个现代发电厂为例，如果它的能效能够达到50% 就是非常高的了，但是如果利用19 世纪80 年代的碳捕捉技术，能量损耗有 30%，那就意味着原来 50% 的能效由于碳捕获而下降到 20%，而成本却要提高 50% ~80%。我国华能北京高碑店热电厂是目前国内唯一在热电厂应用碳捕捉技术的项目，这个热电厂每年约排放 400 万吨二氧化碳，碳捕捉系统能够捕捉到其中的 0.075%，约 3000 吨，而捕捉能耗占电厂总能耗的 30% 以上。以 30 万瓩规模的电站一年捕捉 100 万吨二氧化碳为例，以往的电站投资大致在每瓩 4000 元，一旦加上 CCS 装置，其成本将要变成每瓩 8000 ~10000 元，这意味着 30 万瓩的电站几乎增加了 1 倍以上的投资，达到 12 亿元人民币。在现有的技术水平下，公众难以普遍接受。再次是技术还非常不成熟。由于二氧化碳在大部分的地质层中具有浮力的作用，因此就有可能从地壳中漏出，一旦二氧化碳泄露，一是失去了封存的功能，二是大量溢出的二氧化碳可能会对健康、环境以及安全带来非常重要的影响。因此，在欧洲，当地人炮轰这样的项目，这些人担心自己住在大量液化的二氧化碳的上面，甚至害怕会发生爆炸。但是北京大学化学学院副院长陈一十对此的看法是："泄露的风险应该不是很大，现在埋存采用的地质都是经过深思熟虑的。"最后是碳封存涉及一系列复杂的具体工作。虽然全球对地质和地球物理方面进行了大量的研究，但是，找到最适合封存二氧化碳的地质构造，研究它的封存能力，确定打井数量，探讨降低封存成本的途径等还有很多问题需要解决。在美国，大规模地下封存要获得地面土地拥有者的准许就需要旷日持久的沟通与协调。

这些问题并不一定会阻碍 CCS 的发展，正像一句话所说的“办法总比问题多”，只要充分了解了问题的所在，离问题的解决可能就不远了。当然，技术仅仅是一个因素，更为重要的是，CCS 潜在应用市场大户对它的态度。

中国是一个“多煤少油少气”的国家。未来 20 年内，能源的需求将持续快速增长，煤电所占的比例并不会大幅度减少。中国的石油对外依赖度也已经达到 50%，2008 年中国进口石油达到 1.79 亿吨，进口金额达到 190 亿元，所以，煤制油（CTL）技术也是中国的一个战略性的技术选择。据专家预测，到 2020 年，煤制油技术预计可生产石油 3500 万吨，大概可以替代进口石油的 25% 左右（见图 4.52）。虽然煤制油的前景受到石油价格、水资源、煤炭价格和技术风险及成本的因素制约，但是对中国的能源安全仍具有十分重要的战略意义。与此同时，煤制油过程也是温室气体排放相对集中的过程，在煤制油过程中减少温室气体的排放是必然要求，同时也为其提供了相对广阔的发展空间，煤制油技术和碳封存与捕捉技术因之成为重要的发展技术路线。中国在 2009 年 11 月明确提出，2020 年全国单位国内生产总值的二氧化碳排放比 2005 年下降 40% ~45%，“节能减排”的战略意义更加重要和紧迫。因此，IGCC（整体煤气联合循环发电系统）将在中国的煤电技术中占据更加重要的位置，而 IGCC 技术的发展也为碳捕捉奠定了基础。CCS 技术是未来能源发展和气候保护的重要储备技术，在应对气候变化的共同愿景下，中国并不敢放弃这种技术，尽管还面临很多的不确定性。我国目前已经对 CCS 技术进行了大量投资，包括天津的绿色煤电项目、内蒙古鄂尔多斯的神化煤制油厂中的封存部分、华能及西安热工研究院在北京和上海的燃烧后捕捉示范项目等。

对美国来讲，其面临的问题和中国差不多，煤炭仍是未来发电的主力。美国在 2006 年发布的《美国气候变化技术项目战略规划》中也明确把 CCS 技术作为一项战略性技术，目前美国碳封存技术已经相对成熟，并且早已投入了大量的研发精力和资金。美国能源和几个电力公司一起，已对数个 CCS 示范电厂进行了投资，而且奥巴马政府已经开始积极鼓励国内更多地采用 CCS 技术。《2009 年美国积极复苏计划和再投资方案》

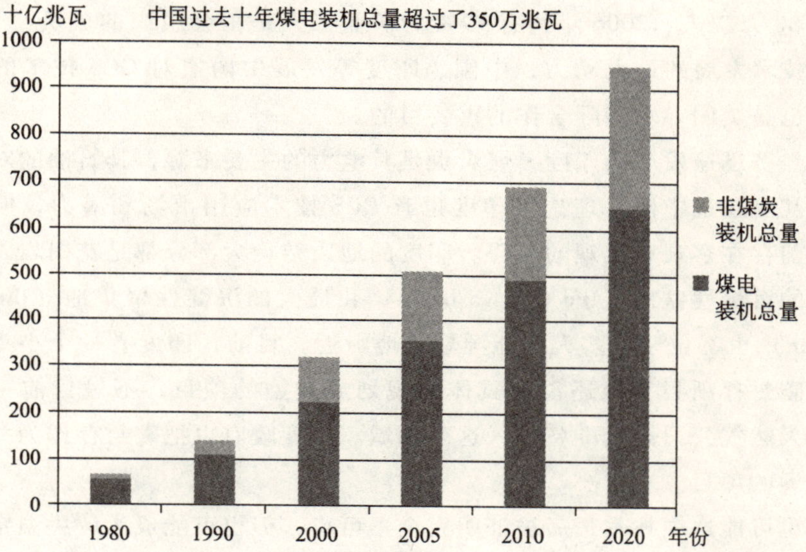

资料来源：DOE 美国能源部。

图 4.52 中国装机总量及其中火电装机容量

为 CCS 试点项目拨款 34 亿美元，包括对伊利诺伊州的未来发电项目拨款 10 亿美元。《美国清洁能源与安全法案》也对 CCS 有所支持，该法案提出了碳捕捉与封存（CCS）的国家战略，以扫除影响 CCS 技术商业应用的法律、法规障碍，并规定 2020 年后新建的所有煤电厂开始运行时必须使用 CCS。美国的私人部门，如通用电力和美国电力，也都对 CCS 技术持总体支持的态度。美国气候行动合作组织（包括美国自然资源保护协会和美国环保协会的一个企业与主要环保非政府组织的联盟）也开始赞同和采用 CCS 技术的政策。许多美国的电力公司紧跟目前的政治风向，开始对 CCS 技术改造的投资项目感兴趣，因为很快就会有 CCS 技术出口机会。美国之所以投入如此大的精力发展 CCS 技术，其一是为了解决国内的温室气体排放问题；其二是为了尽快实现技术的成熟，以达到出口技术的目的，这也是美国为什么总是对中国的清洁煤技术如此感兴趣的原因。2009 年 11 月由亚洲协会美中关系中心、美国进步中心、摩立特共同发表了《碳捕获与封存：中美合作路线图》的报告，意在推动 CCS 技术尽快在美国国内应用，占据其在全球的领导地位，以解决国内就业问题。CCS 技术也得到了国内煤电企业、石油集团的大力支持，特别是矿业工人的支持。目前美国发电、输电业的全职雇员约有 39.7 万人，采煤业还另

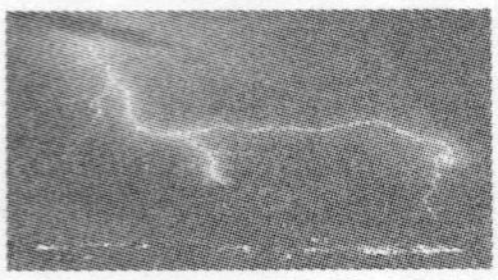

有 7.88 万工人，2006 年约有 19% 的矿业工人是工会组织的成员①，这是 CCS 技术发展的最大动力；中国、印度等发展中国家对 CCS 技术的庞大需求也是美国寻求国际合作的重要目的。

经济迅速发展的印度，煤炭也是其电力的主要来源，其石油的对外依赖度甚至超过中国，理论上印度也有 CCS 技术应用市场和潜力，但是印度目前存在客观和主观的障碍。印度的地质结构大部分都是花岗岩，印度最大的沉淀性盆地（the Gangga basin）和最大的沉淀性聚集地（the Bengal fan）也都位于许多大型能源聚集地附近。目前，印度有一个小型的二氧化碳封存项目，但还没有具体的规划或大型的项目，不过目前一些石油、天然气公司开始准备进入这个领域。印度政府也把碳封存作为一个优先发展的项目。

也可能这项技术最后被证明完全不可行，但也可能成为解决温室气体排放的一个良方，但是在有一个相对明确的答案之前，我们不敢完全放弃，这就是战略技术选择的国家风险，也是我们应对未来不确定世界的风险。如果这项技术最终证明成功，那么就将意味着化石能源不再是人们指责的对象，所以说这项技术在一定程度上决定着人类利用能源的前景。

地球工程学：给地球安装空调?

知识是难以隐藏的，如果人们不知道如何制造核弹该多好啊，但他们知道了。我们必须对“地球工程学”的后果进行研究和讨论，再利用政治和影响力让人们知道会发生什么情况。

——阿兰·罗伯克，火山和气候学专家

二氧化碳一旦进入大气，就会在大气中停留 100 年以上，很多人对全球减排的实施效果和前景十分悲观，而且存在很多关于气候变化的不好消息：冰层和冰河正在以超出想象的速度融化，海平面加速上涨，植物在春季开始开花，水资源供给日益紧张等等。一些人开始考虑利用更为直接的方式给地球降温，也就是所说的“地球工程学”，以防备一些不可预料的灾难。

① 亚洲协会美中关系中心、美国进步中心、摩立特：《碳捕获与封存：中美合作路线图》，2009 年 11 月。

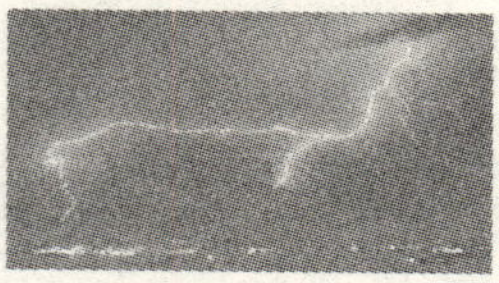

十年前，少数支持者提出了“碳封存”的概念，这个想法当时遭到了大多数人的否定和非议，理由是成本太高，难以大规模使用，但是这一想法改名为“碳捕捉与碳封存”之后，目前已经成为世界各个国家能源政策的主流。不过，还有比这听起来更为“新鲜”的办法。

早在20世纪40年代晚期，美国和苏联就开始研究气候战略，以获取战争优势，不过那个时候更多地是向云层中“播撒”干冰等物质控制降雨过程。1962年，美国的风暴防止研究小组探寻把飓风从大城市引离的途径，但是由于可能会导致附近的乡村受害而放弃了这种努力。1970年后，由于一系列失败，将气候改变用于战争和农业的办法逐渐退潮，但是最近几年控制天气的想法又重新燃起，并且有的办法已经非常成熟。

2008年8月8日，为了让北京奥运会开幕式当天停止降雨，中国发射了1000多枚火箭弹；2009年10月1日，中国60周年国庆日上午晴空万里，原因是18架播云飞机加432枚火箭弹事前驱散了雨云；2009年11月1日，北京多年来下得最早也最大的一场雪足足落了11个小时之后，北京市气象局高调宣布是其在2009年10月31日夜间向空中发射了186枚携带化学物质的增雪弹。中国对云系的控制已经非常成熟。世界上目前有五种改造地球的工程方法受到人们的关注。

1815年印度尼西亚坦博拉火山的喷发造成了著名的“无夏之年”，包括欧洲、美国东北部和加拿大在内的广大北部地区庄稼绝收。1991年皮那图博火山把大量发光的硫磺粉末带入空中，遮天蔽日，其后一年中气温下降了0.5℃；受此启发，新泽西州罗格斯大学的一位火山和气候学专家阿兰·罗伯克计算出每年向平流层中注入100万吨硫磺粉末，足以抵消由于持续增长的碳排放造成的全球变暖，这个量相当于皮那图博火山4~8年喷发一次。最为经济的方式就是使用大型的空中加油飞机，即利用9架美国空军的“KC-10补充者”装满二氧化硫或硫化氢气体，每天24小时作业就可以完成这项任务，并且这个行动每年只需要“几十亿美元”。这种办法也深得诺贝尔奖得主、臭氧科学家保罗·克鲁的推崇，并建议用火箭把硫注入大气中。

还有一种办法，就是把大量的铁倒入铁含量较少的海域，将产生大面积的以二氧化碳为食的浮游生物，大面积的浮游生物死亡之后将沉入海底，从而把所吸收的碳封存在水下，由此减少温室效应。目前已经有两家公司提出了向海中倾倒钢铁的计划，由此产生的水华可以吸纳额外的二氧化碳，再折算成碳补偿份额出售，我们将其称为“改造海洋法”。但是这种办法面临的首要问题就是海水的酸化，其对海洋生物的影响目前还无法全面评估。

第三种办法就是将16万亿个玻璃片发射到太空中，制造10万公里宽的遮阳罩，保护地球免受大量的阳光照射，由此减少温室气体的气候变化效应。其方法就是用电磁发射器将一群自由飞行的圆盘或“飞行物”发射到太空，为了把它们发射升空需要用火箭发射20个电磁发射器，每一个发射器装有80万个飞行物，10年内每5分钟发射一次，达到目的地之后，飞行物将被释放和发射，其位置与太阳成直角。在太阳光线抵到地球之前，这个防护罩将通过折射光线来遮挡地球。这种想法的倡议者、英国天文学家罗杰·安吉尔通过计算得出，仅仅挡住这些光线的2%，就可以抵消大气中二氧化碳翻番的热效应。但是这一计划代价不菲，建造这些遮阳罩除了要投入数十万亿美元之外，年维护费用就需要大概1000亿美元。一旦进入太空，每个飞行物将维持50年。但是这样做不会让人类减少温室气体的排放，而是通过继续建造太阳罩的方式来使这个计划更加昂贵和浪费，并且还会影响到太阳能产业的发展。我们姑且称之为“镜子法”。

第四种办法是直接从空气中提取二氧化碳，通过制造人造树的办法来捕获并储存二氧化碳。其方法就是利用塑料粒子交换膜来捕获空气中的二氧化碳，这项技术已经应用于潜水艇的净水及通风系统。当潮湿的空气经过薄膜，能够使这些薄膜再充电的过程成为一种碳中和的过程——潮湿的条件能够大大降低去除所捕获的碳所需要的能源成本。即便是考虑到碳的去除过程中所产生的排放，这项技术依然能够从空气中捕获二氧化碳，一旦释放出来，这些二氧化碳就能够与亲碳的超基性岩通过化学键结合，从而能够被永久地封存于地下。但是这种吸收碳的方法效率不高，1000万棵这样的“人造树”才能吸收温室气体排放量的1/10，而且制造这些“人造树”的环境成本也不小。我们姑且称之谓“塑料树”法。

第五种办法就是全世界海域中行驶的船只都向天空喷射海水，使其气化，留下闪亮的盐结晶来让云系白化，把阳光反射回外空，这种方式相对更容易控制。

我们不能对这种办法作任何评价，因为我们无法评价其潜在的影响。人类在以前也没有认真地面对过这些办法。目前这种地球工程法受到很多环保主义者、科学家的反对，他们认为这种办法非常不严肃，只会延缓人们向低碳社会的转变，甚至是化石能源巨头的障眼法而已。

现在人类更多的是无法从精神层面接受这种做法，而不是其实际上有多大的可行性。不管我们实行哪种办法，这些都是我们自启蒙运动以来就信仰的科学办法，但是“科学”能不能挽救人类？目前的灾难就是工业革命以来科学带来的。当然，我们可以继续依靠科学来解决，但是面对越来越不确定的世界，我们对科学是不是应该有所保留？

但人类有厌恶风险的本能。在不确定面前，人们总希望多储备几种技术以做储备。

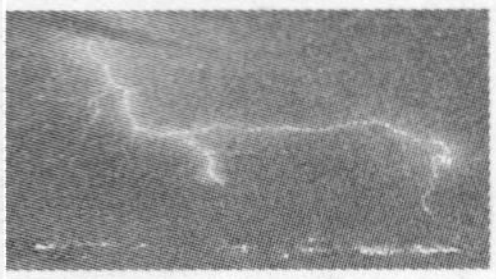

如果我们一起来做我们能够做到的，那么结果将让每一个人都感到惊讶。

——爱迪生（美国）

第五章
电　力　时　代

在气候能源时代，世界几大产品交易所的石油期货价格可能不再那么牵动人心，替代它的一个是碳交易价格，另一个可能就是电力价格。电力将成为国际买卖的大宗商品。20世纪石油管道铺满了世界的每一个角落，那么在一个电力世纪，电力将要跨越国界，电网可能要代替石油管道。这是我把电网单列一章的重要原因，但不是唯一的原因，因为电网中传输的不仅是能源，还有互联网中的数据，这里面实在有太多的“故事”。

智能电网的真相

也许有人会说现在挺好的，为什么非要弄一个智能电网？虽然我们天天都用电，但是我们关于电却知之甚少。新能源，比如风力、太阳能、潮汐能等“上帝的恩赐”来的总是没有规律，这让原来的电网、电压频率不稳，电力质量下降。同时，新能源丰富的地方与用电大户常常距离很远，如何把美国南部德克萨斯州的风力送到纽约，大西洋沿岸加州的阳光怎么才能到达美国东北部的缅因州，中国内蒙古、甘肃的风力如何才能满足我国东南地区庞大的电力需求，北非沙漠中的阳光如何满足欧洲电力的需求？据美国太平洋西北国家实验室的研究发现，美国目前的发电容量可以让电动汽车替代美国73%的传统汽车，但是必备的条件是必须对电动汽车的充电进行非常细致的管理，为了应对电力供应方的多样性和消费者需求的新形式，目前的电网必须变得更加“智能”。

如果给智能电网一个定义，你将更加不明白，因此我们还是说说智能电网是什么样子。目前无论是欧洲的超级智能电网、美国的统一智能计划，还是中国所说的互动电网，其实都是大同小异，核心的特征差不多。

我们早已习惯成为电力的被动接受者，因为我们从一生下来都是这么过的，但是有了智能电网，你将不仅是电力的消费者，还可以成为电力的供给者。你家屋顶上的太阳能电池板所发的电将可以在用电高峰的时候卖给电网，就像通过互联网我们不仅可以浏览下载信息，还可以上传文件。与传统习惯不同的。就是电价将不再一成不变，通过智能电表（可以在消费者和电力公司之间传输实时数据），你将可以看到一个不断变动的电力价格，从而就可以在电力价格比较低的时候用洗衣机和洗碗机，工厂以及大型的商业机构可以通过能源管理系统改变电力需求。随着电动汽车的普及，电动汽车中的蓄电池将有可能成为你挣钱的工具，因为你可以在电价较低的时候充电，电价较高的时候再把电卖出，从中赚取差价。在你减少自家用电消费的同时，还可以给电力公司带来一个好处——平衡电力供求。如果用户都在用电高峰卖电，用电低潮用电，那么将不存在用电高峰。也许一般的用户不知道，电力公司往往要建一些“多余”的电厂，以应付哪怕是很短一段时间的用电高峰，而其他时间是闲置的。根据美国电力科学院和爱迪生电力研究院的研究结果，美国在2008～2030年之间

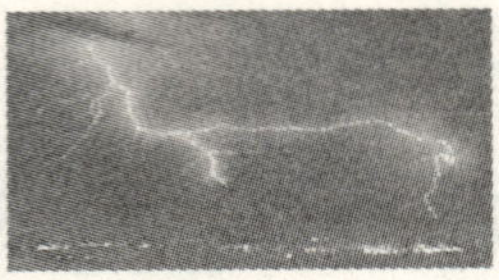

52%的高峰用电（164GW）可以通过能源利用效率和智能电网实现，从而可以有效利用发电资源；也就是电力用户将和电网真正融合在一起，让大家都从中得到好处。

也许你还不知道，从电力公司发出的100度电到你家就只有87度电了，因为有13度电在电力运输中被消耗掉。先进的装置以及中央控制技术将大大提高输电效率。据测算，美国电网输电效率每提高5%，其节约的能源相当于5300万辆汽车所消耗的能源。

我们一般认为电力质量就是电网能不能提供连续的电力，但是实际上不是。一般的家庭用户只要不停电就可以，但是很多大型商业和工业机构就不同了，它们不允许电压的不稳以及哪怕短暂的停电。有了智能电网，你就可以选择用谁家的电，就像通过互联网我们可以与一个指定的用户联系一样，用户可以根据自身的要求选择不同的电力，当然价格也不一样。

也许再没有比停电给人的影响更大的了，更不用说因为突发事件停电。现在的电网也成为少数恐怖分子攻击的目标，保障电网的绝对安全已关系整个国家的安全。有了智能电网之后，大量的小型分布式电力的存在将不再是梦想，它们应对突发停电事件的能力要比少数几个大型发电站强。不仅仅是这些，智能化的电力基础设施以及信息网络能够较早地发现电力隐患，从而及早处理。

达到未来的彼岸我们还需要什么

回顾世界经济历史上的每一次经济高峰——蒸汽机和机械化时代、钢铁和电气化时代、汽车和规模化生产时代、信息技术时代，都产生了集群式的技术创新。这些技术集群的进步和发展推动了经济增长。我们这个时期，类似的事情也正在发生，这是革命的前兆。资本家已经太长时间没有看到一个新的垄断利润点在哪里了，不过现在利润的曙光已经隐约看到，所以他们蜂拥而至，催生一个“泡沫”将是一个必然的现象。虽然我们无法预测技术创新要走向哪里，但是通过我们畅想的“美好的智能电网”时代，资本家、工程师已经知道了他们未来努力的方向以及亟待解决的技术问题。

第一，是高温超导体技术。美国要建立一个跨越四个时区的国家统一电网，要把美国西海岸的加州阳光送到美国东北角的缅因州；德国已经筹

划在北非建造史上最大的太阳能电站，以满足欧洲 15% 的电力需求；中国要把新能源的电力送到用电大户的东部沿海地带等等。要实现这些想法，如果有了高温超导材料，长距离输电将不是问题。因为超导输电无需高压，就可将输电耗损、电磁污染、占用走廊宽度降至最低。高温超导体还将用在发电设备、变压器、蓄电设备等用途中。美国纽约长岛电力局已经与美国超导公司联合建成了世界上第一条高温超导电缆，并于 2008 年 4 月 22 日投入商业运行。这一超导输电系统仅由 3 根 138 千伏的电缆组成，在满负荷运转时能够满足 30 万户家庭的需求①，美国半导体公司也在韩国进行试验，计划 2010 年在首尔附近铺设 50 英里的高温超导电线，虽然这离大规模的商业应用还很遥远。

第二，电力储存技术。新能源及各种性质的电力之所以能够随时随地并入电网是因为大容量蓄电池的存在，新能源汽车发展的关键也在于蓄电技术的成熟与否。如果有电网的地方就要有蓄电池，如果全世界跑的汽车都是电动汽车，其中的市场规模足以让资本家趋之若鹜。

第三，分布式发电技术。在自己家的屋顶上安装一个太阳能发电板，从而解决家庭用电是不是非常让人憧憬？这样的情景已不是什么新鲜事情。美国、日本和澳大利亚的一些地区已经有屋顶式光伏电池发电设备连成的光伏电池系统与当地电网相连，白天发电的盈余送到电网，晚间用户从电网取电，在供电企业和用户间形成了一种新型的关系。当技术更加成熟、成本更容易接受时，就会有一个爆发性的需求，微型新能源设备领域将会出现计算机行业中的 IBM、戴尔以及联想等集团，这些想来都让一些创业者激动。在德国，在自己家的屋顶上安装一个太阳能电池板将和十几年前我们拥有一个笔记本电脑一样让人感觉到身份和财富的象征，除此之外，还有崇高的道德，因为你更加“环保”。

第四，在电力系统中植入信息技术。信息产业已经出现了一定的市场疲软，IBM 出售 PC 机业务就是很好的证明。但是智能电网来临之后，信息产业的龙头企业就会迫不及待地进入这个行业，它们将纷纷和电力制造领域中的企业“联姻”。2008 年 9 月通用电器和谷歌宣布它们正式联手开发新能源，进军国家智能电网系统；2009 年 3 月阿尔斯通和微软公司宣布合作，为电力行业提供全新的 IT 解决方案；2009 年 6 月美国第三大能

① 韩晓平：“智能电网——信息革命和新能源革命的整合”，《电力需求侧管理》，2009 年第 3 期。

源公司杜克能源宣布与思科开展为期 3 年的合作，共同进军智能电网系统。在世界经济史上，行业巨头有如此联合的现象并不多见。因为这里面的市场机会实在太大，比如智能电表，根据计算，美国将在 2012 年之前安装 520 万个智能电表，仅此一项的市场规模就将达到 270 亿美元。要让洗衣机、刷碗机、冰箱等家用电器在电力价格低的时候自动开机，这就是智能化家电。未来几乎所有的家用电器都要潜入“智能”。美国家电制造商惠而浦公司已经开始研发与智能电网配套的智能家电，虽然中国在家用电器领域已经占领了很大的市场份额，但是在未来的智能化时代，我们还能够继续占领市场吗？

我们无法一一列举其中的技术创新，但是我们已经有了明确的“预期”——智能电网将给近年来收益率不断下降的投资市场注入一针兴奋剂。

演化与创新经济学的代表人物弗里曼认为经济的再次迅猛增长需要一套新的核心技术的推动，需要重塑制度结构以适应新的需要，并且一个时代向另一个时代的变化常常和经济领导权的更迭联系在一起。影响范围如此广泛的智能电网必然也面临很多观念与制度的障碍。

克里斯·弗里曼在其著作《光阴似箭：从工业革命到信息革命》中讲到，每次范式的变化都要经历一段相当长时间的结构性调整的危机，直到新技术、新观念成为“共识”，新技术的喻意要变成诸如“她活泼可爱”或“他脾气暴躁”这样的日常用语。且不要说中国，就是在美国，提起智能电网，大多数人还不理解你到底在说什么，就连目前热炒的美国第一个智能电网城市——博尔德市的市民也大多不熟悉智能电网，或者最多认为智能电网就是安装个智能电表，但其实远远不止这些，也不仅仅是电网的信息化。对智能电网，我们大部分人还是有些误解。

智能电网的提出并不是因为电网，智能电网研究早在 10 年前就已存在。2006 年底，IBM 公司就在中国发布智能电网白皮书——《建设智能电网，创新运营管理——中国电力发展的新思路》，但是并没有引起太多的注意。这是因为电网本身还不足以引起人们这么大的兴趣，上游不断扩张的新能源、下游未来规模庞大的电动汽车以及提高能源输送效率，这些都是能源领域的事情，而不是电网的问题，正像因为有了石油，石油管道才那么重要一样，电网的改造应该让能源部门来做，至少不是让电网部门来全部承担，这对电网部门不公平，正像石油管道是由石油部门来做一样。

如果说观念的改变可以通过媒体的舆论宣传，那么实际的利益协调则不那么简单。虽然美国总统奥巴马在其《美国经济复苏与投资计划中》

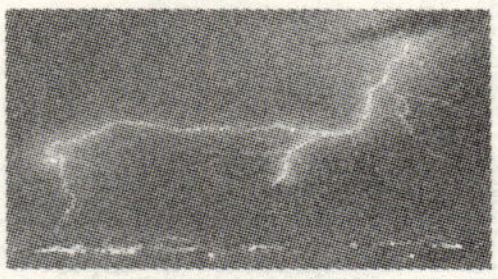

安排了45亿美元用于智能电网的投资，但是据美国电力科学研究院估计，建造智能电网总共要花费1650亿美元，大概在未来20年每年要投资8亿美元。剩下的投资谁来支付？很显然，美国还没有找到合适的商业模式。美国的电网主要被分成三大区域：美国的西北部地区，东北、东南和中西部地区，德克萨斯州的大部分地区。总共有130个分散的控制中心，有的地方电力属于政府共有，但有的地方电网则全包给第三方的私人企业，投资智能电网有的是政府，有的则是私人机构，但是如何分担成本是利益协调的问题。1950年美国总统艾森豪威尔倡导的洲际高速公路直到1980年才得以完成；早在20世纪六七十年代美国国防部高级计划研究署就开始研究互联网技术，但是到其成为一个改变社会的技术则是20年后的事情。同样的问题也发生在欧洲，并且欧洲协调的成本更大，因为它们要协调的是欧洲的每一个国家。在中国，电网的投入基本都是由国家完成，在这方面更容易推行，中国高速公路总里程从1603公里到60300公里仅仅用了15年的时间，目前中国高速公路里程数仅次于美国。在这里，我们从中看到了曙光。但是这并不意味着中国的阻力就小，其中，最大的阻力是对智能电网的认识不同，虽然国家电网和中国南方电网也倡导智能电网，但很明显与我们这里提出的不是一个概念。实现真正的四网合一（电视、宽带、电话和电力线）才是智能电网最具有革命性的地方，我们也已经看到目前的三网合一（电视、宽带和电话）都步履维艰。

智能电表可以把用户的用电信息传输到电网公司，甚至你的邻居都可能知道你家的耗电量。更为重要的是，通过用电量可以了解很多生产、生活信息，特别是对大的工矿企业来讲，这简直就是商业机密。在互联网时期，大家已经尝试到“人肉搜索”的威力，隐私权被侵犯的事情每天都在发生。我们不希望别人了解自己的生活行踪，公司更是担心自己的竞争对手了解自己太多的情况。因此，对隐私权的忧虑也是大家普遍关心的一个问题。

智能电网：改变21世纪的政治经济格局

人类对资源的认识决定了战争争夺的对象。农业文明时期，领土是最重要的资源，经济学也是从讨论地租理论开始的，领土的多寡是一个国家强盛与否的重要判断，因此20世纪初期以前的战争实质上是为了领土的

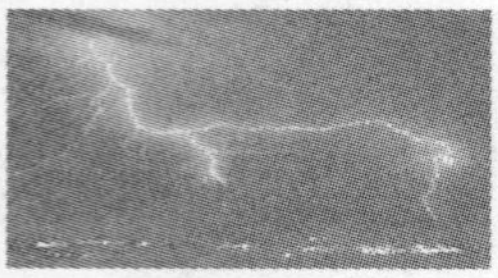

扩张。20世纪初期，随着石油需求的井喷，在第一次世界大战后的战争中，石油的影子日益明显，在石油、煤炭储量丰富的地域，与滚滚财源如影随行的是战争或灾难，无论在中东还是在中国的山西，石油、煤炭几乎是阴谋、垄断、战争的代名词。随着石油储量的逐渐减少，人们已经找到了替代石油更为清洁且无限的资源——太阳能、风能和地热能等，所以石油是否枯竭事实上已经不再重要，正像已故的沙特阿拉伯石油部长亚马尼这样告诉他的欧佩克同伴："请记住，小伙子们，石器时代之所以结束，不是因为石头用完了，而是因为人们发明了青铜和铁。"1973年第一次石油危机之前，世人都感觉石油是廉价、清洁并且无尽的资源，但是最近30年人类对石油的观念彻底改变：它是有限的，并且接近枯竭。如果说太阳、风力等是未来资源主题的话，那么它也会很快变得"稀缺"，并成为人们争夺的焦点，其实这样的例子已经在欧洲初见端倪。欧洲面积狭窄，国内的太阳能、风能资源并不充裕，因此德国联合多家企业要去北非建立太阳能基地。北欧一些国家不远万里建立海上风力发电站，因为那里的太阳能和风力简直就是无尽、免费的财富，不禁让人们感觉到沙漠将成为未来的聚宝盆。因此，如果说第一次世界大战之前战争争夺的是领土，第一次世界大战之后的大部分战争争夺的是石油，那么未来战争可能争夺的将是沙漠和山口，但是这些资源要靠电网运回自己的国家。正像15世纪和16世纪的欧洲，航海技术几乎决定了一个国家的财富，因为有了航海技术，就可以把美洲、非洲大量的金银运回自己的国家；或者说这就像在20世纪，即使发现了油田，却因为没有航线或者管道一样让人感到焦急。

不论我们是否承认气候变化，减排已经成为未来每个国家，特别是大国要考虑的首要问题。摆在各国眼前的无非有两个选择：一个是新能源发电，干脆不产生温室气体；另一个是继续大量利用煤发电，然后实行碳封存与碳扑捉技术，把温室气体打入"万丈地狱"。从目前来讲，前者走得更远。更为重要的是，新能源发电可以给人们带来机遇，从而增加就业及GDP，这是每个国家，特别是政治领导人最为关心的问题。智能电网决定着未来新能源的发展，从而决定了未来发电模式的选择，也就是选择煤炭等化石能源为主的发电模式，还是选择新能源为主的发电模式，并进而决定着每个国家应对气候变化的选择方式，因为没有智能电网几乎无法解决新能源的间歇性和电力远距离运输问题。

如果说20世纪三四十年代电力的传输和各地的发电能力为工厂和工

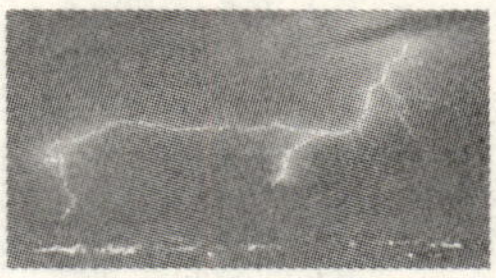

业带来了自由，20 世纪末期互联网的普及为人们带来了更多的言论自由，那么智能电网下的分布式能源则为大家带来了选择能源的自由。我们对美国因为石油利益四处征战、对我国频频产生的煤矿事故深恶痛绝，但是无论是国家还是个人，又有些无能为力，因为我们需要煤炭和石油，除此以外我们毫无选择。智能电网的一个核心就是非集中、分布式能源，当我们自己都能够满足资源需求时，垄断和控制将不再那么容易，因为智能电网决定着以后的电力供给模式是大型集中式，还是小型分布式。在传统电网模式下为了实现规模效益、减少污染，选择特大型的发电模式是以煤炭、天然气为能源的发电厂的必然选择。但是由于智能电网能够让各种规模的、各种类型的发电厂上网，因此为小型电站提供了可能，想象每家都安装一个小型的太阳能或风能发电设备，从而真正实现电力的充沛甚至过剩，最终能源价格不是逐渐越来越高，而是接近免费，那么“新能源革命”的时代将真正到来。正像有了互联网之后家家户户有了电脑，从而产生了信息的“过剩”，用户可以随时随地下载、发送信息一样，信息不再是一个容易垄断、控制的资源。

如果说这些都还太遥远的话，由集群式的技术创新以及智能电网而催生的庞大的投资机会则是继信息技术革命之后又一轮产业高峰的预兆，智能电网整合了信息革命和新能源革命，首先是对传统电网的信息化改造，其中的市场机会实在是太大了。美国工程院列举了影响 20 世纪的最为重要的工业成就，互联网排在了第 13 位，洲际高速公路排在了第 11 位，而影响 20 世纪的最为重要的工业成就是电气化，几乎没有几个国家不用电力，上亿元的投资对电网算不了什么大事。由于电线可以传输数据，目前的电线可以达到 200 兆的通讯速度，而大多数电话线的通讯速度仅为 2 兆，通过已有的电力基础设施进行数字化改造，电视线、电话线、电缆线都将通过电线实现，真正实现有电源的地方就可以上网。电网制造商不仅是电力的运营商，而且将是各种信息的运营商，从而重建现代服务体系。智能电网会给发电、输电、配电、用电的每一个环节都带来新的机会和技术。在发电领域，关于新能源设备自不用说，虽然现有的技术已经非常成熟，但向微型化方向的发展还有很长的路要走，比如超导技术的解决就可以让涡轮发电机的体积和重量大幅度缩小；在输电领域和配电领域，要有上万公里的电线和无数的变电站需要更新，需要引入信息技术；在用电领域，仅智能电表的更换就会造就无数的富翁，更不要说电动汽车以及其他的耐用家电。正是这么多新鲜的事物，才会产生技术创新。

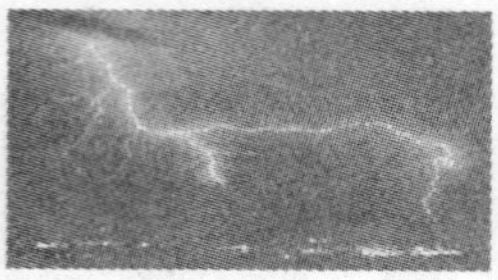

如果说智能电网和今天的互联网还有什么相似的话，就是行业标准。互联网的迅速发展依赖于标准协议的制定，因为只有有了标准性协议，数据的传播和扩散才可能被广泛地接收。行业发展的最顶级就是行业标准的制定。当时不同的政府部门，比如世界互联网协会就为互联网制定了标准。与互联网类似，智能电网也需要制定标准，在智能电网的初期，美国的 IEEE（美国电气和电子工程师协会）已经开始着力于制定电力工程、信息技术和互通协议等方面的标准和原则。目前，美国电力科学研究院智能电网协会正在为可以相互通用的智能电网制定开放式标准，欧洲智能电表联盟也在积极发展智能电表标准。受美国能源部指导的美国智能电网联盟在 2008 年 10 月专门成立了智能电网工作组、美国国家标准和技术研究院和美国电力科学院联合制定行业标准。2009 年 5 月 18 日，美国能源部颁布了涉及智能电网的 16 项标准。智能电网标准一旦制定，在给上下游产业带来投资机会的同时，也给没有参与制定标准的企业带来门槛。以智能电网的应用终端电动汽车为例，充电要用芯片，这个芯片要有什么标准？中国是制造大国，又是最大的市场。届时，如果中国的产品不按国际通行的标准制造，中国制造的冰箱、洗衣机、汽车就会面临无人问津的窘境。

美国：我不仅想改造自身，更想改造世界

对美国来讲，智能电网上游连接着分布式能源，没有智能电网，新能源发展将成为空中楼阁，它关系到美国能否实现目前热议的《美国清洁能源与安全法案（草案）》的要求：到 2020 年，电力公司出售的电中有 20% 要来自于可再生资源，同时也关系到美国能否实现到 2020 年二氧化碳等温室气体在 2005 年的基础上减少 17%，到 2050 年二氧化碳等温室气体在 2005 年基础上减少 80% 的目标。同时《美国清洁能源与安全法案（草案）》中就智能电网和电力传输也有规定：鼓励应用智能电网，采取措施减少高峰负荷；开发能够与智能电网互动的家用电器。要求联邦能源监管委员会改革区域规划，实现电网现代化，为传输源自可再生能源的电力提供新的传输线。传输需求评估过程必须考虑需求和供应双向选择。

从技术战略高度来看，发展智能电网将促进 21 世纪的关键技术——

纳米材料技术、高温超导技术、电力电子技术、储电技术以及分布式发电技术的发展。从目前来看，发电装备的发展趋势是小型化，如果分布式发电技术落后就像20世纪计算机技术落后一样，将在新能源革命中处于劣势。据测算，单纯的高温超导技术的市场规模在未来8~10年内就将超过30万亿美元，而纳米等新材料技术的应用范围则更为广泛。一旦美国在这些关键技术方面取得了优势和垄断地位，那么其在新能源革命中的霸权地位就将重新树立。

更为重要的是，美国要尽快走出经济危机的阴影，美国的纳斯达克指数在2000年12月从5000多点跌至2288点，跌幅超过50%，许多互联网公司的市值损失达到90%以上。同样的情景在2008年底在又重演了一次，并且这次比2000年底要更加厉害。如果说2000年底纳斯达克市场的崩溃预示着互联网的疲软，那么发生在2008年下半年和2009年的美国股市崩溃则预示着美国金融产业和房地产业难以再撑起美国经济的大梁。为了解决国内高达10%的失业率以及岌岌可危的霸权地位，美国必须找出一个新的产业来引领未来，毫无疑问，智能电网是再好不过的一个概念和抓手。其不仅给上游的新能源发展创造条件，同时也给下游的智能电器创造出无限的商机，更不说智能电网本身。美国大约有1.3亿只电表，如果包括计算机、传感器和网络系统的投资在内，实现转型将拉动超过数万亿美元的市场投资①。美国智能电网联合会在2009年1月8号发布报告，智能电网技术领域将直接为美国创造高达28万个工作岗位，美国联邦政府在未来4年投入高达160亿美元以发展智能电网系统，这将带动640亿美元的相关投资，在2009年底智能电网系统将创造高达15万个工作岗位。全球金融危机之后的投资机会的逐渐枯竭使得大大小小的公司对新的投资机会“如饥似渴”。美国共和党和民主党虽然在《美国清洁能源与安全法案（草案）》上争执不下，但是在智能电网方面是如此的一致。在这次投资高峰中，IBM、谷歌、微软、思科、通用电器、杜克能源等都没有落下，近两年大的风险投资机构几乎悉数到场。据美国清洁技术集团统计，2007年，智能电网领域的风险投资基金已经达1.94亿美元，而2008年前两个季度已经达到1.293亿美元，2000~2008年，美国投资于智能电网领域中的风险投资总共达9.644亿美元，总计99项投资计划，平均每项投资计划达970万美元（见图5.1）。

① 韩晓平：“智能电网——信息革命和新能源革命的整合”，《电力需求管理》，2009年第3期。

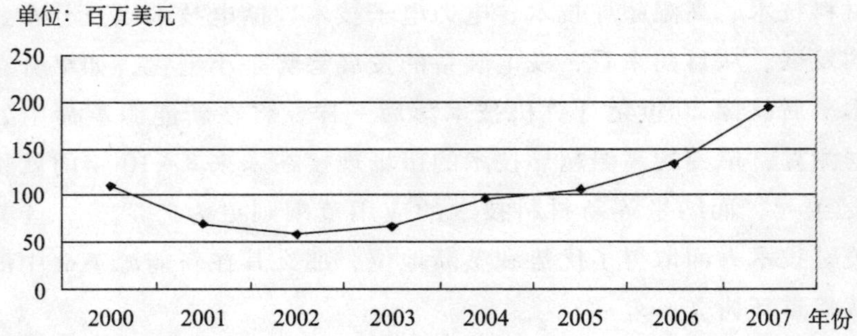

资料来源：美国能源部：《智能电网系统报告》。

图 5.1　美国智能电网风险投资基金

美国企业对机会的嗅觉是美国竞争力的核心，这也是世界上每一个国家不敢忽视的原因。一家由美国能源部牵头的成立于 2003 年的智能电网联盟已由当初的 7 家会员发展到目前的 90 名会员。这个旨在推动并优化电网系统发展的政府与企业间的互动协会代表了智能电网产业链中所有的利益相关者，已经成为智能电网行业的代言人，负责国内政策以及外交的游说。大型科技公司如思科、谷歌、通用电气等占会员比例的 24%，小型科技公司与软件公司分别占会员比例的 21% 和 11%，而传统的电力公司只占 19%。会员的分布和组成充分概括了目前智能电网发展的行业趋势，科技或者说科技公司以及软件企业是智能电网发展的最大、最积极的幕后推手，也将是最大的受益者之一。因为它们出售的不仅仅只是输电设备或者智能电表，而且是系统的解决方案①，这也正是 IBM、谷歌、通用电气等芯片公司要抢占的市场。实际上，IBM 已经给新加坡、意大利等许多国家提供了智能电网解决方案。

美国已经把发展智能电网放在一个国家优先发展的战略地位。美国总统奥巴马把智能电网作为复兴计划中的关键因素，以实现降低能源成本、实现能源独立、减少温室气体排放的宏大目标。美国能源部长朱棣文在 2009 年 5 月 18 号表示，智能电网是美国优先发展的紧迫任务，并号召政府的各个部门以及公司都行动起来，共同推动智能电网的发展。奥巴马要通过三个步骤实现全国统一电网，也就是美国首先实现其电网的智能化，然后建设分布式发电系统，最后实现高温超导技术的全国统一电网。美国人对停电带来的灾难记忆犹新，美国的电网基础设施已经有三

① 东方早报，《智能电网并非只有单一模式，每个国家都可找到自身方案》，2009 年 6 月 29 日。

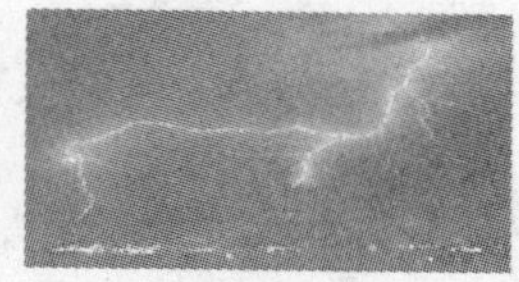

四十年的历史，电网自由化之后，在电网上的投资日渐减少，因此其电网智能化的动力和压力也非常大。但是在中国和日本，电网智能化的水平则相对较高，美国在改造自身国家电网的同时，也想给全世界的电网进行改造，因此相对于其他国家的智能电网计划，美国更注重创新服务和商业模式。

欧洲：推动新能源发展，充当气候变化的领导人

相对于美国，欧洲新能源发展要走的远得多，这也是欧洲积极推动气候变化背后的原因。欧洲早在2005年就已经提出发展智能电网，它是欧洲技术平台（ETP）计划的一部分，被称为“智能电网技术平台”，其目标则是提出并制定2020年及以后欧洲电网的发展规划。欧盟委员会2006年的绿皮报告《欧洲可持续的、竞争的和安全的能源战略》又一次强调欧洲已经进入了一个新能源时代，欧洲的电力市场是欧洲能源系统的中心，并且必须升级以应对未来的挑战。

欧盟内部的石油资源以及可再生资源有限，欧盟委员会已经把海上风力作为一种战略能源，北非、中东的太阳能也已经纳入欧洲的视野。未来欧洲的可再生能源将有一个飞跃式的发展，因此欧洲的智能电网更注重新能源的发电比例以及跨区域的输电。为了占领未来的电力市场，欧盟已经制定了能源技术发展战略，以使欧洲成为电力技术方面的领导者，并准备在未来拨款4000亿欧元发展智能电网系统，以解决电力储存和超长距离的电力运输问题，欧洲内部的各国已经做好了准备。

如果不知道未来智能电网的情景，我们可以到意大利去看看。当还没有智能电网这个概念的时候，意大利就已经给3000万个用户安装了智能电表，并且未来4年公共部门还将拨款22亿欧元安装智能电表。如此昂贵的电表花费，对于一个家庭用户来讲，每月比以前只能节省1.5欧元，每年总共节省才18欧元，但是对于大型商业机构就不同了，拉斯维加斯的威尼斯酒店的空调系统安装了智能系统后，每年可以节省32000美元。这虽然对用户来讲不一定划算，但是对于电力部门就不一样，有了智能电表，意大利已经可以轻松地应对用电高峰。另外，意大利的运作模式是公用事业部门先投钱。

丹麦的风力发电有目共睹，那么丹麦如何应对风力发电的间歇性？由

丹麦政府、丹麦能源协会、丹麦 Dong 公司和德国西门子公司联合在丹麦的一个名叫伯恩霍尔姆（Bornholm）的岛上耗资数百万欧元实行一个试验项目，该项目利用电动汽车的电池储存风电，如果成功，汽车将为间歇式风电提供了解决办法。在风力强劲时，利用电动汽车上的电池储存多余的电力，等风力下降时，再把电池中的风力输入电网，简称为“车辆—电网”（Vehicle - to - grid，V2G）。目前该岛 20% 的电力来自于风能，不过岛上安装的风力涡轮机足以满足 40% 的电力需求。之所以不能达到整个装机容量的原因是风力的间歇性，当风力过强时电网将超负荷，因此一些风力涡轮机没有联网。如果这个 V2G 项目成功的话，可为该岛提供 50% 的电力，由此可见蓄电池的作用。

奔驰一直是财富和身份的象征。不过，未来的奔驰可能不是用汽油驱动，而是用电力。在 2007 年制定的“高科技战略”中，德国政府已将电动汽车的关键技术——锂离子电池作为攻坚项目，产业界的五大巨头巴斯夫、博世、EVONIK、LiTec、大众与科学界、应用界的 60 家单位结合，组建了锂离子电池“创新联盟”，以占领未来的电动汽车市场①。这些电动汽车除为世界提供方便的交通之外，可能还将成为解决德国风力发电的不稳定问题，如果几十万、上百万混合动力和电动汽车的蓄电池夜间在车库或停车场插上电源，不仅可以减少电网的投资，保证车辆正常行驶，而且由于新能源汽车大多是智能汽车，充满电的汽车如果可以跑 300 公里，而你往返上下班总车程不到 100 公里，你就可在进工厂或办公室之前插上电源，把剩余 200 公里的电力在用电高峰的时候卖给电网，电网自动记账，每月结账。一直是消费品的汽车还可以“挣钱”，那么智能电网必将是普及电动汽车的基础工程。

最近几年，西班牙的风力已经可以为其提供了 8.7% 的电力需求，但是位于欧洲南部的西班牙在电网上却没法跟风力发电大国丹麦和德国相比，西班牙更像一个“电网孤岛”，与欧洲电网的联系度较低，风力并网已成为西班牙发展风电的一个障碍。为适应新能源发电，西班牙在 2007 年 8 月出台相关法律，要求到 2014 年所有配网运营商都必须拥有自动抄表管理系统，到 2018 年，所有电机式电表都要更换为智能电表。

在法国，能源监管部门提出十年计划，从 2016 年开始，所有新装电表必须是智能电表，到 2016 年，95% 的电表必须与自动抄表管理系统相

---

① 中国新能源与可再生能源网。

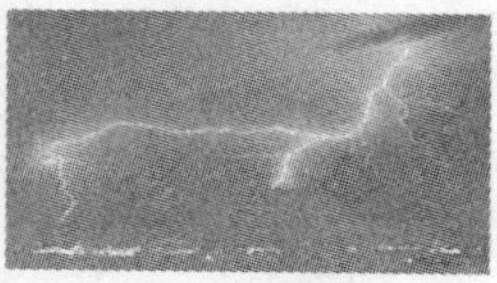

连。为此，法国要更新替换3500多万只电表，且已经启动在两年内更换30万只电表的试验工程①。

长期以来，英国在欧洲一直扮演着对新能源不甚积极的角色，也计划投资10亿欧元建设英国的智能电网，以实现到2020年从近海风电厂输入500万瓩电能的计划。

日本：低调行事，但已杀入美国市场

日本每年电力设备的投资额约为6000亿~7000亿日元，其中的30%~50%用于输配电网投资，日本电力系统的信息化水平已经很高，比美国的电力基础设施要强得多。从这一点上来讲，日本已经实现智能化电网，并已经杀入美国的智能电网市场。2009年7月，日本的一个公共研究和发展组织牵头，由东芝、日立、富士和松下电器组成的豪华团队计划要在2010年前给美国的新墨西哥州建造智能电网，其中日本政府计划资助2030万~3040万日元。2009年4月，美国的新墨西哥州和日本经济、贸易和工业省就签订了一个在新能源与智能电网方面合作的谅解备忘录。尽管美国电网比日本电网略逊一筹，但仍不可轻视，日本应该记得美国20世纪80年代在汽车产业是如何反败为胜的。虽然日本电网的智能化水平技高一筹，但是日本仍然要面对新能源发电以及电动汽车的问题。因此，日本政府计划于2010年开始在孤岛进行大规模的构建智能电网试验，主要验证在大规模利用太阳能发电的情况下，如何统一控制剩余电力和频率波动以及蓄电池等问题。日本的智能电网模式以如何大规模发展太阳能等新能源为主，同时兼顾下游电动汽车以及智能电器的应用。

韩国：智能电网的主导国家

2009年7月，在意大利拉奎拉举行的八国峰会上，各国首脑在会上选出了七个“改变世界的技术”，其中之一就是智能电网技术，而韩国被指定为该项技术研发的主导国家（其余六项转换型技术及相应的主导国

① 北极星电力新闻网。

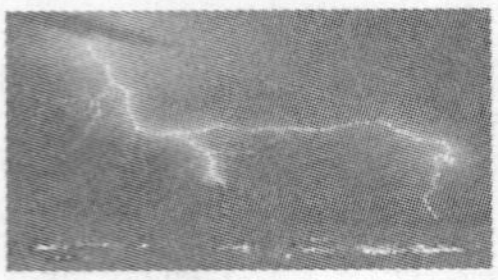

家分别是：能源效率（日本）、太阳能电池（德国）、碳固封（澳大利亚）、生物能源（巴西）、高科技汽车（待定）、环保煤炭技术（待定）），并且韩国在2009年4月就表示要在2011年之前构建一个智能电网的复合体，以提高利用生态友好型发电资源的能力。

中国：历史与我们的选择

在智能电网的认识上，美国、欧洲、日本以及韩国并无根本的差别，仅仅是侧重点不同，在智能电网领域已经形成美国、欧洲、日本三足鼎立的竞争格局。在中国，智能电网的概念最近像潮水一样涌入人们的视野，充斥着大大小小的媒体，智能化电网的真正含义正在被普通大众所理解和关注，中国电网的模式突然间面临着新的选择和思考。

在选择之前，我们首先要明白我们需要什么？我们要大力发展新能源发电，减少温室气体排放，解决就业和促进经济增长；我们要大力发展电动汽车，以占领未来的电动汽车领域；我们想把中国西部的电力高效地运到东部地区。实际上，中国和其他国家一样，都面临着同样的问题，或者说这是一个世界性的难题。但是毫无疑问，谁能够最先解决这个难题，谁就将占领未来竞争的优势地位。正像美国在第二次世界大战期间最先研制出原子弹一样，不仅提前结束二战，而且成为毫无争议的霸权国家。

非常明显，如果储能技术、分布式发电技术、高温超导技术能够解决，这些问题将不再是问题，这样的技术已经努力了几十年了，有的已经有了突破性的进展，有的还没有。也许有人会说，我们无法预测未来的技术创新和突破将要走向何方，这需要的时间太长，进行技术投入的风险实在是太大，我们如果大量投资于此，对于一个还处于发展中阶段的国家，成本太高。为了更好地理解这个问题，我们回顾一下历史，也许会对我们有所启示。我们不是简单地类比，因为智能电网目前还不能和以下要提的技术革命相提并论，同时由于篇幅的原因，只能大致梳理一些脉络，可能忽视了更多的细节问题，仅希望给读者一些启发。

1642年意大利的托利拆利证明了真空；1761年英国的瓦特首次进行蒸汽机的试验；1801年，美国富尔顿的Clermont发明了第一艘商用蒸汽机；1800~1830年，由于机床工业出现的一系列创新，可以建造出安全、高效的高压蒸汽机，但是这个时候的蒸汽机成本还是太高，在商业领域并

没有大规模地应用，当时英国的几个棉纺织业企业家领袖，包括阿克莱特本人、皮尔斯兄弟和卡特赖特伯爵，都因为他们早期的蒸汽动力工厂遭受了代价惨重的失败。直到1835年后，由于蒸汽机成本急剧下降，其用途越来越广泛，在纺织业得到了越来越多的应用，从此，蒸汽机革命才正式开始。但是这一时期的英国，严重的经济萧条导致大规模失业，农村和城市人口失业剧增。尽管缺乏20世纪权威的失业统计数据，但在主要的工业地区也有一些关于“贫民”数量的地方统计资料。霍布斯鲍姆指出，在兰开夏和约克郡（工业革命的腹地）等主要工业区，高达20%～30%的成年男性人口失业率在最萧条的年份绝非罕见。在19世纪30～40年代，社会和政治骚乱最终发生了，武装起来的暴动者占领了一些城镇，许多城镇发生了总罢工。英国北部城镇，成千上万的工人示威声援宪章主义，发动了争取普选的斗争，工人运动的规模空前绝后。也正是由于蒸汽机的大力普及，让英国在19世纪的30年代到80年代实现了经济的长期增长。

再来看看电气化的普及。1800年科学家发明了第一个电池，1870年有了Gramme电枢和第一台性能稳定的自发电机，但是直到1910年才开始迅速发展。伴随着电器化浪潮的推进，创新集群不断涌现、相互支持，产生了一系列具有新特征、用途广泛的新兴工业原材料。就在电力化开始普及之前，也就是19世纪的80年代和90年代，自1848年以来的自由放任和自由贸易哲学受到了质疑，甚至遭到拒绝。19世纪七八十年代的严重萧条引起了社会动荡，德国股价从波峰到波谷下降了60%，许多厂房关闭，1871年法国的巴黎公社是不断壮大的工业无产阶级不满的一次空前爆发。在美国，贫富差距不断扩大，马克吐温在《镀金时代》中有非常详细的描述，全球政治上出现了社会主义、民族主义的兴起。美国哈佛大学历史学和经济学教授兰德斯认为，19世纪中期欧洲大陆的“工业发展仍落后英国一个世纪”。不过在电气化工业中，德国的企业开始领先于英国，尽管许多原创的发明和创新源于英国，但在这个时期，德国的西门子、SEG逐渐壮大。

在石油为动力的汽车以及大规模生产时代之前，1861年奥托建成了第一台汽油发动机，大规模生产是1908年由美国的福特开始，美国更大规模的生产则是在第二次世界大战以后，以汽车为代表的范式生产迅速波及每一个行业，并出现了集群式的创新。

以计算机为代表的信息产业我们可能更为熟悉。早在1642年帕斯卡研制出一台计算机器；19世纪20～60年代期间，巴贝奇开发了更复杂的

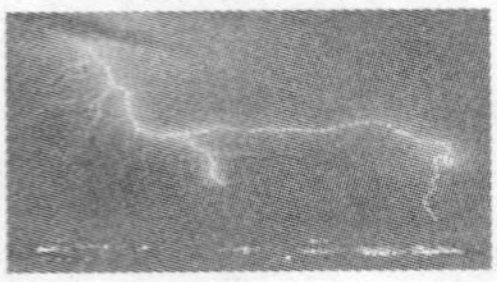

机器：一架“分析引擎”和一架“差别引擎”——它们被看做现代计算机的祖先；20 世纪 30 年代，第一台非试验用电子计算机“巨人”诞生；但是直到 20 世纪 50 年代，人们普遍认为计算机的商业需求不存在。从这种想法过渡到现在计算机的普及，才仅仅五六十年的时间。1971～1972 年，英特尔公司对微处理器的开发改变了世界工业的发展，之后美国进入了一个研发创新的集群式高峰，不过 IBM 由于选择了大型计算机而落后了。在这个过程中，美国成功地把日本甩在了后边。虽然 20 世纪 80 年代日本的汽车已经占领了美国市场。但是，就在信息技术集群式发展之前，全球经济进入了“滞涨”时期。

每一次世界经济的高峰伴随着一次集群式的创新。但是，要出现集群式的创新，无论是资本主义最严厉的批评家（如马克思），还是最狂热的自由主义崇拜者（如哈耶克），都承认催生和扩散技术创新的相互依赖性与系统特征。尽管微观主体对于开启与扩散创新必不可少，但是不能把创新简单地当成个别非连续的孤立事件进行分析①，技术的创新需要一系列政治、经济、文化、地理、科学和社会环境等各种有力的因素罕见性地交汇在一起，才会引发集群性的技术与组织创新高潮。从目前来看，无论是经济萧条、气候变化、化石能源枯竭，还是各国对智能电网的认识，是不是也具备了集约式创新的条件？

同时，一种新技术出现的早期必然局限于一些个人和组织，新型小企业是新技术的助产婆。19 世纪末期，制造汽车的小企业数百家，当时尚不清楚未来的汽车是蒸汽汽车、电力汽车，还是汽油引擎汽车，主流设计、交通规则和技术标准几十年后才逐渐形成。未来真正的替代能源是风力、太阳能、核聚变，抑或是其他的东西？这都需要技术，但我们现在仍然尚不可知，我们无法预测，因为科学技术的创新真的无法预测，但是随着气候变化成为世界共识，化石能源显然已经不是这个世界的选择，如果我们还想在气候变化时代有所发展，我们只有在技术上进行突破。

美国通过阴谋把其他国家搞垮的说法一直有其广泛的市场，特别在中国，这在一定程度上制约着我们进行技术竞争的思维。有人说，冷战时期，美国通过阿波罗登月计划把俄罗斯拖垮，但是目前关于俄罗斯垮台原因的研究已经基本证明军备竞赛不是主要的原因。20 世纪 80 年代中后期

---

① 克里斯·弗里曼、弗朗西斯科·卢桑：《光阴似箭：从工业革命到信息革命》，中国人民大学出版社 2007 年版，第 236 页。

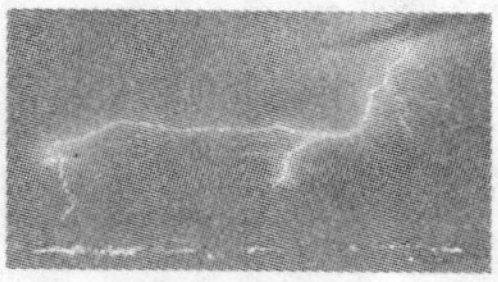

之后日本陷入了所谓的“停滞的十年”，很多人认为是1985年美国一手策划的广场协议，通过日元升值让日本陷入了长期的经济停滞，但是事实表明广场协议其实更多的是日本主动做的[①]。接着是20世纪的90年代后期的“新经济”时期，有人认为其实美国早就知道“新经济”行将破灭，但是美国通过试图说服欧洲，特别是德国，让其加入新经济的行列，从而让欧洲的资金进入美国市场，于是德国向美国大笔投资；但是没过多久，美国“新经济”就破灭了，于是欧洲也跟着美国进入了衰退。其实，这更多的是欧洲人模仿美国模式的结果，而不是美国想让欧洲人承担金融泡沫破灭的后果而搞的阴谋[②]。发生在目前的金融危机又一次给阴谋论者提供了市场：实际上美国早就给中国等国家设下了套，先让中国大量出口赚取大量美元，之后让中国购买美国的金融资产，然后通过大量印制美元，甚至导演金融危机，让中国等国家购买的金融资产一文不值，从而达到削弱中国的目的。这显然是一个损人不利己的说法，从目前的结果来看，美国也并没有通过金融危机达到制约中国的目的，中国的国际地位反而逐渐上升，中国购买美国的金融资产也并没有大幅度贬值，在这场游戏中，美国的地位也是岌岌可危。一个略有智力的国家都不会通过这样的阴谋来达到制约别国的目的。顺理成章，很多人认为美国目前给全世界描述的智能电网的图景其实也是给全世界设下的一个圈套，让全球人跟着去做，然后制造泡沫，泡沫破裂之后拖垮世界其他国家，但是就在泡沫破裂之前，美国早已经赚够了钱。其实这样的情景以后也肯定会发生，因为历史上历次大的工业革命都伴随着狂热的投资，狂热之后就是泡沫，紧接着是泡沫的破裂，然后就是经济进入一个相对的衰退期。毫无疑问，智能电网甚至是新能源也会重演这样的循环。实际上，智能电网这个正式提法是欧洲在2005年提出的，目前G8峰会上智能电网的代表国家不是美国，而是欧洲和韩国等国家和地区。

列宁说过：“阴谋论永远应该是最后一个要挖掘的假设，因为它的可能性最小”，但是这并不意味着对别国倡导的事情毫无辨别的信任。智能电网的建设需要政府的政策、大量企业的技术创新以及无数的用户，如果美国要想操纵如此范围之广的事情几乎不可能。这与二战前期制造原子弹

① 黄巍和陈宇峰：“广场协议打了谁的耳光——广场协议：日本的二十年与中国的未来”，《西部论丛》，2008年第5期。

② 丁一凡（国务院发展研究中心世界发展研究所副所长）与米歇尔·阿尔贝尔（法国伦理与政治科学院院士）就欧洲模式挑战美国模式的对话。

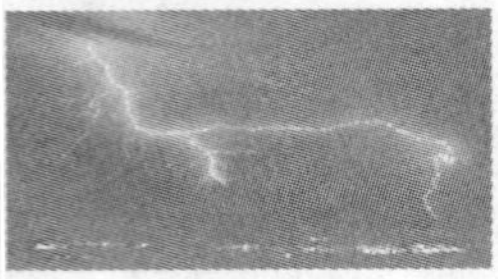

的曼哈顿计划以及冷战时期的阿波罗登月计划不可同日而语。熊彼特说过："对资本主义经济演化令人满意的解释，都必须把创新、来自创新的利润率及其扩散置于分析的中心地位。"美国之所以对智能电网如此的高调，是资本的本性使然，企业看重的是未来创新带来的利润率以及如何把利润扩散到更大的市场，这是资本的实质。对此没有必要用阴谋的说法来拖延智能电网的发展，而是我们要认真对待自身的发展。

让我们更好地理解现在

为了更好地理解智能电网的发展方向，还是让我们回顾一下计算机的发展历史。当时，第一台计算机系统就是主机连接着各个终端，各个终端从主机获取信息，目前的能源系统也正在发生类似的事情，原来的大型主机就像目前大型的火力发电厂，大量的终端就像目前大量的电力消费者，他们只能从"主机"接收"信息"。50 年前如果你要问计算机的未来方向是什么，肯定是中央处理器，但是 20 世纪 70 年代因特尔微处理器的微型计算机的问世加速了计算机领域的集群式创新，计算机不断微型化，所有的这一切都源于成千上百的公司创新降低了产品价格，提高了数字存效率、提高了微处理器的运行速度、拓宽了电信宽带等，每件产品都变得并将继续变得越来越智能。随着互联网的发展，电脑之间实现了相互交流，大家不仅浏览下载信息，而且可以上传信息，我们已经几乎免费地随时获取信息。智能电网就像互联网，各个微型电脑就是小型化发电站，甚至是你家屋顶上的太阳能电池板，各个用电户之间也可以相互交流，通过智能电网，你既可以用自己家的电上网，还可以选择用别人的电。在计算机迅速发展、互联网普及的过程中诞生了无数的财富神话，在智能电网的发展中如果采取积极、开放的态度，类似的事情也会发生。

当我搜索全球范围内进军智能电网的公司时，几乎很少看到中国公司发布的消息，但是令人感到鼓舞的是，我们与欧美国家的信息几乎处于同步，关于智能电网的讨论和评论铺天盖地，中国选择何种电网模式的评论也基本有了一个相对清晰的图景，中国在这次新能源革命中将会更加迅速地了解世界的动向和信息。美国哈佛大学历史与经济学教授兰德斯认为，当领先者与追随者之间的差距没有达到难以追上的程度时，就是说，当没有出现自我强化的贫困时，优势属于后者，这更多的是因为赶超的努力会

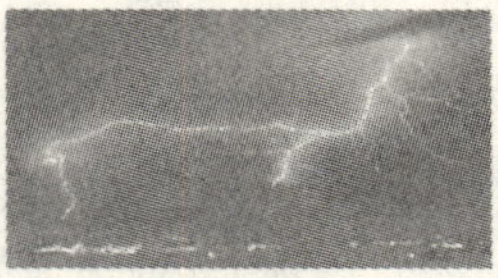

引发企业家和制度方面的反应。当新能源进入每一个家庭的时候，世界将产生什么样的景象？

不断增加的电力需求

电力最终能够为人类服务，要感谢几位杰出的科学家——意大利人亚力山德罗·伏特利用铜片、锌片以及盐水浸湿过的硬纸板制造出的“伏特堆”，丹麦教授汉斯·克里斯蒂安·奥斯特制造的电动马达，英国人法拉第制造的首座“发电机”，奥斯特和法拉第双双发现的电力、磁力与运动之间的密切联系，只要控制前两项，就可以产生运动，若是控制后面两项，就能够产生电力。虽然当时发出的电还不足以驱动大型马达，不过它已足够激发一些新的文明，开启全球的电力时代。随之而来的一系列的发明，开启了人类的电力文明。19 世纪 40 年代，在美国和欧洲都事业有成的摩尔斯成功发明了电报，并以惊人的速度传播各地。20 年后，另一位美国人贝尔贡献了他新发明的电话，爱迪生发明了灯泡。到 19 世纪 80 年代，电力的创新蜂拥而至，电力的诸多用途得到了一定程度的开发。1876 年巴黎北站、1878 年伦敦的泰晤士报印刷厂和都柏林盖提剧院、柏林凯撒大道先后使用电力照明，有轨电车、城市电力化铁路和地铁投入使用，电力引致的新投资机会层出不穷，遍及各个行业，直到目前电力应用到各个领域。

电力对 20 世纪的人类生产、生活带来了深远的影响。1920 年，列宁曾像旧约圣经中的先知一样向苏联全俄国民大会预示：“共产主义是苏维埃力量加上整个国家的电气化。”内战之后，苏联开始恢复元气，建立了许多发电厂，其中有些还是当时世界最大的电力发电厂。美国也秉承同样的科技强国信念，建设了许多供水利发电用的大坝，包括科罗拉多河的胡佛水坝、哥伦比亚河的格兰库里水坝以及田纳西河谷中的整个水坝，这些水力发电厂产生的电能在美国研发终止第二次世界大战的原子弹时，扮演了非常重要的角色。第二次世界大战后的发展中国家也大规模地建设水利设施，例如巴拉圭和阿根廷边界巴拉那河的大坝、中国具有划时代意义的三峡大坝。目前，全球每年人均耗电量已从 1980 年的 1445 瓩增加到 2000 年的 2175 瓩，国民经济的电气化程度越来越高。所谓电气化，就是社会经济发展对电力的依赖程度，通常用两个指标来衡量，一是发电能源占一

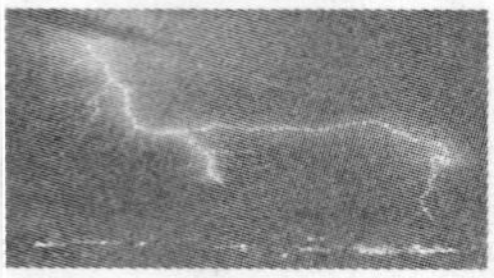

次能源总消费量的百分比，它反映电力在能源系统中的地位；二是电力占终端能源总消费量的百分比，用来衡量各类用户的电力消费水平。另外，居民电气化率、人均用电量、人均生活用电量等也是衡量电气化程度的重要指标。按照国际能源署的统计方法，包括煤炭、石油、天然气、核能、水能和其他可再生能源，折算成油当量相加，即发电消耗的能源量。部分国家和地区的国民经济电气化主要指标如表 5.1、表 5.2 所示。

表 5.1　　部分国家和地区电力站终端能源消费比重　　单位：%

年　份	1990	1995	2000	2001	2002	2003	2004	2005
中　国	8.6	11.2	16.3	17.2	18.4	18.2	18.5	19.2
中国台湾	20.8	23.4	27.3	25.5	25.2	25.7	25.8	26.9
中国香港	28.8	25.9	26.2	27.6	28.5	29.5	29.7	28.9
美　国	17.3	18.8	19.2	19.3	19.2	19.6	19.5	20.0
日　本	22.1	22.6	23.0	23.7	22.8	23.1	23.7	24.1
德　国	15.8	16.1	17.4	17.6	17.8	17.9	17.5	17.1
英　国	16.2	16.7	17.6	17.7	18.1	18.0	17.9	18.3
法　国	17.6	17.8	19.7	19.5	20.0	20.4	20.8	20.6
意大利	15.7	16.6	17.9	17.8	18.2	18.0	17.4	17.5
加拿大	22.3	21.8	21.7	22.4	22.1	21.8	21.5	21.8
澳大利亚	19.1	19.4	20.6	21.3	23.0	22.6	23.1	23.2
俄罗斯	–	11.6	12.5	12.6	13.0	13.0	13.1	13.4
墨西哥	9.74	10.7	14.7	15.1	15.1	14.3	13.8	14.1
韩　国	12.7	13.3	15.9	16.6	18.7	19.3	20.0	21.0
印　度	15.3	18.1	18.3	19.3	18.9	19.7	19.8	20.6
印度尼西亚	6.5	8.5	9.5	10.2	10.0	10.5	10.9	11.0
泰　国	15.3	16.5	18.0	17.8	18.2	18.4	18.3	18.9
OECD 国家	17.5	18.4	19.2	19.5	19.5	19.7	19.6	20.0
世界平均	15.3	16.4	17.8	18.1	18.3	18.5	18.5	18.8

数据来源：日本能源经济研究所：《日本能源与经济统计手册（2008）》。

表 5.2　　中国电气化进展及与世界电气化指标的对比

项　目	1990 年	2000 年	2005 年	世界
一次能源转换为电的比例/%	24.5	39.4	39.6	39.1（2004 年）
电占终端能源消费量的比例/%	9.2	17.2	20.4	18.4（2004 年）
人均用电量/（kW·h）	459	915	1632	2596（2005 年）
人均生活用电/（kW·h）	42	132	217	–
农村无电人口/百万	170.0	35.0	11.5	1623（2002 年）
农村电气化率/%	79.8	95.7	98.5	58.2（2002 年）

资料来源：国家统计局；中国电力企业联合会；日本能源经济研究所：《日本能源与经济统计手册（2007）》；IEA，World Eenergy Outlook 2004。

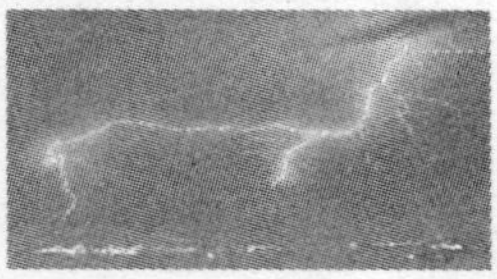

电力之所以如此重要，并大有“市场”，有多方面原因。

第一，在于电力供给的多样性，煤炭、水能、核能、太阳能、风能、地热能、潮汐能、生物质能等都可以转化为电力，虽然煤炭、石油等化石能源早晚有一天会枯竭，但是其他可再生能源不会枯竭；同时煤炭、石油可以作为终端能源直接利用，特别是石油是汽车、飞机的原料。大部分可再生能源比如风能、太阳能、潮汐能要作为终端能源首先必须先转化为电力。

第二，燃料和电力的相对价格决定着消费者选择使用电力还是燃料，从目前来看，燃料特别是石油、天然气的价格将持续维持高位，而随着电力来源的多样化以及技术的进步，其价格有下降的可能。从燃料和电力替代的角度上来看，电力的应用将越来越具有更多的领域。

第三，电力应用具有无限分割性和便利性。正是由于这个原因，其在生活中的应用自19世纪末期开始越来越广泛。美国的通用电气在19世纪80年代的晚期成为美国第一家家用电器生产与销售商，19世纪90年代通用电器还只局限于电熨斗之类的东西，到20世纪初，大量家用电器研制出来，1902年电风扇注册专利申请，1907年市场上已经开始卖洗衣机，1908年空调登上历史舞台，1912年第一台冰箱面世。根据美国的一项调查，1997年美国99.9%的家庭至少有一个冰箱，92%的家庭拥有洗衣机（EIA，1999a）。1999年中国的城市家庭已经平均有1.1台彩电，91%的家庭有了洗衣机，78%的家庭有了冰箱（见表5.3）①。家用电器的普及极大地提高了人们的生活质量。美国学者的研究表明，人均GNP的增长与生活质量的改善不一定有直接的联系，当人均GNP超过3000美元以后，生活质量的改善趋于平缓，而人均用电量与生活质量之间则始终是正比。特别是20世纪90年代以来，我国城市化进程加速，城市化率从1990年的26.4%提高到2006年的43.9%。城市化促使了住房、家用电器等需求大幅增长，推动能源、原材料、交通运输等基础设施迅速发展，电力需求急剧增长，1990~2005年，全国城镇终端用户用电量从430.3万亿瓦小时增至1731.0万亿瓦小时，增长了3倍；城镇居民用电量从1425.1万亿瓦小时增至2999.5万亿瓦小时，增长了1.1倍。2005年，城镇居民人均用电量为农村居民人均用电量的5倍。

第四，电力转化效率非常高，其转化为机械能的效率可以达到90%，并且可以产生比燃烧任何化石燃料都高的温度。因此，提高电气化水平可

① Vaclav Smil，“*Energy at the crossroads*”，MIT。

表 5.3　　中国家用耗电器具普及率

家用耗能器	1990 年		1995 年		2000 年		2005 年		2006 年	
	城镇	农村	城镇	农村	城镇	农村	城镇	农村	城镇	农村
房间空调器	–	–	8.1	0.2	30.8	1.3	80.7	6.4	87.8	7.3
电冰箱	42.3	1.2	66.2	5.2	80.1	12.3	90.7	20.1	91.8	22.5
彩色电视机	59.0	4.7	89.8	16.9	116.6	48.7	134.8	84.1	137.4	89.4
黑白电视机	52.4	39.7	28.0	63.8	–	53.0	–	21.8	–	17.5
电风扇	135.5	41.4	167.4	89.0	167.9	122.6	172.2	146.4	174.6	152.1
电炊具	–	–	84.1	–	101.9	–	107.2	–	113.2	–
抽油烟机	–	–	34.5	0.6	54.1	2.8	67.9	6.0	69.8	7.0
淋浴热水器	–	–	30.1	–	49.1	–	72.7	–	75.1	–
洗衣机	78.4	9.1	89.0	16.8	90.5	28.6	95.5	40.2	96.8	43.0
组合音响	–	–	10.5	–	22.2	7.8	28.8	13.0	29.1	14.3
微波炉	–	–	–	–	17.6	–	47.6	–	50.6	–
家用电脑	–	–	3.8	–	9.7	0.5	41.5	2.1	47.2	2.7
普通电话	–	–	–	–	–	26.4	94.4	58.4	93.3	64.1
移动电话	–	–	–	–	19.5	4.3	137.0	50.2	152.9	62.1
家用汽车	–	–	–	–	0.5	–	3.4	–	4.3	–

资料来源：国家统计局。

以节约能源，降低能源的消耗。在我国工业用电占终端用电量的比重由63.4%上升到71.8%。特别是20世纪90年代初，我国开始新一代重化工业化，重工业产值占工业总产值的比重由1990年的50.6%提高到69.6%①。世界上两次石油危机使得许多依赖进口石油的国家和地区制定实施以电代油的战略和措施。1973~1985年是经合组织成员国电气化发展最快的时期，用电量急剧增长，石油消费出现罕见的缩减，单位产值能耗大幅度下降。在此期间，终端用电量，美国增长了35.7%，日本增长了41.7%，经合组织成员国增长了44.0%；石油消费量分别减少10.6%、19.0%和12.6%；单位产值能耗分别下降26.6%、23.3%和19.9%。在此期间，国家电力占终端能源比重提高1个百分点，石油消耗减少2.9个百分点。电力之所以在终端能源消耗中的重要性不断提高，最重要的原因就是电动汽车的应用。目前，石油的70%都用在汽车的消费上，而随着

① 王庆一："国民经济电气化初探"，《电力技术经济》，2008年第6期。

电动汽车规模的扩大，电力对燃料的替代将加速，而且实际上从目前来看，电力也是替代燃料的最好形式。

针对电动汽车的产业化，国家“863”计划节能与新能源汽车重大项目专家组组长、清华大学汽车工程系主任欧阳明高提出三点建议：一是以锂动力电池为重点，掌握自主核心技术；二是以小型电动轿车为重点，推进自主品牌等新能源汽车大规模商业化；三是以电动车标准法规为重点，建立自主产业政策体系（见图 5.2）。

图 5.2　基础设施的改变：充电站

2009 年，中国汽车产销量已突破千万，中国已经成为世界第二大汽车市场和第三大汽车制造基地，但是中国汽车保有量刚刚达到 5000 万辆，人均汽车拥有量仅为世界平均水平的 1/3。按照目前中国的发展速度和油耗水平，我国汽车保有量到 2020 年将超过 1.5 亿辆，到 2030 年，预计乘用车总量可达 2.87 亿辆，年耗油量将突破 2.5 亿吨。这样庞大的汽车数量将对能源和环境产生巨大压力。统计数据显示，2008 年，我国总共消耗了 2.15 亿吨石油，比 2007 年增加了 11.9%，增长率比 2007 年增加了 5 个百分点。其中，进口了 1471 万吨石油产品，比 2007 年增加了 107.4%。有关专家预测，2020 年我国机动车燃油需求量分别会上升到石油总消费量的 43% 和 57%，石油的对外依赖度将达到 56% ~60%。到 2030 年，中国将需要进口 62 亿桶石油，单是石油的国际压力就不得不让中国重新考虑未来的汽车技术路线。占领未来汽车产业是我们对新能源汽车激情高涨的重要原因，因为中国将在未来成为世界上最大的汽车市场，单是满足我国国内的汽车需求就足以支撑其市场。

无论是依靠天然气、甲醇、乙醇、生物柴油等清洁能源的传统汽车，还是纯电动汽车、混合动力车、氢燃料电池汽车等新能源汽车，其发展前景依然不是非常确定。在这个汽车企业混战的年代，哪种汽车技术路线先取得突破，哪种汽车将来就会成为未来的主导，所以不是简单的技术问题。虽然电动汽车还存在很多不确定性，但是发展电动汽车无论是从环境、产业、消费者接受上，都符合我国的发展战略。当我们确定要发展电动汽车的路线之后，如何实行相应的配套措施就成为这个产业发展的关键。实现电动汽车发展的第一步，就是建设充电站，只有建设了充电站，电动汽车才可能规模化，规模化后，成本才可能降下来，成本降低之后，才有盈利的可能，从而吸引更多的企业加入进来，共同促进技术进步。因此，充电站关系到未来汽车路线的发展。

英国早在2006年就开始建设充电站，并在2009年实行被称为Plugged－in Places的计划，初期将先在英国3～6个重点城市和地区设置充电站，作为发展电动技术的先驱，整个计划投资为3000万英镑左右。

随着电动汽车的发展，充电服务的模式也将衍生出很多形式。一是由公共服务部门建立充电站，特别在初期，公共部门的参与十分重要，但是随着电动汽车的普及以及晚上谷底充电的需要，充电站的服务将进入住宅小区，从而会吸引更多的企业参与充电站的建设，充电站可能会像小区的绿化一样，成为未来小区的一个卖点。所以我们鼓励更多的企业或个人参与充电站的建设，从而衍生一个庞大的充电基础设施产业。二是成立专门的能源服务公司，专门为电动汽车充电服务，消费者在购买汽车的时候不用购买电池，而是由能源服务公司来提供，能源服务公司通过收取租金来回收成本，这样一方面促进能源服务公司实现电池的专业化服务，做大做强电池及充电服务，电池服务公司也可以集中在晚上电力需求低谷时进行充电；另一方面也为购车者省掉了购车的初始成本，从而促进汽车消费。

选择充电站将大大降低消费者的汽车能源消费，以1.6升排量的标志206手动一体挡为例，跑300公里大约耗电25升，若加93号汽油，大约需要160元。而电动车跑300公里大约耗电57度，若在普通时段充电，电费约为57元，而在晚上11时至次日早上7时的谷期时段充电，只需约17元。也就是说，使用电能比使用汽油至少能够为市民省下2/3的能源费用。

正像石油时代内燃机的汽车需要加油站，在一个新的时代我们需要充电站。这种方式不仅仅为了实现低碳，而且在以煤、电为主的时期反而有可能多排放二氧化碳，但是其中汽车产业积累的技术路线竞争和飞速的发展已经容不得我们停留太久。可再生能源能否大规模发展，在一定程度上取决于蓄电能力的大小，而大量的电动汽车就可能是一个很好的蓄电池。

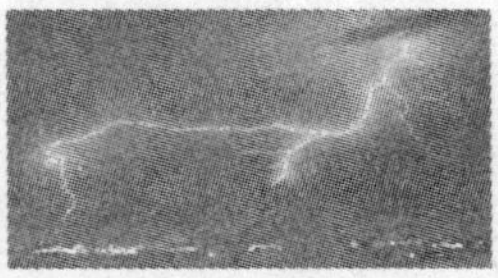

从可再生能源发展的角度来看，也需要先普及电动汽车。

但是，充电站建设不像加油站那么简单，充电站的标准，特别是接口，决定着未来电动汽车的充电能否兼容。如果不统一，最后就会造成一部手机必须配有一个充电器这样的大麻烦，另外还有充电电池的品种、容量大小、充电模式、充电电力强度、电压配置等，其中存在着系列的标准之争。所以如果说我们花血本推动电动汽车的目的是培育自己的汽车产业的话，那么我们在标准的设计上就必须以国产汽车厂商为主，否则我们就没有必要花大把的银子用于补贴电动汽车的发展。

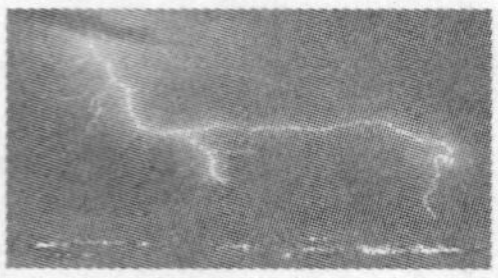

正如一位诙谐的经济史学家所说的，金融与生产的分离——说贸易可能更准确——就像性与生育分离一样，如果适度还可以接受，如果过度将导致不稳定、混乱和萧条，而现在金融资本和清洁技术就处于甜蜜的“恋爱期”。

第六章
清洁技术革命：资本与技术的融合

金融资本与生产资本

在这里我们首先定义一下金融资本和生产资本。金融资本和生产资本

都不是指现实资本，而是指行为及其目的。所以“资本”这一用语体现了这样一些动机和标准，它们引导着特定的人们执行或者雇佣他人执行——资本主义制度内财富创造过程中的一种特定的职能。金融资本在这里指通过获得存款、股票、债券、石油期货、金融衍生工具、钻石或其他什么东西以最终取得利息、红利或资本利得。但无论通过哪种形式或手段，最终他们的目的仍然致力于以货币（流动的或非流动的形式）拥有财富并使其增值，在本质上讲，金融资本正是重新配置与重新分配财富的行为者①。历史上，金属硬币、郁金香、咖啡、糖、房地产、金融衍生产品等都曾经成为金融资本追逐的对象。金融资本代表了以货币或者其他账面资产形式持有财富的那些当事人的标准或行为，他们会从事他们认为最可能增加财富的活动，也就是实现钱生钱的职能过程。

在历史上，金属硬币、郁金香、英国政府债券、南海公司、糖、咖啡、棉花、小麦、房地产、金融衍生产品等都曾是金融资本家追逐的对象。

而“生产资本”则体现了那些通过生产产品或提供服务（包括运输、贸易和其他提供实现条件的活动）而创造新财富的当事人的动机和行为，也就是他们为生产而生产，他们本质上是建设者。他们的目标在于通过不断增加对创新和扩张的投资，积累越来越多的盈利。他们的权利来源于某个特定企业，他们的个人财富则取决于其作为生产者能否取得成功，也就是说他们实际创造财富。

我们区分的目的在于分清楚是创造财富的实际过程和那些提供促成条件的机制，比如风险资本，这些机制影响着财富创造的可能性，并改变着最终成果的分配②。金融资本和生产资本在本质上是不同的，金融资本无根基性，而生产资本则扎根于所能胜任的领域，甚至扎根于一定的地域。金融资本会逃离危险，而生产资本则不得不面对每一场风暴，或者抓住机会，或者低头躲闪；或者继续进行创新，或者寻找其他出路。虽然生产资本和进步与创新联系在一起，但是在重大变革来临之际，富有责任的生产资本就会变得非常保守，而正是金融资本的作用使新的企业家崛起。

正如一位诙谐的经济史学家所评论的，金融与生产的分离——说贸易可能会更准确——就像性与生育分离一样，如果适度还可以接受；如果过度将导致不稳定、混乱和萧条（威廉·帕克，1991年）。

---

① 卡萝塔·佩蕾丝著：《技术革命与金融资本》，中国人民大学出版社2007年版。

② 卡萝塔·佩蕾丝著：《技术革命与金融资本》，中国人民大学出版社2007年版。

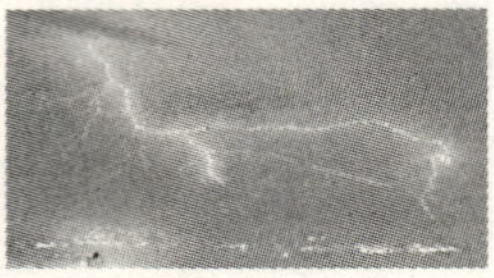

自工业革命以来生产资本和金融资本之间不断变化的关系

在每一次技术革命周期内，随着获利机会的变化，金融资本和生产资本之间的关系也在不断变化。按照佩蕾丝的分法，她把每一次技术变迁过程分为五个阶段。

第一阶段，爆发阶段的恋爱期。这一阶段金融资本和新兴的生产资本开始了一段甜蜜的时期，具有革命性的新兴企业家很快超越了所有部门的利润创造潜力，金融资本向他们蜂拥而至，只要有必要，随时可开发出适当的金融工具，这一时期，金融资本起到了帮助传播技术革命的作用。金融资本之所以在这个时期能够起到如此大的作用，原因在于生产资本和金融资本的分离，资金能够迅速流向具有前景的新型企业家，而他们此前可能与生产资本毫无联系。原有的生产资本面对着创新收益和市场饱和的情况，与新部门相比，其利润不再令人感兴趣，金融资本趋于从原有的部门脱身。由于在旧有的范式中，有利可图的投资机会几近穷尽，存在着寻找盈利机会的“闲置货币”，金融资本的风险投资工具大多会采取一种创新的态度。18 世纪末期棉纺织业的机械化并不需要大量的固定资本，所以家庭融资和之前在对外贸易中的积累就可以使机械化成为可能。19 世纪上半期的蒸汽机时代，股份公司的发展需要大量的资本，分散了风险，使这种重要的创新能够得到传播。不过，股票市场和金融体系的其他要素仍不够发达，个人促销者往往负责起了承销之责。在钢铁、电力、重工业化的第三次浪潮时期，投资银行和制度化的金融资本成为工业体系强大不可或缺的部分，在 19 世纪末的德国和美国，金融资本甚至控制了基础设施。在 20 世纪七八十年代兴起的微电子、计算机和软件爆炸式的发展中，小额风险资本和冒险资本得到了充足的补充。

在每一次技术浪潮过程中，也不是每一次都仅有私人资本参与，日本政府在 20 世纪六七十年代进行了政府干预；德国政府在 19 世纪的 70 年代到 90 年代均为各自的产业赶超提供了资金；在美国，40% 的铁路融资由州政府提供。

第二阶段，金融资本与生产资本的爆发期。随着生产资本创新时代的到来，新的范式为新产品、新工艺和新服务开辟了广阔的发展空间，这一时期，金融资本产生了强大的磁场，被吸引投资进入新领域，从而控制了作为“新经济”基础的范式，金融资本和生产资本分化，账面与真实价值分离，资产膨胀、泡沫经济逐渐产生。资产膨胀不可控制，债务以不计后果的速度积累，真实利润或红利与资本收益之间的比例越来越大，幻觉越来越大。佩蕾丝称这一时期为狂热阶段。马赛厄斯指出了投资决策中总体混乱和缺乏协调的普遍情况。运河被修剪得“宽度、深度不一，采用了低效路线”，这就是18世纪90年代的“运河热”。而在19世纪40年代铁路热的时期，正如兰塞姆所评价的，铁路的拓展原本都沿着明显需要和施工切实可行的路线，而到了后期，它的需求波及到了令人怀疑的地步，很多公司是在公众哭着喊着要铁路股份的情况下成立的，以便在高价时期抛出他们的股票。1929年来临之前，普通人对产业的投资热情简直到了无以复加的地步，公司则从银行贷款大量地转向发行证券。丹·罗伯茨形容20世纪90年代晚期电信业的投资为“价值万亿美元的一堆零碎”。根据他的数据，2001年欧洲和美国之间埋下的光缆估计只有1%～2%被开通。这个时期，兼并与垄断产生，价格竞争十分激烈，道德伦理软化和金融活动不透明，货币经济和实体经济之间脱离得越来越远。

第三阶段，狂热阶段。随之而来的是泡沫的破灭，也就是清算和接受的时期。社会矛盾产生，衰退出现，而衰退的时间将取决于建立和引导制度变革的社会能力和政治能力，因此这一时期也是转折期。泡沫之所以会破灭，是因为存在结构性的矛盾。一是尽管革命性的产业的生机还在继续，但是真实财富的增长速度无法跟得上证券投资者集体信念创造的资本收益的速度。二是金融资本的狂热从本质上是一次收入再分配的过程，在这个过程中，它有利于那些直接或间接卷入赌场的人们，于是财富开始集中于极少数的富裕群体之中。20世纪的20年代、辉煌的90年代和2003～2008年，这是投机者印象中最好的年代，他们炫耀性的消费和穷人、被排斥的人和无依无靠的人同时并存。收入分配的差距开始扩大，普通民众的购买力下降，从而产生了重大的社会和政治问题。泡沫的崩溃使得大量迅速赢得的收益蒸发掉，当衰退已经表明实际上不可能重振赌场的时候，金融资本才有可能接受管制。在这个时期，很多的非法和半欺诈的行为被揭发出来。美国金融监管的历史也基本上沿着这一历史演进。20世纪30年代以前是美国金融监管基本不受管制的自由竞争时期，20世纪的30～70年代则是安全优先的放松管制时期，而20世纪70年代以后基本上是“效率”优先的自由时期，直到现在的金融危机，又要开始对金融资本全面管制。泡沫破灭之后，权力部门如何把金融资本顺利地引入生产领域，是对政府的一个重大考验。有的国家能够顺利地度过难关，有的国家如果无法度过，可能陷入长期的低迷。日本20世纪80年代的房地产和股票市场泡沫是金融自由化的产物，其在1990年破灭之后没有能够较好地调整自己，从而造成长达十几年的经济增长放缓。

第四阶段，协同阶段的愉快婚姻。在这一阶段里，金融资本和生产阶段再度耦合。不过这一时期生产资本掌舵，生产、基础设施和服务对经济的直接控制成为财富积累的主要动力，而不是对证券、收取租金的资产或金融工具的一种所有权不介入的间接控制。这是一段秩序井然、行动规范的时期。暂停英镑的可兑换性实际上促进了第一次技术长波的充分传播。在蒸汽和铁路时代，股份银行和有限责任公司提供便利的立法日益增多，会计和信息披露的立法增多，促进了早期家庭资本主义向现代资本主义的转变。1842年和1844年，英国终于做出改善矿山和工厂工作条件的法律；1844年的《银行法》明确将货币业务从信贷业务中分离出来；1929年大崩溃之后，人们为保护投资者的安全而建立了严格的披露准则，并把储蓄业务从投资银行业务中分离出来。美国第二次世界大战以后直到70年代末期一直是代表生产资本的职业经理人担当公司的要职，在这个时期，资本需求主要靠内部融资得到满足，1/4的资金需求是通过向银行和其他机构贷款以及通过在资本市场上销售证券而满足，与20世纪20年代相比，长期借款的重要性开始有所增加，而发行股票筹资的大幅度减少则是这一阶段的特征。

第五阶段，原来生产资本增长最快、获利颇高的部门开始达到生产率和市场两方面的增长极限，新的投资机会逐渐变少。为提高生产率所作的投资越来越没有成效，能够获利的投资机会日益减少，从而出现“闲置资金”。在这个时期，人们从很多方面追问关于资本主义制度的深刻问题；气氛有利于政治和意识形态走向前台，社会骚动可能变得激烈起来。这时，急于投出资金的数量要比投资机会增长得更快，它使金融资本受到压抑并开始寻求其他有利可图的令人兴奋的事物，包括贷给遥远地区和重大新技术的款项。前者将会在以后导致债务危机，后者则引发了一次技术革命。特别在每一次技术长波的狂热阶段的尾声，当金融资本与生产资本的断裂达到了极点，账面价值挣脱了预期红利或其他实际业绩的测量指标时，这种破裂就终止了这场赌场游戏。①

① 卡萝塔·佩蕾丝著，田方萌等译：《技术革命与金融资本》，中国人民大学出版社2007年10月版。

当然，这里并不是说这些金融危机都与技术革命有着严格的因果关系，我们要说的是在导致任何一次具体危机的机制中，存在着源于技术生命周期的因果关系。

自1975年以来的生产资本与金融资本：从信息技术泡沫到金融泡沫

自20世纪70年代到80年代以来，德国和日本的产品对美国形成强大的威胁。日本一度购买了美国哥伦比亚唱片公司、洛克菲勒中心、库克有线公司、MAC等美国的标志性公司，美国人一度惊呼“经济的珍珠港”，特别是1973年和1979年的两次石油危机，美国没有较好地进行调整，但是也就是在这一时期，以1971～1972年英特尔公司对微处理器的开发为标志，从此“芯片上的计算机”进入了廉价制造和大批量生产的时代。在政府“半导体制造业技术产业联盟”项目的支持和合作研发的帮助下，美国产业界逐步崛起，从而铸就了20世纪90年代“新经济”的重新辉煌，在这个过程中，风险资本一直担当了主要角色（见图6.1）。公众对网络的兴趣极高，以至于公司创建者决定在公司成立还不到一年的时间就进行首次公开募股。新经济的概念充斥于整个20世纪90年代，人们还以为经济周期将要消失。

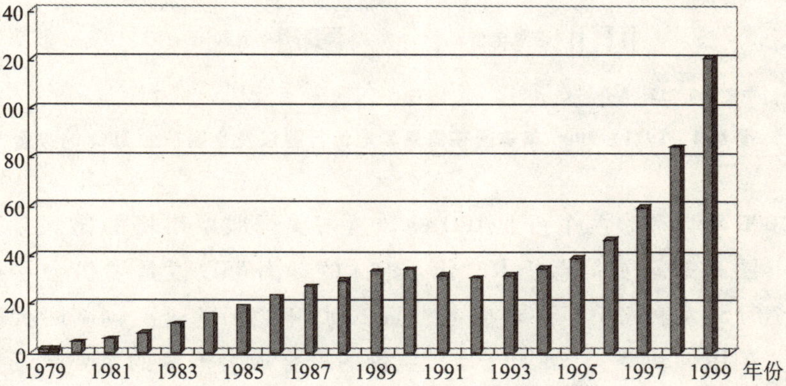

资料来源：美国经济分析局。

图6.1　美国投资于风险资本的资金量

但是，发生于2000年的美国纳斯达克市场的崩溃使人们对“新经济”有了理性的认识。纳斯达克市场崩溃之后，美国就应该对其制度、文化等进行改革，以让信息技术的应用更加广泛和普及，从而进入信息技术长波的协同期；但是美国针对科技股泡沫的破灭仅仅是通过宽松的货币政策就得到了恢复，而没有进行更为广泛的改革。特别是9·11以来，美国把矛盾的焦点从国内转向了国外，信息技术的发展并没有继续以原来的速度发展，资金更多地进入了金融市场。

2000年后的美国，在信息和通讯领域的IPO数量比20世纪80年代还要少，而金融领域的IPO则迅速增加（见图6.2）。

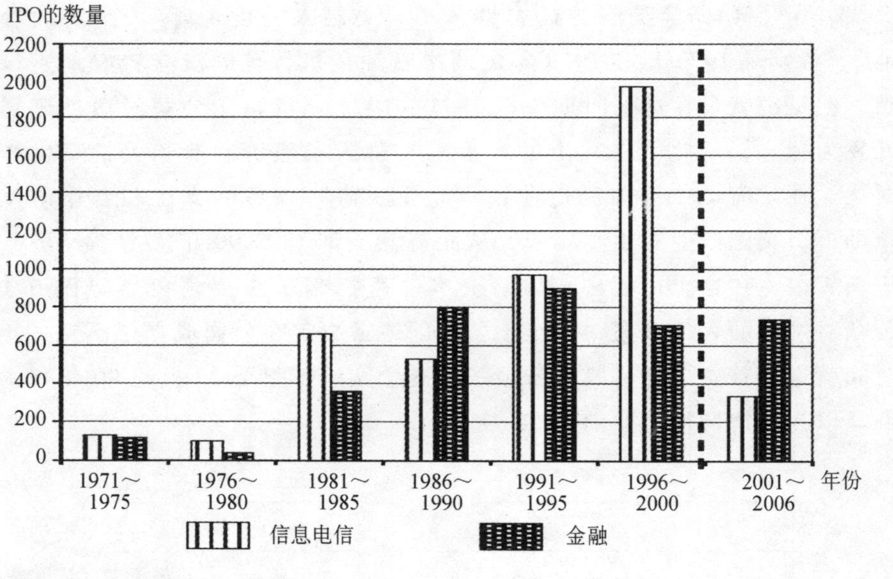

数据来源：美国经济分析局。

图6.2 1971～2006年美国在信息和电信行业以及金融行业IPO的数量

2000年以后，两个行业IPO的数量占美国股票市场的比例有了明显转折（图6.3）。在信息技术时代，泡沫的动力可以说是“机会寻找型”，在这个时期大家几乎不讲求成本，而2000年之后的金融创新时代则可以说是“信用推动型”，市场充足、廉价的资金成为泡沫的主要推动力，这种情况在纽约股票交易所和美国纳斯达克市场中都表现得非常明显（见图6.4和图6.5）。

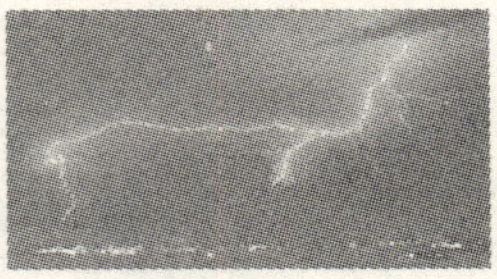

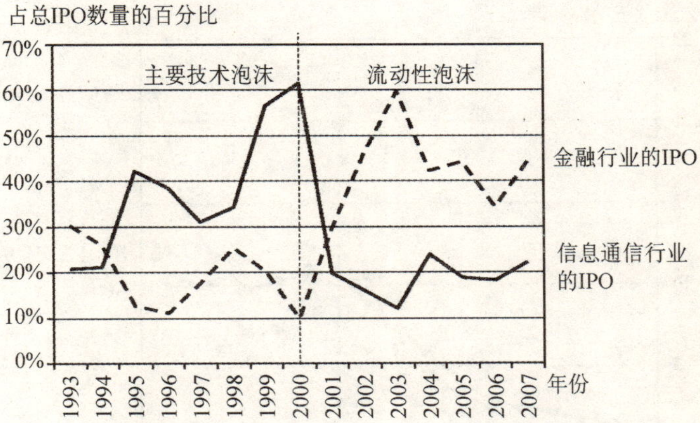

资料来源：美国经济分析局。

图 6.3　1993～2007 年信息通信行业和金融行业 IPO 数量占美国股票市场的比例

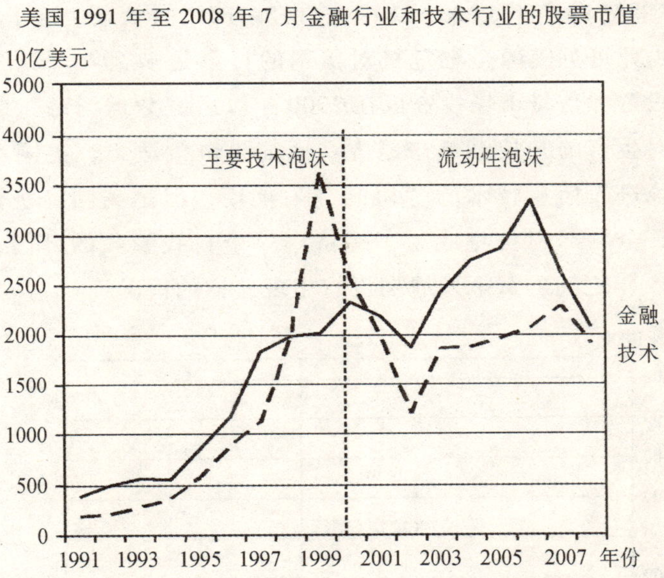

资料来源：美国经济分析局。

图 6.4　1991 年至 2008 年 7 月美国金融证券和技术证券的资本总额

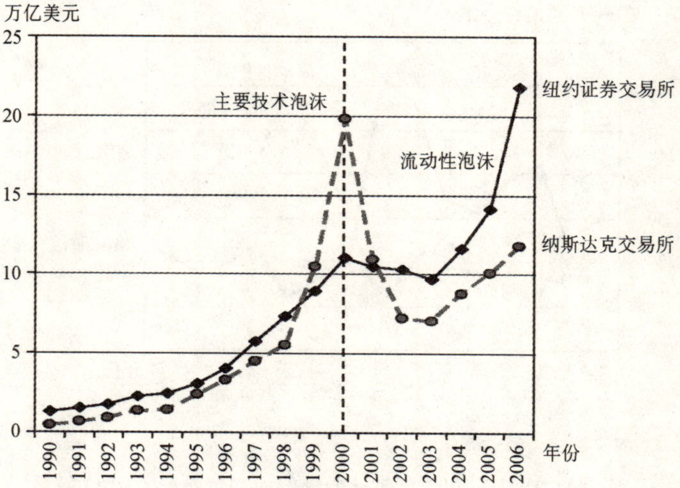

资料来源：美国经济分析局。

图 6.5　纽约证券交易所和纳斯达克交易所交易额（1990～2006 年）

自 20 世纪 90 年代以来，美国来自金融部门的股息接近于非金融部门的 3 倍，由此可见美国金融危机对美国的打击是多么大（见图 6.6）。美国的固定投资和信贷市场投资也在 2000 年以后“分道扬镳”（见图 6.7），金融资本对生产的掌控性越来越大。而如果政策适当，美国本来在 2000 年以后应该进入信息技术的“协同”发展期，但是美国经济却走向了另一个方向，金融部门自身成为了经济中一个自我膨胀的部门；而美国在 1945～1975 年之间的黄金发展期没有出现这样的情况。

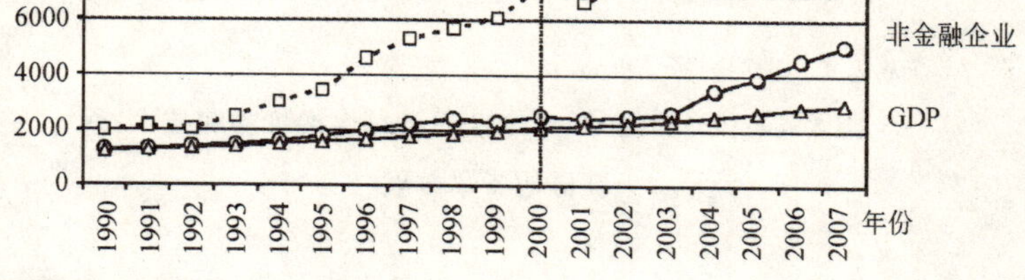

资料来源：美国经济分析局。

图 6.6　1990～2007 年美国金融和非金融企业的股息分红以及 GDP 增长率

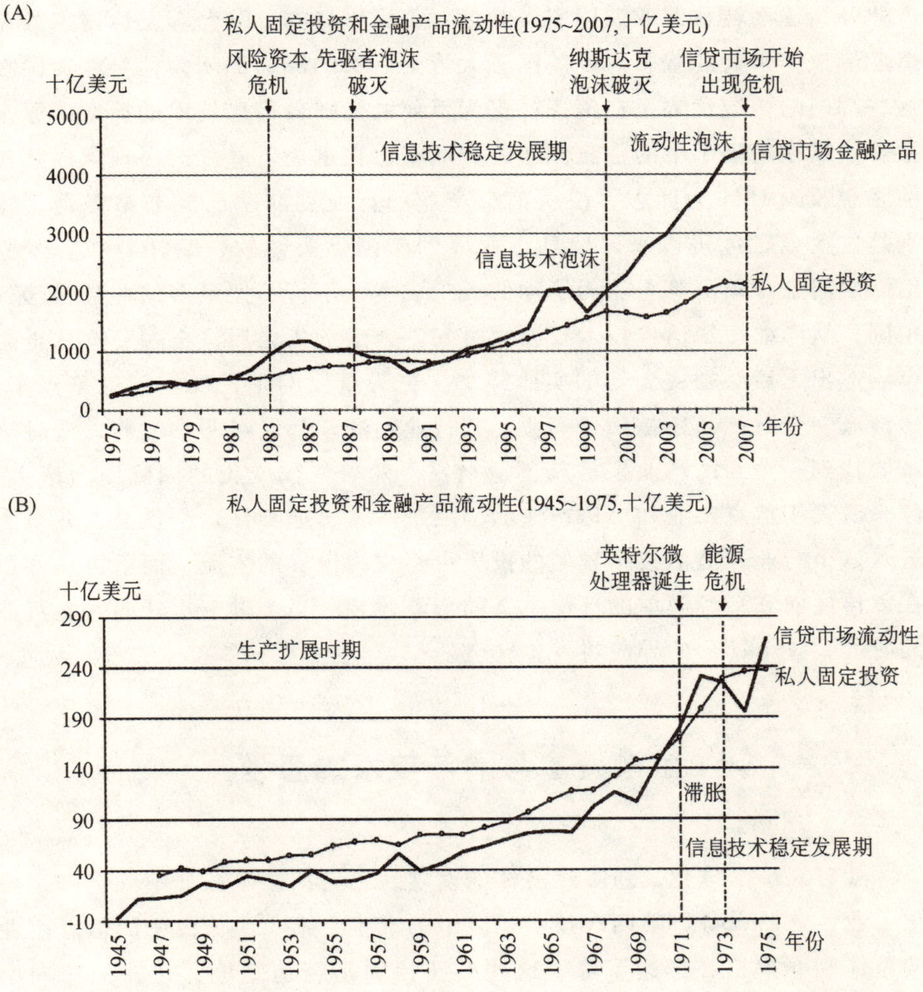

资料来源：IMF。

图 6.7　美国固定资本投资和信贷市场流动的比较

美国自 1975 年到 2000 年信息技术长波的导入期，金融资本起了非常重要和适当的作用，但是 2000 年之后，美国并没有让信息技术长波继续向纵深和广度发展，整个经济靠金融泡沫形成的财富效应来推动，金融资本逐渐掌控了一切，从而严重损害了美国经济的结构。随着金融危机的到来，美国实体经济去金融化将是一个必然的趋势。

美国、日本、欧洲等国家在钢铁、电器、石油、汽车等传统行业中的利润率开始下降，七八十年代美国的这些行业面临着日本、德国的竞争压力，而随着中国等新兴经济体的出现，这些在 20 世纪初期发源于美国的

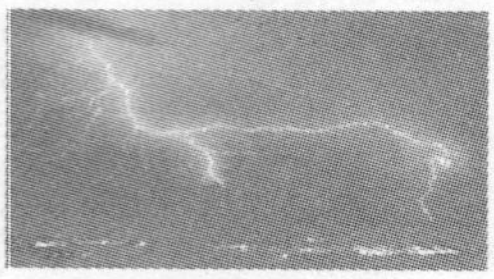

产业开始逐渐转移到亚洲国家，并且对美国、日本、欧洲等发达国家的制造业形成非常大的威胁。以美国三大汽车巨头的濒临倒闭为信号，美国在这些部门的传统优势正在消失。更为重要的是随着信息技术的扩散，原来主要垄断在美国手中的信息产业的利润率也在迅速下降，这一现象以几年前联想收购 IBM 为标志，说明信息产业的行业利润率已经非常微薄，特别是这次金融危机以来，信息产业界的跨国巨头微软、摩托罗拉、爱立信、西门子、索尼等企业为了降低人工成本，不得不把更多的业务转移到中国，从而缩短了信息技术长波的时间。金融危机之后，金融资本从金融市场退出之后必须找到新的实体经济，更为重要的是，现在无论是汽车、房地产、金融产品还是信息产业，其行业利润率都已经非常微薄，金融资本要找到一个新的产业来重新创造财富。随着气候变化的国际压力增大，原来游弋于信息产业和房地产业的金融资本将迅速捉住这个机会，并全力进入这个行业，清洁技术领域的投资也将成为世界的主流，而不再是停留在宣传层面和一种简单的环保主义的形象包装。当金融资本转向这些行业的时候，整个社会的导向将发生转变。

金融资本与清洁技术的恋爱

随着经济全球化、新兴经济体的发展，第三次技术长波中的钢铁、重化工业、电器设备，第四次技术长波中的汽车，第六次长波中的信息产业的整体利润率正在迅速下降，这些产业特别是制造基地，正在加速向中国这样的国家转移。20 世纪末期掀起的金融扩张浪潮在掀起了信息泡沫、房地产泡沫、商品期货泡沫之后，现在正面临着新的去处。更为重要的是原来旧范式中有利可图的投资机会已经几近穷尽，随着金融监管的加强，金融资本的肆意横流已经退潮，它们急需寻找新的投资领域。同时，气候变化在政治上已被接受，至于科学上的气候变化已经不再那么重要，大家需要新的投资领域，人们需要新的概念。在这里，清洁技术包括新能源、水/污水处理、空气/环保、新材料、环保废物处理、能源设施、能源储备、新农业、建筑节能九个领域，这也是构建新的经济范式的基础。

从技术发展的阶段来讲，目前的清洁技术正处在发展时期，正需要类似风险投资之类的资金支持和进入，非常巧合的是，在这个时期，金融资本正逐渐从房地产市场、商品期货市场、金融衍生品市场退出，两者在这个时期相遇（见图 6.8）。

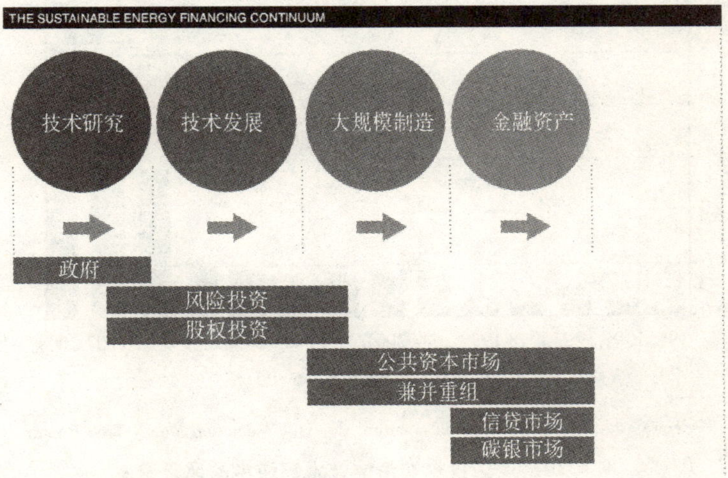

资料来源：The Cleantech Group。

图 6.8 技术创新过程

自 2007 年美国次贷危机以来，很多国家的股票市场下跌一半以上，但是清洁技术领域的投资却保持着快速增长，特别在风险投资领域。直到 2008 年第四季度，全球的风险投资额达到 40 亿美元，其中美国大概占了一半的投资（见图 6.9 和图 6.10）。

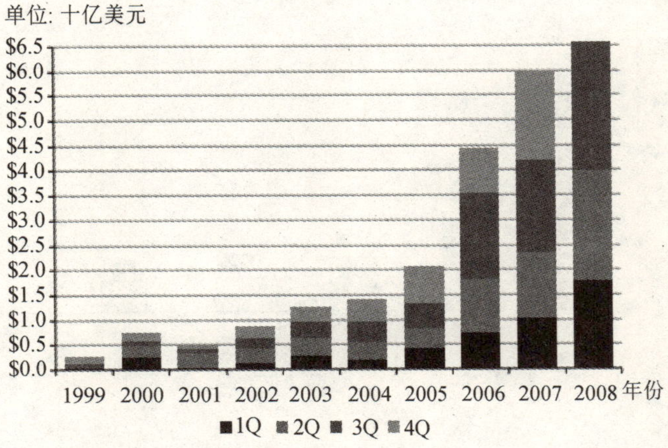

资料来源：The Cleantech Group。

图 6.9 投资在清洁技术领域的全球风险资本数额

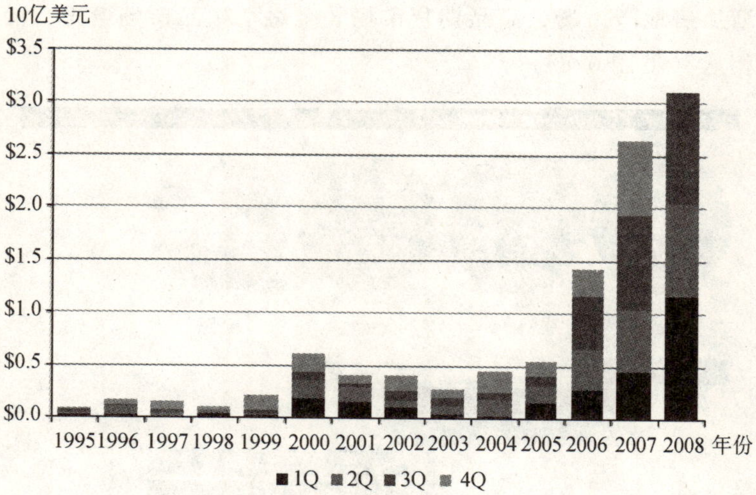

资料来源：PricewaterhouseCoopers/National Venture Capital Association Money Tree Report。

图 6.10　美国投资在清洁技术领域中的风险资本

自 2000～2001 年美国新经济泡沫破灭之后，清洁技术就已经成为美国风险投资领域中不断上升的一个产业（见图 6.11）。然而，美国总风险投资额 2006 年比 2001 年减少了 33%，而投资在清洁技术领域的资本却增长了 234%。

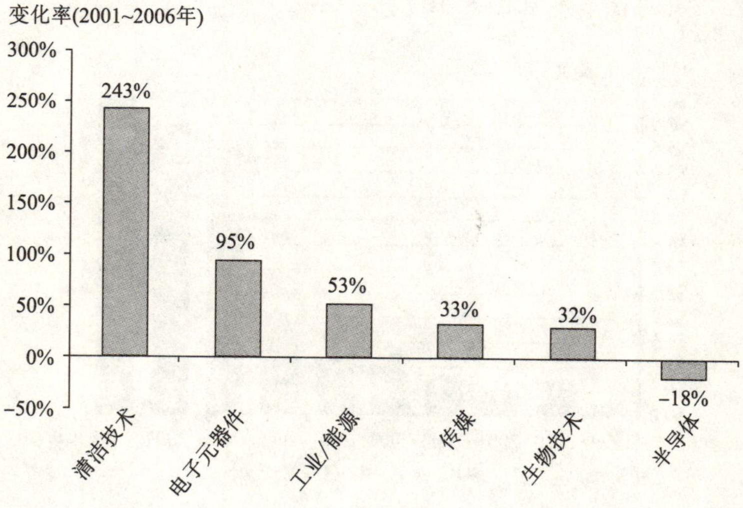

资料来源：Clean Tech Venture Network。

图 6.11　2001～2006 年按行业划分的风险投资变化率

在清洁技术领域，各项技术所需要的风险投资的模式以及所吸引的资金也不同。

太阳能：未来太阳能发电技术主要集中在多晶硅技术、薄膜技术以及太阳能光热技术三个领域，但是到底哪种技术将占主导优势还不确定。为了平衡起见，风险投资者在这三项技术中都有投资。

风能：风能发电技术相对成熟，风险投资资金主要进入了促使其零部件性能提高的领域，比如涡轮发电机中的齿轮领域。由于这项技术相对成熟，所以最近在很多国家发展得比较快。

生物燃料：尽管生物燃料技术已经成熟，特别在巴西，其在 2007 年初期，投资过剩，随着小麦价格的不断高涨、石油价格回落以及对生物燃料的质疑，生物燃料的产量在 2008 年有所回落；但是目前风险投资开始关注第二代生物燃料技术，也就是非粮食生物燃料技术，比如利用海藻、植物秸秆等制造酒精。目前投资在第二代生物燃料技术中的资金已经超过了第一代生物燃料技术中的资金。

地热能：地热能是近年来投资增长速度最快的领域，虽然这一领域的不确定性非常大。

净化水项目：未来随着水资源的不断短缺，海水淡化、污水处理以及把其他未利用的资源转化成纯净水是未来的一个必然发展方向，但是这一领域主要是政府公共部门投资，风险投资进入的资金还不是很多。

储能技术：特别是电池技术，是第六次康德拉基耶夫周期长波中最为关键的技术，如果储能技术能够有一个很大突破，那么风能、太阳能领域发展的“瓶颈”将在很大程度上得到解决。

交通运输：混合电动汽车、纯电动汽车近年来成为很多国家的战略性投资产业，无论是德国、日本、美国，还是中国。这一领域所吸引的资金已经非常多，以巴菲特投资比亚迪为标志。

能源效率：能源效率涉及的行业和领域很多，其中有智能电网、智能电表、绿色建筑以及新材料，节能将成为未来长期关注的焦点。具体的比例如图 6.12 所示。

从地域分布上来讲，欧洲依然占据投资的主要市场，其次是美国和亚太地区。工业化国家的新增投资总额 2008 年比 2007 年有所下降，而新兴发展中国家增长了 27%，并且这一趋势将继续下去，其中中国是吸引投资的大户（见图 6.13）。

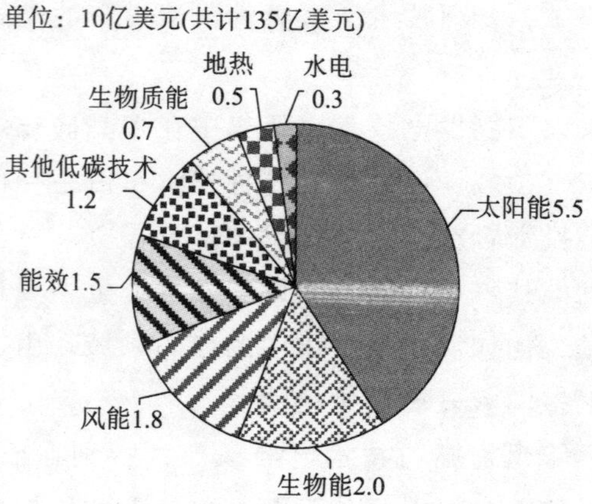

资料来源：New Energy Finance。

图 6.12　2008 年新能源领域股权投资的比例

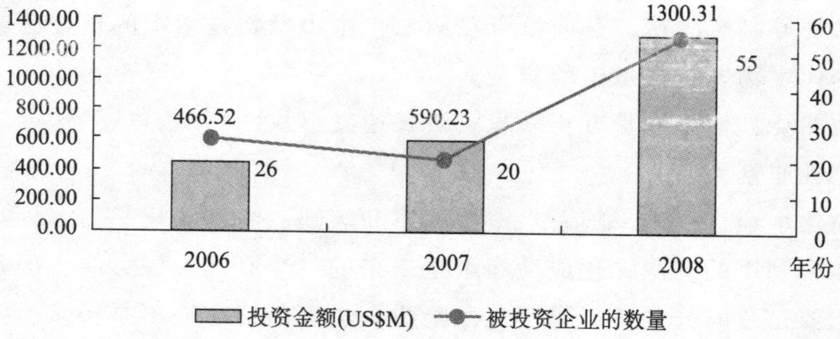

资料来源：清科研究中心。

图 6.13　2006～2008 年清洁技术市场年度投资总量

当然风险投资在中国只是一个很小的部分，大部分投资还集中在制造业基地的建设以及大量的政府投资上。日本、澳大利亚及德国这几年的发展尤其值得关注。由于日本未完成《京都议定书》中所承诺的 2008～2012 年将温室气体排放量相对于 1990 年降低 6%，而且日本对石油的进口依赖也非常大。因此，这几年日本一直大力鼓励家庭用户安装太阳能，其混合动力电车在这几年发展得也很快，并且都有出口。德国最近几年也开始大力补贴太阳能的发展，2000 年已经超过日本。2007 年澳大利亚总理陆克文上台之后，立即宣布加入《京都议定书》，并且宣布将温室气体排放量到 2050 年相对于 1990 年降低 60%，可持续发展能源占到 20%。由于澳大利亚的煤炭储量十分丰富，因此其目前在碳封存与碳捕捉技术（Carbon Capture and Storage，CCS）方面一直走在前列。

> 历史总是存在，观点、态度和制度在发生变化，资本主义的特征不会发生变化。
>
> ——Knight

第七章
气候变化与第六次康德拉基耶夫长波

康德拉基耶夫周期长波

康德拉基耶夫是20世纪30年代一位非常有影响的年轻的俄罗斯经济学家，才华横溢。他于1925年发表了《主要经济周期》论文，并在接下来的几年内发表了关于经济周期的系列文章。奠定他声誉的决定性贡献是其提出了资本主义发展的长波假设，由熊彼特命名，而后被称为“康德拉基耶夫长波”早在康德拉基耶夫以前，人们已经注意到经济发展过程中长时段内繁荣与萧条的交替存在着某种规律。康德拉基耶夫长波理论的核心内容就是由于重大的技术进步所引起的后续系列的投资热潮，带动了经济的积聚式增长，并引起了政治、经济、生活的广泛影响。他认为存在一个持续50~60年的经济长周期，经过熊彼特的总结，世界经济自工业革命以来存在三次长波。长波理论经后人，特别是英国Sussex大学的名誉教授，“国家创新体系”的倡导者弗里曼等人的发展，其把工业革命以来的经济分为五个长波：棉花、铁和水力时代；铁路、蒸汽机和机械化时代；钢铁、重工业和电气化时代；石油、汽车及大规模生产时代；信息时代。

我们对历史的分期不是出于权宜之计，而是为了更好地理解技术、工业结构以及整个经济和社会系统的连续变化模式，并不是简单地滥用“线性创新模型”。虽然后来成为工业革命显著标志的一些产业，在16~17世纪甚或更早就已经成长起来——例如用于纺织机器的许多创新，已经出现，而且通常被认为是工业革命一部分的主要社会和文化变革出现得更早，但是直到18世纪后期，一些关键的行业才有迅速的增长，在这些领域出现了一系列可能的发明和创新长波，家庭生产开始向工业生产转变，这就是我们冠之以一次“革命”的原因。

目前，历史学家和创新理论家已普遍认同熊彼特的创新集群概念，而集群式创新并不一定会带来国内生产总值、工业生产总值等指标的明显变化，历史研究的目的也不是对经济统计数据的简单拟合。熊彼特早已指出，总趋势掩盖的东西与揭示的东西一样多，因为这种做法忽视了处于经济增长核心的经济机构本质的变化，重要的不是国内生产总值的增长，而是新兴产业的出现和新技术的应用，因为它们是增长的源泉。当然，关键技术的突破并不一定导致经济的剧烈变化，尤其是佩蕾丝强调制度变化与技术变化同等重要，也就是说，除非同时出现深刻的社会、组织和技术创新，否则不可能发生系统性的变化，而且，这种变化只有经过很长的时间才会出现。

为什么一次长波需要那么长时间，是因为一种新的生产方式的成熟需要长达45年的周期，新集群事实上包括新基础设施、新产业、新服务以及新的管理系统，但导致长波的不是对旧基础设施的“回波”效应，而是新技术的产生及其向整个经济扩散的长期过程。通常而言，一种技术系统的整个生命周期远远超过一个世纪。起源于19世纪中期的铁路系统直到今天依然非常重要；电力技术是电子系统的根本基础；汽车仍然是主要的交通工具。技术的每个阶段对应的是不同的利润，这是财富的真正来源，也就是说我们关注的是什么创造了财富。我们分析历史的原因正在于此，以正确判断每个行业的阶段，从而确定我们所处的时代。

康德拉基耶夫周期长波的四个阶段

演化经济学的重要代表人物之一卡罗塔·佩蕾丝在其《技术革命与金融资本：泡沫与黄金时代的动力学》中，把每一次技术长波分为了四个阶段，见图 7－1。

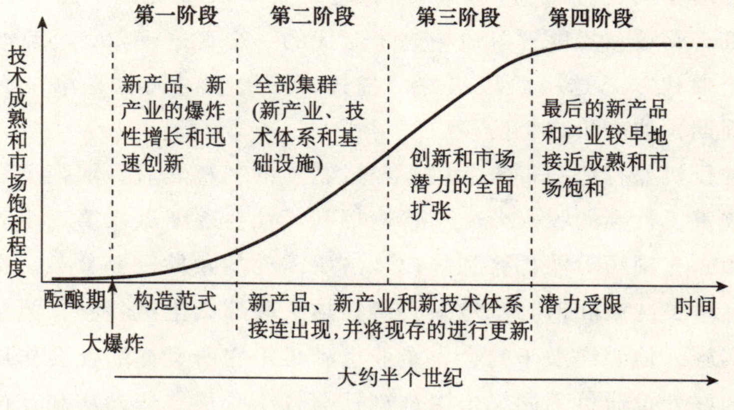

资料来源：罗塔·佩蕾丝：《技术革命与金融资本：泡沫与黄金时代的动力学》，中国人民大学出版社 2007 年版。

图 7.1　技术长波的四个阶段

在大爆炸发生的第一阶段，旧的技术—经济范式已经走向成熟，并且面临着市场饱和、边际利润递减的困境，金融资本以及年轻的企业家在不断寻求新的设计、新的产品、新的产业和新的利润空间。市场上存在着大量的闲置资本，这是从大量旧范式的企业中溢出的。新产业惊人的增长和生产引来大量的投资者，不过新范式强有力的活力越来越与旧产业的衰落相冲突。这一时期明显的特点就是失业的增加，其原因多种多样，包括经济的停滞或技术的更新。失业的工人以及那些采取了无效政策的政府内部决策者普遍感觉失望和无助。在政党内部，无论左右，改革者与怀旧者之间都发生了分化，有时甚至导致分裂、重组或者全新的运动，不过股市逐渐开始复兴，起先与新的技术产业有关，很快就同新的金融工具和各种形式的投机挂上了钩。总之，这是一个技术的时代。

第二个阶段，这是一个高速增长的阶段，它见证了新产业、新技术体系和新基础设施伴随着强劲的投资与市场增长走向繁荣。随着新范式的充分展开，人们开始探索由技术革命开辟的所有可能的道路，人们充分挖掘正在扩散的新范式的潜力，同时也在整个阶段扎下了根，生产率的爆炸性增长影响到越来越多的活动，引发了生产领域的一次重构过程。当然，这也是一个激烈的“自由”竞争的阶段，并逐渐向寡头垄断或者卡特尔时代靠拢。大量多余的资金倾注到技术革命的深化中去，尤其是基础设施（运河热、铁路热、互联网热），这常常导致无法达到预期的过度投资。随着股市资产的膨胀，市场中出现了赌博经济，而这一时期虚拟经济和实体经济逐渐相离，金融与生产相离，金融资本直接支配了整个体系的运作，投机、腐败和寡廉鲜耻成为这个时代的一个普遍现象，马克吐温笔下的“镀金时代”是这一阶段最好的描述，而镀金时代也是第三次康德拉基耶夫周期长波的第二个阶段。

这种投机盛行势必带来危机，经过制度的调整之后，加强了社会的凝聚力，改善了社会的收入分配与普遍福利，社会逐渐进入第三个阶段。在这一阶段，充满活力的扩张和规模经济所需要的条件已经具备。在适当的框架下，增长区域和谐，虽然未必像狂热阶段那么生机勃勃，但是道德准则得到实施，信心洋溢于社会，企业也满足于它所发挥的社会作用。一部分繁荣的好处也通过不同渠道渗透到社会各个阶层，劳动法和其他致力于保护弱者的措施得到推进，收入重新分配，消费市场扩大，生产成为这一阶段的主题。这一阶段可以明显地称之为真正的“黄金时期”，美国钢铁、电力和重工业时代的1895～1907年和石油、汽车时代的1945～1959年，就是这样的黄金时代。

成熟阶段促使范式逐渐成熟，市场逐渐饱和。由于快速的学习和需求饱和的曲线，最晚出现的技术体系和最晚出现的产品周期都很短暂。在企业内部，市场开始饱和，而技术也在成熟，利润开始感受到生产率的限制。获得了“黄金时代”充分好处的人们仍然相信这一体系的优越性并宣称存在着永不停止的进步。一方面，资本主义作出了太多社会进步的允诺，另一方面，兑现的却不够；一方面显示了太多的财富创造能力，另一方面分配的却不够。于是年轻人登台造反，与艺术家和其他不合作者一道以浪漫的方式进行抗议。资本主义的深层矛盾开始被质问，政治和意识形态的冲突非常明显，社会骚动可能激烈，社会改良缓和。显然，这些新技术已处于枯竭，整个增长方式的衰落和下一次技术革命的舞台已经搭好，目前的欧美经济体就处于信息通讯时代的第四个阶段。

佩蕾丝把自18世纪后半期直到用平行的条状排列了五次发生的浪潮，并为每一个阶段确定了时期（见图7.2）。每一段连贯的虚线，提醒人们每次技术革命将持续到它最终完全耗尽，而下一轮革命正在发动之中。

巨浪	技术革命(核心国家)	大爆炸	导入期：爆发阶段	导入期：狂热阶段	转折点	展开期：协同阶段	展开期：成熟阶段
第一次	工业革命 英国	1771	18世纪70年代~18世纪80年代早期	18世纪80年代~18世纪90年代早期	1793~1797	1798~1812	1813~1829
第二次	蒸汽和铁路时代 英国,传播至欧洲大陆和美国	1829	19世纪30年代	19世纪40年代	1848~1850	1850~1857	1857~1873
第三次	钢铁、电力和重工业时代 美国、德国赶超英国	1875	1875~1884	1884~1893	1893~1895	1895~1907	1908~1918*
第四次	石油、汽车和大规模生产时代 美国,传播至欧洲	1908	1908~1920*	1920~1929	Europe 1929~1933 USA 1929~1943	1943~1959	1960~1974*
第五次	信息和远程通讯时代 美国,传播到欧洲和亚洲	1971	1971~1987*	1987~2001	2001~?	20?	

大爆炸　　崩溃　制度重组

资料来源：卡罗塔·佩蕾丝（2001）。

图7.2　每次发展浪潮的大致时间

清洁技术产业的范围和内涵

通过前几章我们可以发现，清洁技术产业包含的范围十分广泛，其绝不仅仅是可再生能源，因为仅可再生能源不可能成为拉动经济增长的支柱产业，也不可能成为带动经济走出低谷的引擎。美国的清洁技术产业之所以能够产生如此大的影响，更重要的在于其能源的利用方面。

清洁技术产业主要分布在三个领域：能源供给领域、能源需求领域以及清洁技术服务领域（见图7.3）。

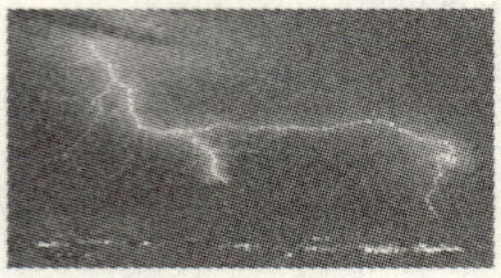

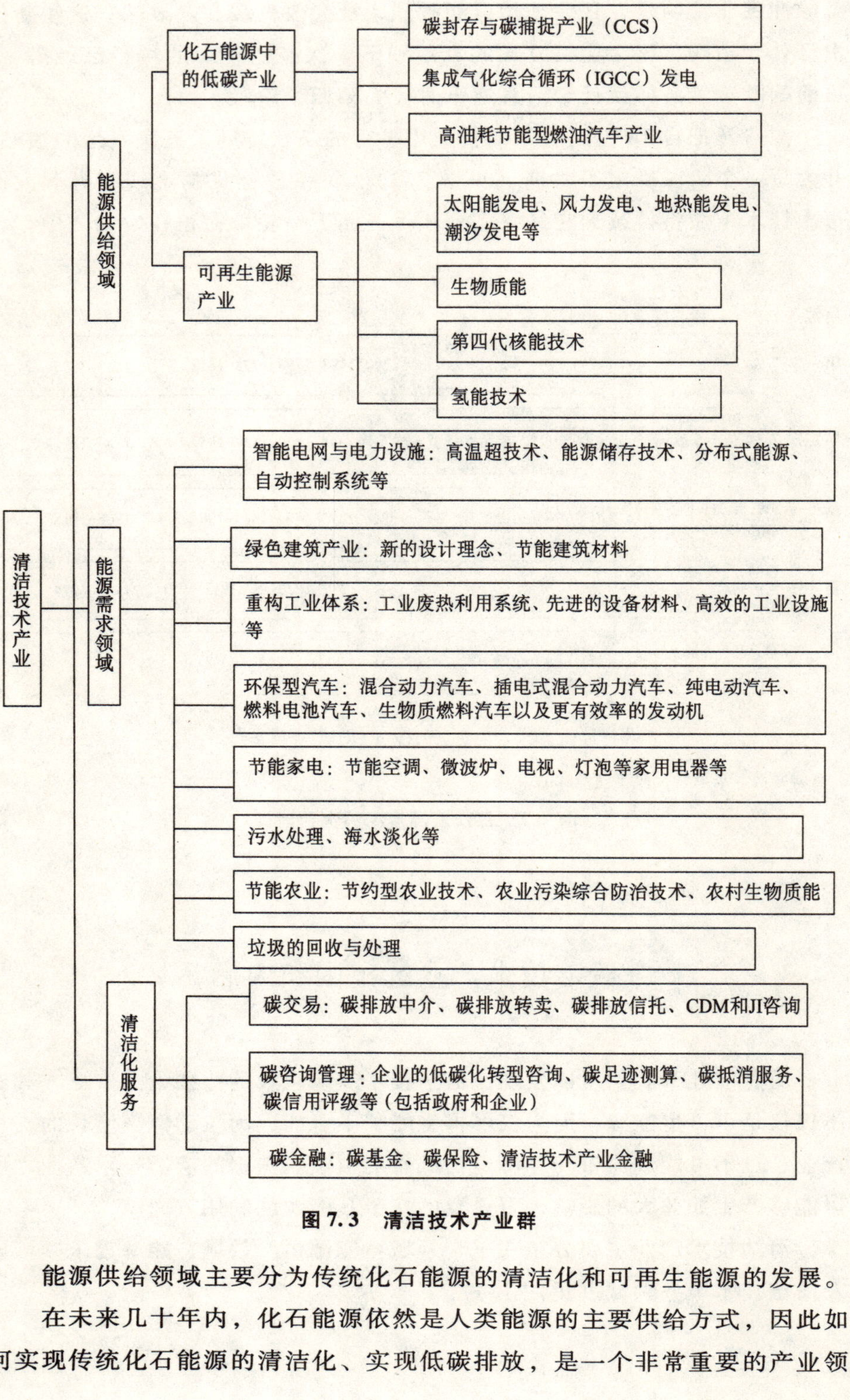

图 7.3　清洁技术产业群

能源供给领域主要分为传统化石能源的清洁化和可再生能源的发展。

在未来几十年内，化石能源依然是人类能源的主要供给方式，因此如何实现传统化石能源的清洁化、实现低碳排放，是一个非常重要的产业领

域。首先是煤炭发电领域，碳封存与碳捕捉技术产业、集成气化综合循环（IGCC）发电产业、热电联产业等；其次是石油领域，内燃机汽车在未来几十年内依然占领主导地位，高燃油效率的内燃机汽车将成为未来切实可行的首选；最后是可再生能源产业，包括风能、太阳能、地热能、潮汐能、水能、生物质能（包括生物燃料和生活垃圾、植物秸秆等）、核能、氢能产业以及应用非常广泛的储能产业。

能源利用领域主要是能源利用的高效、节能化，其主要包括智能电网，长距离直流输电，环保汽车（包括混合动力汽车、燃料电池汽车、纯电动汽车以及生物燃料汽车等），节能型建筑材料，节能及智能化家电，钢铁、造纸、水泥等高耗能产业的节能化，绿色 IT，节能型农业，污水处理及海水淡化，城市生活垃圾及应用。

清洁化服务主要包括碳市场交易、企业和政府的碳咨询服务以及碳金融。碳市场交易中有碳排放中介、碳排放转卖、碳排放信托、CDM 和 JI 咨询与开发等。企业和政府的碳咨询服务主要包括企业的低碳化转型咨询、碳足迹测算、碳抵消服务、碳信用评级等，政府的减排咨询及相关的课题研究。碳金融主要有清洁技术产业的风险投资和金融信贷、碳基金、碳保险等。

在这里，我们只是大致列出一些重要的产业群。随着清洁技术产业的发展，还会诞生出很多相关的细分产业。

正是这么多产业的大力发展，才可能把经济带出低谷，促进经济增长。这些新的产业在发展的初期势必会遇到一些新的阻力，因此我们需要“创造性破坏”。

清洁技术—经济—社会范式

范式，这个概念由美国著名学者托马斯·S. 库恩在《科学革命的结构》一书中第一次提出。它是指在科学发展的某一历史时期，某一科学共同体在某一学科领域中所共同具有的信念和传统。这种信念和传统规定了他们具有把握世界共同的自然观、理论模型和解决问题的思想框架与方法，为该学科的发展规定了共同的方向，提出“革命就是世界观的改变”。库恩并且认为，范式革命就是科学革命，当现有的范式解释不了的事实称为反常，当反常越积越多，甚至冲击现有范式的基本原则时，现有范式就会被动摇，引起科学危机，常规科学进入非常规科学；只有建立新范式，抛弃旧范式，进行科学革命，才能使危机得到解决，科学的历史就是从一个范式转换到另一个新范式的革命历史①。

技术—经济范式的概念最早由英国 Christopher Freeman 提出。他从技术创新的角度，对自工业革命以来的重大技术和生产方式创新进行了划分，其中包括主流产业技术、关键投入要素、产业组织、市场结构、融资方式、组织创新等。佩蕾丝认为，如果重要的一批创新产业在短时间内突然崛起，人们有更充分的理由为其贴上“技术革命”的标签，而且只有这批技术突破中的每一个都远远超出它所源起的部门或产业的界限，并扩散到广泛的领域内才属于所说的“技术革命”。

佩蕾丝把技术革命定义为一批具有强大影响、崭新且动态的技术、产品和部门，它们在整个经济中能带来巨变，并能推动长期的经济增长高潮。技术革命中交织着一组技术创新集群，一般包括一种重要、通用的低成本投入品，这种投入品有时是一种能源，有时则是一种重要的原材料，再加上重要的新产品/新工艺/新基础设施。新基础设施会改进交通和通讯的速度与可靠性，并大幅缩减成本。技术革命不局限于单个的技术进步，而是能带来整个“技术—经济范式”的转型，从而促成所有经济活动潜在生产率的量子跃迁，整个生产体系得以现代化和更新，从而每 50 年左右使社会总效率水平提高到一个新的高度。其中，整个社会的硬件、软件和意识形态也都会发生转型，技术革命促成新产品/新行业/新基础设施爆炸性发展，在新“技术—经济范式”扩散期间，企业家、经理、创新者、投资者、消费者和政府的个人决策和行为模式都会发生变化。

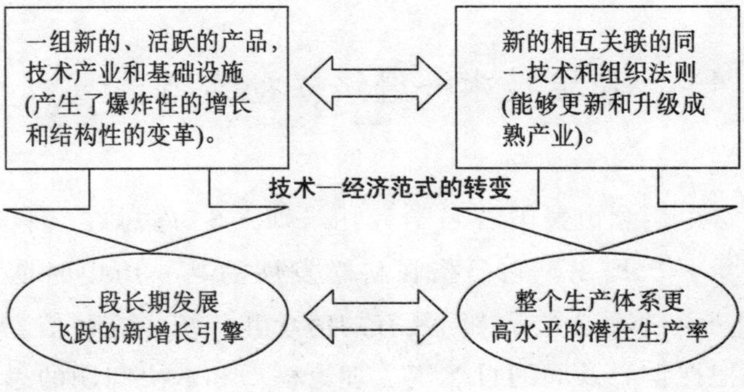

资料来源：佩蕾丝：《技术革命与金融资本》，中国人民大学出版社 2002 年版。

图 7.4 技术革命的双重性质

① 王彦鑫：“范式革命与循环经济范式”，《山西财经大学学报》，2007 年第 4 期。

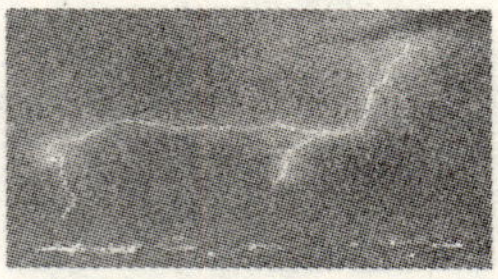

清洁技术革命从严格定义来讲，其贯穿于整个人类的历史，因为整个人类的历史也是不断清洁、高效的历史，因此这里不存在清洁技术革命是以某一项关键技术为标志。但是我们还是倾向于称之为清洁技术革命，是因为在人类历史上还从来没有像现在以如此大范围、如此高规格地来对待我们共同的环境。

在这里，我们倾向从 2008 年为正式的开始。一是因为从 2008 年开始，国际上第一部具有法律意义的《京都议定书》开始实施，更为重要的是全球金融危机的爆发，宣布了原有财富增长模式的结束，世界经济，特别是发达经济体，进入以清洁技术开发为主题的实体经济投资时代。而且这里也不想用低碳经济的概念，因为作者认为低碳经济更多地是强调一种经济发展模式，而作者在这里更多地是从技术演变的角度来认识当前的低碳经济。之所以称之为清洁技术革命，也不仅仅是一种或多种技术，而是一个技术—经济—社会的范式变化，或者说是一种文化、制度、技术的整体变迁。

但是，这一次的清洁技术革命又与前几次有所不同。从发展驱动力上来讲，其不仅仅是研究人员和企业家实现自身价值的愿望和投资家对经济效益的追求，而是更注重个人、企业的社会责任，外界的制度压力是推动其发展的初始动力。从推广的价值来看，不仅仅是实现经济利益，更有人类长远的社会价值。因此，这次技术革命推行起来将充满更多的曲折和困难，其发展的速度也可能更慢，持续的时间也更长。

所以，清洁技术革命的实现首先要从制度、政策层面入手。

逐步把环境污染的外部成本内部化，实行强制性的污染物征税、收费制度。瑞典是实行碳征税效果最好的国家，碳税和核能帮助瑞典在1970～1990 年间削减了约 1/3 的工业和能源生产排放。在碳税为了中和全面的财政效应而被引入之后，税收收入减少了一半，经济增长了 44%，而 2005 年温室气体的排放量比 1990 年降低了 9%①。政府也应该更多地考虑我们需要什么样的经济增长，以及倡导什么样的经济增长方式。

政府应鼓励民间团体特别是环境团体的发展，因为环保团体不仅有道德的可信度，而且积累了大量的环境知识和经验，在普及环保知识、营造环境舆论、给环境污染企业施加压力方面有着非常的优势，而很多时候政府并不是十分适合做这样的事情，或者其效果没有这些环保非政府组织

① 安东尼·吉登斯著，曹荣湘译：《气候变化的政治》，社会科学文献出版社 2009 年版。

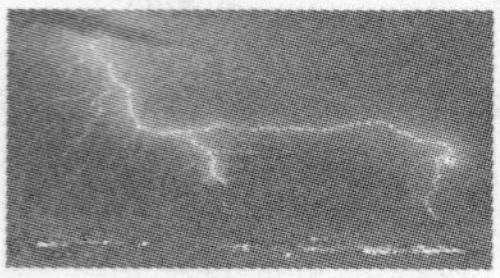

好。20 世纪 80 年代末建立的，最终导致 IPCC 面世的两个研究小组就是由非政府组织组建的。

政府还应该积极鼓励创新型经济和创新型社会，因为技术创新是实现清洁技术革命的关键。在应对气候变化时，政府必须将科学、大学和社会企业家紧紧聚拢在一起。“引爆点”不仅仅适用于清洁技术革命领域，也适用于社会生活和经济生活，在社会转向低碳生活方式的时候，政府更要全神贯注地创造这一引爆点。从小处做起，当达到某个临界点的时候，更大的变化就会发生。例如，逐步提高 SUV 汽车的税率，出台全面禁止使用白炽灯的禁令等。

鼓励清洁技术的开发和清洁技术产业的发展，特别对初期技术和产业的扶持。德国是一个很好的学习榜样，德国目前的可再生能源的发电量已经从 2000 年的 6.3% 上升到今天的 14% 还多，而且德国如今已经是世界上最大的风力使用国和重要的风力技术、太阳能技术的主导国。

企业是每次技术革命的主力，也是财富创造的实现者，目前“碳风险”已成为投资家对企业进行投资时必须考虑的一个重要因素。2008 年由欧美金融领域的 385 家机构组成的气候变化金融组织发表了题为《碳信息披露项目》的报告书，要求上市公司企业公布自身应对气候变化方面的实际情况。此外，嗅觉灵敏的企业已经开始了战略化的转型，一是提高自身的形象，更为重要的是从清洁技术革命中分得一杯羹。乐购已发誓要在其所有的 8000 件产品上打上“碳标签”，以便让消费者知道有多少温室气体进入了这些产品的生产过程。公司计划到 2012 年将交货的每一箱商品的排放量控制在 2006 年的基础上，当然怀疑者也大有人在。2007 年花旗银行集团发布了一份《气候变化立场声明》，承认了由全球变暖所带来的严重的风险，承诺到 2011 年将自身温室气体排放降低 10%，并在未来 10 年内向气候变化等项目投资 500 亿美元。在这次清洁技术革命中，还会诞生很多新的巨头公司，中国的皇明、比亚迪都是很好的例子，目前只要跟清洁技术产业沾点边的上市公司的股票都开始飞涨，而很多还都处于概念的初期阶段。

在这个过程中，更为重要的是消费需求的变化。早在 1932 年伊丽莎白·吉尔拜就发表了一篇关于需求、消费习惯和品位变化的影响深远的文章。她认为，需求遭到了忽视，并列举了当代学者有关时尚、模仿和品位的变化如何刺激新、旧商品需求的例子。在铁路、蒸汽机和机械化时代，如果能站在火车头的前面，感觉是一个十分刺激和性感的事情。如今在德

国，如果你买不起第二辆奔驰，就在自己家屋顶上安装太阳能发电设备，这成为很多人的做法。同样，在新能源汽车推广的初期，宣扬自己的环保主义形象者将是其中一个主要的购买群体，因为这就叫做时尚。二战以后，消费主义已经在发达国家特别是美国大行其道，美国的消费占其GDP的比例达70%，在美国的家庭中，很多女人的衣服可以装满几个柜子，而一些衣服一次都没有穿过。这次金融危机使他们也不得不缩减开支。根据美国商务部的统计，2009年6月的储蓄率已经达到了6.9%，储蓄总额达到创纪录的7680亿美元，创下了1959年以来的最高纪录。如今，美国的多数零售商艰难度日，不过主营二手商品的“家庭作坊”连锁店在扩张。类似的情况可能成为美国以后的长期选择。崇尚简约、实用、适度节制的新节俭主义将回归生活，北欧的宜家家居连续多年的品牌价值在前100名之内就是一个很好的说明。更为重要的是，我们需要一个价值、理念、信仰的回归来取代依靠奢华、显摆来“充实”自己的消费主义。这次金融危机的爆发再次提醒我们需要一个真诚、友善、多元的社会，实际上真正能够解决能源问题的方法就是我们的道德、思想以及消费习惯。

正是因为清洁技术革命与以前几次技术革命一样，将会对经济、社会、制度产生重要而深远的影响，我们才把这次革命称之为第六次康德拉基耶夫周期长波。

清洁技术革命、创造性破坏与经济增长

根据推动经济增长理论的主要因素和主要形式，可以将人类所经历的经济增长范式划分为亚当·斯密方式、福特方式、索洛增长方式以及熊彼特式增长①。

亚当·斯密方式：通过社会分工和新技术的采用以提高资源的配置效率，提高劳动生产率，从而带来经济增长和居民生活水平的提高。这种方式主要强调的是分工对于生产率的提高，是工业革命时代经济增长最主要的方式。

福特方式：是指生产和经济活动中一种广义的规模效应。大规模生产

① Mokyr, Joel, “Twenty-five Centuries of Technological Change: An Historical”, Survey. London, Harwood Academic Publishers, 1990.

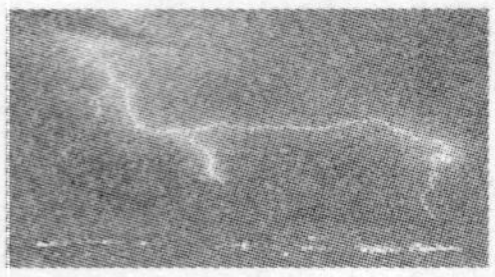

和制度建设能够降低生产和社会成本，其中既包括工厂较高的固定资本投入等直接生产成本的降低，也包括基础设施、教育体系的投入和改进，产权制度的确定等。其核心是通过降低社会成本而提高劳动生产率。

索洛增长方式：是美国经济学家索罗对经济增长的解释，认为产出的增长取决于资本和劳动的比率，如果净资本的形成速度超过人口的增长速度，则人均产出将增长，经济也将出现增长，但是如果净资本的形成超过人口增长速度，经济将下滑。

前三种解释经济增长的方式对于一个既定模式下的经济发展具有很强的解释力，但是对于一个处于变革时代的经济增长则有些乏力。熊彼特式增长为技术、制度变革时期的经济增长作出了很好的解释。很明显，我们目前处于一个变革的时代。从发展方式上来讲，气候变化所带来的低碳发展是继农业文明、工业文明以来的第三次发展文明，即生态文明；从经济演变的角度来讲，我们将从继棉花、铁和水力时代，铁路、蒸汽机和机械化时代，钢铁、重工业和电气化时代，石油、汽车及大规模生产时代，信息通讯时代以来的新材料、可再生能源和节能时代，也可以说是第六次康德拉基耶夫周期长波时代。从能源结构的转变来讲，这个时代将是从发现木柴、煤炭和石油以来的第三次能源结构大转变，即以低碳排放为特征的清洁能源。

因此，作者非常倾向于以熊彼特式方式来解释当前以及未来的经济增长，当然要深入理解熊彼特式的增长方式要先从创造性破坏开始。

创造性破坏是熊彼特思想的核心。他认为，资本主义发展的实质就是不断地从内部使这个经济结构革命化，不断地破坏旧结构，创造新结构。其强调的是新旧交替的过程，创造性建立在创新的基础之上，但新的创新必然会破坏原来的创新，这就是破坏性效应。新旧替代必然会破坏经济和社会系统的结构，那么这种新旧交替的动态过程就是资本主义的发展。因此，破坏性创造必然会遇到一定的困难，这些困难主要表现在以下三个方面：第一，创新者没有关于新组合的经验和习惯，他难以根据熟知的数据进行决策并制定行动规则，他只能根据自身掌握的有限数据进行预测和估计。这也是经济萧条时期经济结构调整所具有的特征，事物的发展具有复杂性和不确定性，在这个时候，人们只能根据直觉来判断，这就是企业家的职能。目前的清洁技术领域的投资也具有很大的不确定性，特别是技术创新活动的不确定性，这也是以新能源为代表的清洁技术投资领域所面临的一个整体困境。第二，创新者会受到固定思维模式的影响。人们总是按

照固定的思维模式和习惯行事，习惯的轨迹和固定思维可能成为创新的障碍，此时，创新者要想获得成功必须具有坚强的意志，摆脱旧有的习惯思维和束缚。目前节能和新能源在大部分人的印象中也是十分不可靠的，甚至认为这本身就是一个泡沫。第三，社会环境对创新者的影响往往是反作用，它通过法律上或政治上的障碍表现出来利益受损集团有时候是最大的障碍，目前以新能源为代表的清洁技术产业受到的最大阻碍实际上就是化石能源利益集团。打破旧世界，建立新世界，总是会遇到很多阻力。

熊彼特认为，经济增长不同于经济发展。所谓的经济增长，就是指连续发生的经济事实的变动，其意义就是每一单位时间的增多或减少，能够被经济体系所吸收而不会受到干扰，它只是一种数量上的变化，而发展是一种质量上的变化。同时，增长是一个“静态的过程”，而发展是一个“动态的过程”，也就是质的变化。熊彼特认为，建立一个新的生产函数，就是把一种从来没有过的关于生产要素和生产条件的新组合引入生产体系。所谓的生产，就是对经济社会中所能够支配的物质与力量进行结合的行为。所谓的生产方法，就是这种结合的方式、对象及各种力量、力的比例关系。这种意义上的经济发展现象的发生是指生产非连续性地、急剧出现的场合，能够带来这种发展现象的生产及生产方法就是创新。其包含以下5种情况：

1. 采用一种新的产品——也就是消费者还不熟悉的产品，或一种产品的一种新特性。目前无论是新能源汽车还是智能电网都是新产品，这些产品都具有一些原来产品没有的优点。

2. 采用一种新的生产方法，也就是有关制造部门尚未通过经验检定的方法，这种新的方法绝不需要建立在科学新发现的基础之上。节能设备从本质上是一种新的生产方法，虽然这种设备在初期安装成本非常高，但是一旦安装之后，经济效益就会明显提高，也就是投入的固定成本。

3. 开辟新的市场，就是有关国家的某一制造部门以前不曾进入的市场，不管这个市场以前是否存在过。分布式发电设备、节能设备、脱硫脱碳设备、电动汽车都有着广阔的市场前景，这也是欧洲国家在全世界宣传气候变化政策的一个重要原因。的确，这种需求不仅在全世界范围内都存在，从一定意义上来说，汽车、电子设备都是发达国家才消费得起的东西，但是这种分布式的发电设备在非洲、中东、南亚等赤道地带的需求更为迫切。

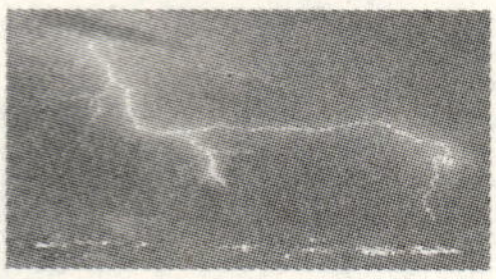

4. 掠取或控制原材料或半制品的一种新的供应来源，无论这是已经存在的，还是第一次创造出来的。资本主义发展的初期都是依靠掠夺新的材料供应来源而实现的。

5. 实现任何一种工业的组织，比如造成一种垄断地位（例如，通过托拉斯化）或打破一种垄断地位。目前以新能源为代表的清洁技术制造商大量出现，并在清洁技术领域已经出现了垄断的竞争态势。

熊彼特认为，经济发展的动力主要是个别企业的垄断利润和企业家精神，企业家活动的动力来源于对垄断利润或超额利润的追逐，以及超乎利润观的动力、出于事业心的“企业家精神”。企业家不满足于原有的“循环流转”，特别是随着垄断利润的消失，企业家对垄断利润的追求使他们不得不寻找新的领域，从而实现创新。因此，经济发展有一个内在的动力机制，也就是熊彼特所说的经济发展的内因，同时把其他的因素作为经济发展的外因，并且把外部性归结为以下五种：①战争、革命运动以及天灾人祸；②金钱大量供应源的发现；③新地域、新国土的发现；④人口数量与年龄分布的变化；⑤同一经济体制下，税务制度与关税制度的变化。

创造性破坏的过程构筑了增长过程，增长过程是在创造性破坏中实现的，不断涌现新的产品，包括最终新的消费品和中间产品，成为增长过程的具体特征。在新旧更替的过程中，一些个体会有所损失，市场机构也在不停地变更，但主要呈现的还是垄断竞争格局。在占据垄断地位的主体更替过程中，也可以看到创造性破坏的过程蕴涵了新产品不断出现和产品价格下降的过程。

在经济的发展过程中，创新并不是同时出现的，而是集中式爆发出现的，如果不同部门在不同的时间内所得到的发明被同时实施和执行，那么这个时间点也会有着高速增长，相应的，在不执行的时间段内，增长速度就比较缓慢。这就形成了不同的均衡点，周期性的经济增长由此产生。集群式的创新开始出现，形成创新活动的“集体行动”。在这个过程中，预期起着非常重要的作用。熊彼特认为，不同的创新活动，所需要的时间可能是不同的，对经济的影响范围和程度也不同。有的“带来较短的波动”，有的则“导致较长的潜在高涨”。重大技术进步则可能带来长期的经济波动，也就是康德拉基耶夫长波。

但是，每一次新的技术革命在发展的初期总是会遇到强大的阻力，因为原有技术革命的核心产业已经获得了规模经济的很多好处，并且被巨额

的固定投资所束缚。实际上，目前限制清洁能源发展的不是清洁技术本身，而是石油集团、煤电集团，因为原有化石能源的投资实在是太大。大量的能源公司之所以在铺设新的输送管道和建设液化天然气设施上投资数十亿美元都非常小心翼翼，其原意不是因为他们怀疑天然气没有未来，而是因为他们大量的资金都陷在了其他更传统的能源资产上，比如石油或者煤炭。电力行业更是如此，发电厂、水利大坝和传输线——每个项目的建设成本都在数亿甚至数十亿美元，得需要二三十年甚至40年的时间才能完全收回成本。在美国，1977年《清洁空气法案》被提出来的时候，美国的许多燃煤发电厂仍还有数年时间才能完成其30年投资返还的正常周期，命令这些公司在资产的成本还没有返还之前就将其“辞退”，然后再用更为昂贵的除污设备代替燃煤发电厂，就意味着损失数十亿美元，毫不奇怪，田纳西峡谷管理局以及其他的工业事业公司并不热衷于那么做。因此从1980年到2000年，美国的燃煤量从每年5亿吨增长到了9亿吨，而这些电量中的2/3来自没有安装除污设备的电厂，虽然《清洁空气法案》在1977年就已经被提出。

任何一场新的技术革命必须要有破坏性、创造性的精神和勇气，延续原有的模式是大部分人的本性，而具有创新精神的企业家往往会突破原有特定范式的限制，如卡内基或贝尔、爱迪生或福田、诺伊斯、斯蒂夫·乔布斯或比尔·盖茨，都是在这些历次技术长波中诞生的企业家。

自“工业革命”以来的五次技术革命与当前的清洁技术革命

目前按照什么样的标准来划分产业技术革命还存在不少的争论和看法。经济技术史家Mokyr等人的观点认为，一种技术或者一个技术群体只有当他们对于人类的生产和生活的各个方面都产生重大影响，成为一种通用机器时，才能称其为产业技术革命。不过，我们这里是按照著名创新专家Freeman的划分方法，因为作者认为Freeman的划分方法实际上是对工业革命以来的整个历史进行划分，其以技术为核心，涵盖经济、政治、文化，具有较强的说服力。按照他的划分方法，自1771年开始的世界经济增长已经经历了五个不同的阶段，并伴随着五次相继出现的技术革命，这五次技术革命分别是：始于1771年的英国工业革命，即棉花、铁和水力时代；始于 1829 年的蒸汽、铁路和机械化时代；始于 1875 年的钢铁、电力、重工业时代；始于 1908 年的石油、汽车和大规模生产时代；始于 1971 年的信息和远程通讯时代。受 Freeman 等人的启发，作者认为，当前正在如火如荼建设的低碳经济从产业技术革命的角度来看，应该和前五次并列成为第六次产业技术革命，我们称之为清洁技术革命（见表 7.1）。

表 7.1　　相继出现的技术革命（1771～2010 年）

技术革命	新技术、新产业和得到更新的产业	新基础设施或得到更新的基础设施
第一次： 棉花、铁和水力时代 工业机械化（水力）	机械化的棉纺织业 熟铁 机器	运河和水道 收费公路 水力（经过重大改良的水力涡轮）
第二次： 蒸汽、铁路和机械化时代 英国，扩散到欧洲大陆和美国 工业和运输机械化（蒸汽）	蒸汽机和机器 （铁制；煤为动力） 铁矿业和煤矿业 （当时在经济增长中起核心作用） 铁路建设 铁路车辆生产 工业（包括纺织业）用蒸汽动力	铁路（使用蒸汽动力） 普遍的邮政服务 电报（主要在一国铁路沿线传输） 大型港口、仓库和航行世界的轮船 城市煤气
第三次： 钢铁、电力、重工业时代 美国、德国超过英国 工业、运输和家庭电气化	廉价钢铁（尤其是酸性转炉生产的钢铁）用于钢制轮船的蒸汽动力全面发展 重化工业和民用工程 电力设备工业 铜和电缆 罐装和瓶装食品 纸业和包装	钢制高速蒸汽轮船在世界范围内的航运（通过苏伊士运河） 世界范围的铁路（使用标准尺寸的廉价钢轨和枕木） 大型桥梁与隧道世界范围的电报 电话（限于一国范围内） 电力网络（用于照明和工业）
第四次： 石油、汽车和大规模生产时代 美国，后扩散到欧洲 运输、民用经济和战争动力化、机动化	批量生产的汽车 廉价石油和石油燃料 石化产品（合成品） 内燃机，用于汽车、运输、拖拉机、飞机、军用坦克和电力家用电器 冷藏和冰冻食品	公路、高速公路、港口和机场组织的交通网络 石油管道网络 普遍的电力供应（工用和家用） 世界范围内的有线或无线模拟远程通讯（电话、电报和海底电报）

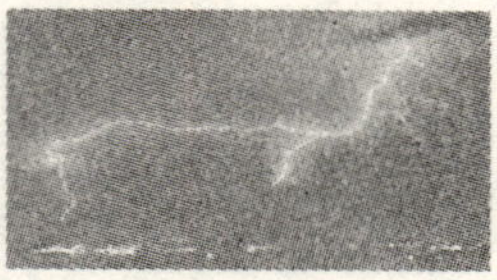

续表

技术革命	新技术、新产业和得到更新的产业	新基础设施或得到更新的基础设施
第五次： 信息和远程通讯时代 美国，扩散到欧洲和亚洲 国民经济计算机化	信息革命： 廉价微电子产品 计算机、软件 远程通讯 控制设备 计算机辅助的生物技术和新材料	世界数字远程通讯（电缆、光纤、无线电和卫星） 因特网、电子邮件和其他 E 化服务 多种能源、灵活用途、电力网络 水、陆、空高速物流运输系统
第六次： 储能技术、新能源、新材料和节能时代 欧洲发起，发达国家带领，全球跟进 国民经济清洁化，节能化	碳封存与捕捉技术（CCS） 清洁煤（CCT）与集成气化综合循环（IGCC）发电 高能效轻便型汽车（汽车新材料） 太阳能、风能、地热能、潮汐能、生物能等可再生能源发电，分布式能源发电 生物质能燃料 氢能 第四代核能 环保汽车：混合动力、纯电动汽车、燃料汽车以及生物质能燃料汽车等。 智能、节能化家电 节能建筑 节能型农业 清洁水：海水淡化、水的循环利用	智能电网 充电站 分布式的能源设施 公共交通、地铁等大发展

资料来源：卡萝塔·佩蕾丝：《技术革命和金融资本》；克里斯·弗里曼：《光阴似箭：从工业革命到信息革命》，中国人民大学出版社 2007 年版。

始于 1771 年的棉花、铁和水力时代

多数经济学家认为，在 18 世纪最后几十年的英国，工业产出、投资和贸易增长迅猛。根据迪恩和科尔的估算，1800～1860 年，英国国民收入增长率是 1740～1800 年间的两倍，并且大多数历史学家认同英国工业革命并非简单的“均衡再生产”，而是表现为少数主导部门的异常迅速增

长，尤其是棉纺织业和冶铁业。英国的科特发明了“搅拌”和碾压工艺（该工艺在1783年和1784年先后获得专利），并经过不断的改进之后，使得熟铁供应大幅度增加（从1788年到1815年增长了500%）和价格大幅度下跌（从1801年的每吨22英镑降为1815年的每吨13英镑）。熟铁应用在水车、鼓风机、餐具、钟表和仪器等无数的范围之中。这个时期，运河、公路成为主要的运输工具；制造业的利益决定着英国政府的政策；亚当·斯密的《国富论》倡导的竞争、自由贸易、减少国家对工业和贸易的干预、开放国内和国际两个市场等自由开放的理念受到人们的追捧；大众文化、科学、适宜创新的氛围成为那个时代的主题；公众消费观念出现变化，正像马克思所说的，最初被当作“奢侈品”的物品后来逐渐成为人们的“必需品”，实际上消费主义在那个时候已经开始出现。

始于1829年的蒸汽、铁路和机械化时代

1829年，史蒂芬森的“火箭号”蒸汽机从利物浦到曼彻斯特的铁路上实验成功，宣告铁路和蒸汽动力世界的到来。实际上，蒸汽技术真正带来铁路革命也是经过一个很长的酝酿期。在第二次技术革命周期中，煤和铁成为工业运转的核心驱动投入。1830～1890年，作为基础设施和运输货物和旅客的服务行业——铁路发展迅速，与铁路密切相关的蒸汽机车、铁路车辆及其他铁路装备等产业蜂聚式出现，汽船、铁船、铁路的出现，使货物的长距离运输成为可能，人类的活动空间开始扩大。虽然雇佣上万人的大型工厂开始出现，但是规模在数百人的中、小型企业间的激烈竞争也是这个阶段产业组织的基本特征。随着公司规模的扩大和市场规模的扩大（国际贸易迅速增加），有限责任公司和股份公司开始出现，这种新的组织形式允许新的投资方式、承担风险的方式和所有制形式。但是在19世纪的最后25年，自由主义遭到削弱，不断成长壮大的工业无产阶级发泄不满的方式越来越激进，1871年的巴黎公社就是工人阶级不满的一次空前爆发并引起巨大的恐慌进而遍及欧洲的社会主义运动。李斯特因“保护幼稚产业”而声名远扬，德国、法国、意大利和美国的企业都得到迅猛发展。

钢的出现带来了新的钢铁产业萌芽，同时，电力、天然气、合成染料和重型工程机械开始被陆续发明和改进，并开始形成新的产业群体，将人类社会带入下一个产业革命时代。

始于 1875 年的钢铁、电力、重工业时代

19 世纪 80 年代后半期，世界出现经济萧条，这主要是因为煤、铁、铁路行业出现了报酬递减。1875 年卡内基高效的酸性转炉钢厂投入生产，其作为标志性的事件，开启了钢铁时代。在第三次技术长波中，电力成为主导部门，钢和铜成为产业运转的核心投入。电力需求的急剧膨胀带动了新的大规模基础设施的建设——发电站和电网——最终将电力输送到工业化国家的每个工厂、办公室和家庭。新兴工业也带动了发电和输电网络所需设备的制造，以及适用于工业分支和家庭的新机器、设备和工具的设计与制造。同时，作为一种新技术—经济范式的出现，大公司和卡特尔组织也成为产业组织的模式，官僚制和泰勒制主义也作为管理和组织创新的哲学逐渐崛起。美国和德国作为后发国家，逐渐赶超英国。

汽车、飞机、电信、无线电、耐用消费品、石油化工、塑料等新产品开始出现。电力的普遍使用、交通运输业的发达、新兴药物的出现，开始改变人类的生活。

始于 1908 年的石油、汽车和大规模生产时代

福特 T 型车显然是石油、汽车和大规模生产时代的标志。但是直到 1913 年，T 型车才从完全传动的装配线上大批量生产出来。但无论怎样，1908 年的第一辆 T 型车虽然没有完整的生产线，但应该属于第四次技术浪潮的标志事件，人类进入了以福特主义为特征的大规模生产和大规模消费的时代。在这个阶段，石油替代煤炭成为整个产业的核心投入品。以泰勒制为主的科学管理在大规模生产中的广泛应用带来新的分工和新的生产组织方式。主要的产品和产业领域，包括汽车、卡车、坦克、机械化武器装备、飞机、耐用消费品、流程性加工工艺、合成材料、石油化工、高速公路等。在生产效率方面，连续工艺、装配线、标准零部件、大量的低成本能源等，都极大地提高了规模经济的效益。由于汽车和空中交通的发达，产业重新定位，城市化发展迅速。寡头垄断成为许多竞争性领域的主要产业组织形式，多工厂运作和直接投资促进了跨国企业集团的产生和发展。

这个阶段一个明显的现象就是出现了两次世界大战和世界性大萧条。如果从技术变迁的角度来看，可以看成是第三次和第四次“技术—经济范式”转型重叠期出现的一种制度紧张现象。技术革命是一种创造性破坏现象，在技术转型期，不同企业、部门、行业、国家、观念间都会出现新旧力量的抗衡、博弈和磨合。

系统的、高强度的研究开发为这一阶段新技术和技术群体的迅速发展奠定了基础，促使计算机、电视、雷达、数控机床、化学制药、核能等产业技术的兴起。

始于 1971 年的信息和远程通讯时代

英特尔于 1971 年生产的第一台微处理器是最早和最简单的“芯片上的计算机”，可以看做是信息时代诞生的标志，其基础在于低成本的微电子工业。信息革命的核心投入品是万能芯片。芯片容量自 1971 年以来成几何级数增长，计算机价格也是高度依赖芯片价格。信息革命带来了电信业和互联网革命，企业组织扁平化，虚拟文化兴起。

人的知识成为社会生产的最重要的要素，脑力的投入比物质的投入更为重要。与此相适应，过去以对项目支持为主的大规模银行借贷的融资方式将得到保持，但以支持知识工作者创新的创业投资方式将逐步增强。按照 De Long 的说法，无论这一轮新经济将会给人类社会的未来留下什么，可以肯定地讲，创业投资的方式以及对脑力劳动价值的尊重将会存留下来。

佩蕾丝在《技术革命与金融资本》一书中对技术革命第一阶段的描述几乎是对目前发达国家特别是美国的鲜活写照。目前，美国的通用电气、福特、克莱斯勒、IBM 甚至微软、谷歌，日本的日立、东芝、松下、索尼，欧洲的西门子、宝马、奔驰以及中国的中海油、中石油、中石化、大唐电力、华能、华电等几乎所有耳熟能详的大企业关于投资清洁技术产业的消息充斥着各大媒体，更不用说大量的风险投资资本和一些不知名的小企业。其资本一部分来自于原来的金融和房地产领域，另一部分来自于前两次技术长波即石油、汽车时代和信息时代赚取的垄断利润，目前世界的大公司投资于清洁技术产业的钱大多来自于此。同时，高失业率在这个阶段一直持续，美国的失业率自 2009 年 2 月以来一直在 8% 以上，2009 年 10 月以来已经连续 4 个月高达 10%，美国很可能要迈入 1981 ~ 1984 年

长达4年以高失业率和高通货膨胀率为特征的滞涨时期，而我们知道这个时期正是美国信息时代爆发的第一阶段。

美国目前正处于清洁技术革命的第一个阶段，目前美国国内也是分化十分严重。一方面，以戈尔为代表的民主党极力鼓吹气候变化，大力支持清洁技术产业的发展，而代表美国的石油、煤炭等传统利益集团的政客则一直怀疑气候变化。我们从美国《清洁能源与安全法案》通过的难度上也能观察出美国国内对此问题的分歧，这时美国的股市略微开始好转，特别是清洁技术板块成为股市的热点。

之所以任何技术长波都难以推进，其重要的原因就是其涉及技术—经济—社会范式的变化。

清洁技术革命与第六次康德拉基耶夫长波

从前面几章我们可以发现，当前的清洁技术革命是文化、政治、经济、科学和技术的契合；或者按照佩蕾丝的资本主动力的分析框架，这是技术、制度以及经济三者的契合（见图7.5）。

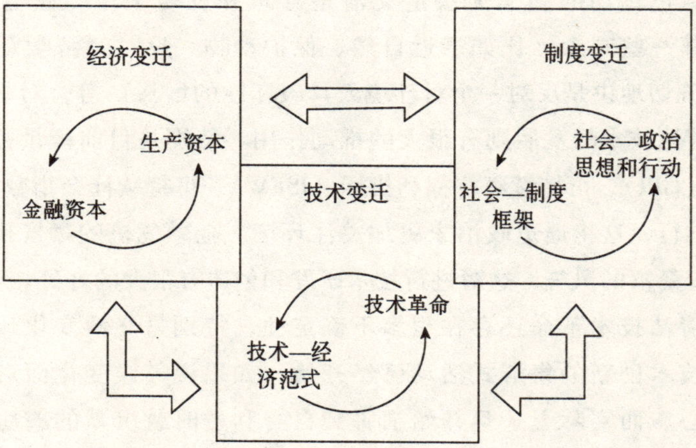

资料来源：佩蕾丝：《技术革命与金融资本：泡沫与黄金时代的动力学》，中国人民大学出版社2007年版。

图7.5　技术革命的系统图示

发生于2008年的国际金融危机对全球经济特别是发达经济体最大的影响就是其金融资本脱离实体经济的态势终将结束。目前美国纽约股票交

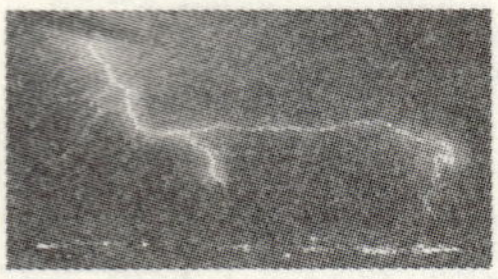

易所的市值和纳斯达克市场的市值开始同步上涨，并且纳斯达克市场的上涨幅度略微超过纽约股票交易所。资产的过度膨胀成为历史，目前金融资本开始重新进入实体经济领域，寻找未来新的投资热点，巧合的是因气候变化而导致的清洁技术早已等候在这里，这样的概念太符合风险投资资本的胃口了。更为重要的是，信息网络技术、房地产、大宗商品期货、金融衍生品等行业早已没有那么大的利润和上涨空间。

《资本论》在金融危机爆发之后在一些地方开始脱销，同样热销的情况也发生在欧洲。20世纪80年代以来的新自由主义甚至成为此次金融危机的罪魁祸首，新凯恩斯主义重新成为各个国家应对国际金融危机的共同办法，政府管制的呼声在很多国家越来越高，这在国际金融危机爆发之前，简直不可想象，以政府管制为特征的“世界向左转”的思潮也为政府管制经济提供了思想和制度的温床。虽然金融危机给投资清洁技术带来一时的资金困难，但是相对于思想和制度的良好机会，这已不是太重要。因为清洁技术的发展在很大程度上取决于气候变化的政策，而环境管制如果没有思潮的支持，在发达国家几乎不可想象，这在美国表现得非常明显。目前全球的制度基本都已向清洁技术的发展敞开绿灯，为清洁技术的长期发展铺平了道路。

虽然绿色运动的涵义无法定义清楚甚至和反对全球变暖有一定的冲突，但是其一些观念，比如亲近自然、保护动物、反对经济学意义上的经济增长（确切地讲是反对一个对环境太具破坏性的增长）等，对减少温室气体排放和清洁技术的发展则有很大的推动作用。特别是目前衡量社会的真实进步指标（GPI）、可持续经济福利指标（ISEW）、可持续社会指数（SSI）将逐步得到推行，这将逼迫政治家更加关注环境。金融危机的爆发拂去了人们浮躁和一夜暴富的风气，这对进行技术研发和创造有很大的好处。

虽然清洁技术革命还存在很多不确定性，特别是气候变化政策，但是进行清洁技术创新的集群式活动已经开始。如果说气候变化面对的是一个人人都关心、而实际上一旦开始损害到自身利益时就沉默的尴尬境地，那么清洁技术革命则是将要创造很多财富的领域，这一点无论是国家还是个人都不反对。

清洁技术革命一旦迅速展开，其将重塑一个新的经济—社会范式。这里指的不仅仅是清洁技术产业本身，而是观念、制度、产业发展等方面的一个系统工程，比如消费拉动经济增长的负面影响，城乡空间布局、国民生活方式等方面都存在进一步改造的空间等。

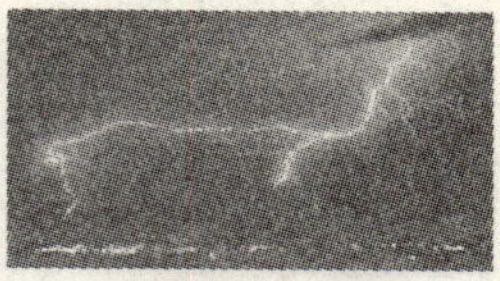

虽然还有些人士对气象证据表示怀疑，但是提高能源效率和建设清洁能源对美国的发展无疑是正确的方向，因为未来哪个国家引领清洁能源经济，哪个国家就能引领全球经济。我相信美国一定会是这个领袖国家。

——美国总统奥巴马

第八章
大国意图及世界经济的未来

1979 年，玛格丽特·撒切尔领导的保守党在大选中获胜，次年，美国共和党人罗纳德·里根开始执掌美国白宫，两人遥相呼应。他们共同针对兴起于 20 世纪 30 年代的凯恩斯主义经济学进行了大刀阔斧的改革，开

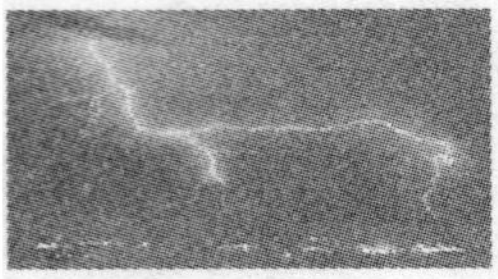

始了一场轰轰烈烈的新自由主义革命，大幅度削减税收和政府的公共支出，特别是削减福利支出，缩小政府规模，甚至诞生了“里根经济学”。随着撒切尔在英国和里根在美国启动的新自由主义改革的兴起，新自由主义浪潮开始席卷西欧、澳大利亚、拉丁美洲以及很多发展中国家，这场革命深深地影响了20世纪90年代全球化的进程。

兴起于20世纪80年代，90年代开始席卷全球的信息化革命直接为21世纪前10年的金融创新起到了推波助澜的作用，但是自2007年开始，金融泡沫终于破灭，从美国发端的金融危机迅速波及全球，世界金融危机的到来给自由主义浪潮一个“耳光”，各个国家开始对经济进行史无前例的注资与救助，美国、欧洲、日本等发达经济体进入经济萧条。社会不满和社会骚动开始蔓延，全球贫困人口比例下降的趋势反转，这与19世纪末期的欧洲和美国非常相似，凯恩斯主义又重新登上历史舞台，政府干预和管制得到认可，非常巧合的是清洁技术革命正需要类似的制度变革。

小布什时期的制度铺垫以及国内的广泛共识

美国国会早在1990年就通过了《全球变化研究法案》，批准并开始实施“全球气候变化研究计划”（USGCRP）。它通过协调全球变化研究活动，观测、了解、预测和评价全球气候变化对社会和环境的影响，提出由自然和人类引起的气候变化中存在的不确定性科学问题，为政策制定者、资源管理者和管理决策者提供了有关全球变化问题的合理的科学依据。

1997年克林顿政府签署了《京都议定书》，承诺美国1908～2010年期间温室气体排放量在1990年水平上削减7%，推动了温室气体国际减排政策的制定。克林顿总统每年都通过“行政命令”拨款10亿美元，采取一系列措施鼓励使用清洁能源、提高能源利用率、减少温室气体排放。然而，2001年3月，布什政府宣布退出《京都议定书》，并于2002年2月14日提出《京都议定书》的替代方案——《晴空与气候变化行动》，重组了协调和管理美国气候变化研究和发展的高层管理机构，将长期的“全球气候变化研究计划”与2001年成立的“气候变化研究行动”（CCRI）相统一，建立了美国气候变化科学办公室，以协调和指导美国在气候变化问题上的国内、国际活动。此外，还制订了由美国商务部主导的“气候变化科学计划”（CCSP）以及由美国能源部主导的“气候变化技术计划”（CCTP）。在新的机构下，气候变化科学和相关技术研究项目以前所未有的程度进行了综合。

气候变化科学方案（Climate Change Science Program，CCSP）的主要任务是协调美国13个联邦政府部门的全球变化与气候变化的科学研究计划，监督政府关于气候变化科学领域的投资，这13个政府机构和部门包括农业部（USDA）、商业部/国家海洋和大气管理局（DOC/NOAA）、国防部（DOD）、能源部（DOE）、卫生和公共事业部（HHS）、内务部/美国地质调查局（DOI/USGS）、国务院（DOS）、交通部（DOT）、国际开发局（USAID）、环保局（EPA）、宇航局（NASA）、科学基金会（NSF）和研究院（SI）。另外还有其他一些组织和政府办公部门参与该计划，其中包括科学技术政策办公室（OSTP）、环境质量委员会（CEQ）、管理和预算办公室（OMB）、气候变化技术计划组织（CCTP）、气候研究联邦协调办公室（OFCM）和国家标准与技术研究院（NIST）。方案直接受美国商务部和海洋与大气部部长的领导，通过机构间工作组向气候变化科技整合内阁委员会汇报。

CCSP由三部分组成：第一部分为气候变化倡议，主要是气候变化不确定性的专项研究，气候观测与监视数据管理，决策支持，第二部分的主要内容包括大气组成、气候变化、全球水循环、土地利用和土地覆盖的变化、全球碳循环、生态系统、人类活动和环境变化的相互作用，第三部分是交流、合作与管理，包括有关制度和公众宣传、国际计划与合作、计划管理和评估。

2003年7月，布什政府公布了一份长达364页的《CCSP战略蓝图》，这是继2002年推出CCSP之后，布什政府在气候变化研究方面的又一大动作。这份战略蓝图不仅列出了10年CCSP的重点研究项目和运作思路，而且还提出了未来美国气候变化研究的五大目标：（1）增进对包括地球自然可变性在内的地球气候与环境的认识，加深对导致气候变化原因的了解；（2）进一步量化导致地球气候及相关系统变化的因素；（3）减少地球气候及相关系统未来变化预测的不确定性；（4）了解人类及各种天然或人工生态系统对气候变化和全球变化的敏感性与适应性；（5）探索新知识在气候可变性和气候变化风险与机遇管理方面的用途及局限性。美国政府推出的CCSP和CCSP战略蓝图，强调气候变化在科学上的不确定性，并将不确定性确定为未来相当长时间内的气候变化科研指导原则，以便使美国政府在气候变化问题上有更多的回旋余地，也就是决定以后如何行

动。

气候变化技术计划（Climate Change Technology Program，CCTP）是与气候变化科学方案相对应的技术机构，由美国能源部领导，气候变化科学技术综合内阁委员会资助。2005 年的能源政策授权“气候变化技术计划”作为一个跨部门，规划与协调实体进行运作，旨在加快减少、避免或捕集、吸收温室气体排放先进技术的开发与应用。其具体活动由气候变化科学技术综合内阁委员会指导，由参加研发机构的代表执行。气候变化技术计划提供战略导向和协调，对气候变化相关技术的研究、开发、示范与应用提供支持。该项目 2006 财年获资助金额近 30 亿美元，并在 2006 年正式对外发布《国家战略规划：美国气候变化技术方案》，CCFP 战略计划和综合协调的六个战略目标分别是：降低能源消耗和基础设施中的排放；降低能源供应中的排放；捕集和储存二氧化碳；减少非二氧化碳温室气体的排放；提高温室气体排放检测与监控能力；支持对技术开发具有重要意义的基础科学。CCTP 将利用若干核心途径激励各方的参与并确保这一重要领域的进程，以便努力达成上述目标。这些路径包括帮助科研活动的协调与优选、为合作和国际协作创造新的机会、提供支持性政策建议等①。

小布什在任期内，其签署了两个重要的法案：一个是《2005 年能源政策法》，另一个就是《2007 年能源独立安全保障法》。小布什政府在生产制造程序的节能技术、太阳能发电技术、生物质能技术、二氧化碳回收储藏技术、替代燃料技术等领域进行了大量的项目支持。

虽然小布什政府时期在气候变化和能源领域的政策为未来作好了充分的准备，但其核心的目的是保证美国能源的充分供给，并未改变美国主流的能源政策，小布什政府也没有把以清洁技术为主的低碳经济作为经济发展的重点，也就是说其更多的是能源问题，而不是经济问题。奥巴马的上台，彻底催热了清洁技术及其相关的低碳经济概念，并引起了全球关注。

虽然小布什总统并没有实质性地推进气候变化进展的想法，但是美国地方州政府在这方面的推进则更为积极，应该说美国国内已经形成了广泛的共识。2005 年 6 月美国市长年会上，141 个市长签署了协议，推进履行《京都议定书》的义务。2006 年加利福尼亚州通过了《加利福尼亚州全球变暖解决方案法》，成为第一个从法律上结束自己一系列减排目标的州，

① 董章杭、贾朋群译校：“美国气候变化技术项目战略计划”，《气象软科学》，2006 年第 4 期。

规定到2020年将温室气体排放量减少到1990年的水平。虽然细节尚在制定过程中，但加利福尼亚州空气资源委员会已采取措施，这些措施将在2010年奏效，然后该州将强制推行排放报告制度。2007年2月成立了市长协会气候保护中心，到2007年9月末全美共有691名市长在《气候保护协议》上签字，除了承诺依照《京都议定书》制定的目标——到2012年将温室气体排放量比1990年削减7%——努力削减自己的温室气体排放量外，还同意鼓励采取联邦及州级措施。2007年4月，马里兰州联合至少其他8个东北地区和大西洋中部地区的州，正式讨论如何制定和实施区域性的总量控制与交易制度，并发起了《区域温室气体行动计划》（RGGI）。该计划要求签约州在2009～2014年这6年中把能源部门的二氧化碳排放稳定在2009年的水平上；2015～2018年这4年中每年削减2.5%；到2018年将比2009年减少10%的排放①。

奥巴马与清洁能源战略

依靠军事保障美国不断扩大的能源需求，而对国内的能源需求特别是汽车燃油效率无动于衷；鼓吹自由经济，放任政府管制，鼓励金融创新，以汲取世界其他国家的剩余资本回流美国；对美国实体经济特别是科学技术研发资助甚少；鼓励跨国公司海外建厂，导致美国国内的中下阶层失业甚至收入下降，国内收入差距扩大，这就是小布什时期经济的主要政策。实践证明这种做法“寿终正寝”，美国经济要开始转型，而转型的核心就是气候变化政策的转向。

2009年1月，奥巴马总统上台以后，开始了气候变化的全面转型。首先，任命一系列主张积极应对气候变化的科学家和前克林顿政府官员担任内阁部门的领导；其次，发布美国能源与环境计划，实行“绿色新政”；再次，推动气候变化立法；最后，实行大范围的国际气候谈判外交，推销美国的气候变化理念，开拓清洁技术市场，建立全球低碳经济的领导地位。

奥巴马上台之后，闪电式地组建了自己的内阁成员，其中一大批是主张积极应对气候变化的官员。奥巴马在白宫专门设立“能源和气候变化

---

① 杨洁勉：《世界气候外交和中国的应对》，世界时事出版社2009年版，第103页。

协调员”和气候变化问题特使，并任命了一些主张积极应对气候变化的科学家和克林顿政府官员担任能源和环保部门的领导。重振国内经济、改变以前的能源和气候变化政策、改革社会保障和医疗保健制度。成为奥巴马政府最为突出的三项任务，其中，把改变对气候变化的态度和大力发展清洁技术、低碳经济有机联系在一起，并把发展低碳经济作为国内经济走出低谷的抓手，使气候变化不再仅仅是一个与能源联系的问题，而且成为一个重大的经济问题。低碳经济因为奥巴马的上台而彻底改变其发展前景。

美国气候变化政策

2009 年 12 月 7 日，美国环保署签署了两个非常重要的决定，一个是大气中温室气体浓度的增加对公众健康和福祉构成威胁，其中温室气体包括（CO_2、CH_4、N_2O、HFC_S、PFC_S、SF_S）；二是汽车中排放的尾气是温室气体的重要组成部分。

该做法的重要目的是，即使美国不通过《清洁能源与安全法案》，通过这项决定也会把温室气体纳入《清洁空气法》中，从而意味着美国环保署有对温室气体进行管理的权力。

2009 年 9 月，美国交通部颁布了 2012 ~ 2016 年燃油经济性和二氧化碳排放标准，要求汽车制造商的燃油标准在 2016 年达到 35.5 英里/加仑汽油的国家标准，轿车的燃油经济性从 2012 年的 33.6 英里/加仑汽油提高到 2016 年的 38 英里/加仑汽油，轻卡的标准则是从 25 英里/加仑提高到 28.3 英里/加仑，并且要求 2016 年度的车型必须满足 250 克二氧化碳/公里的气体排放标准。

美国能源部宣布包括微波炉、洗碗机、白炽灯、厨具等在内的 22 种家用和商用电器的用电标准，开发可再生能源，提高能源效率等。

2009 年 4 月，奥巴马政府授权内政部批准海洋能源开发的准入，用于发展离岸风力发电、海浪发电、海洋潮汐能发电以及其他可再生能源的利用。

对美国更有效力的是法律。奥巴马上台后的一个月，通过了《美国再生与再投资法案》，美国众议院通过了美国历史上具有划时代意义的《清洁能源与安全法案》，该法律如果一旦通过，将对美国产生深远的影

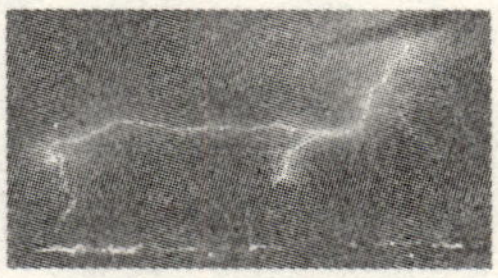

响；即使无法通过，美国环境保护署也已经把温室气体列为一种大气污染物。因此从法律上讲，美国未来进行温室气体管理的障碍已基本扫清。

2009 年 2 月 17 日正式通过的《美国再生与再投资法案》，实施总额为 7872 亿美元的经济刺激计划，其中大约 580 亿美元投入到环境与能源领域。对环境与能源投资领域的投资将起到重生美国经济、创造就业、创造新的市场需求的效果。在未来 10 年内，每年投资 150 亿美元用于开发清洁能源、清洁煤技术、二氧化碳封存与捕捉技术，环保车等低碳技术投资。580 亿美元的绿色新政中，将首先投资建设智能电网，为太阳能发电和风力发电等可再生能源接入电网提供良好的基础设施；同时为促进可再生能源发电系统以及氢气燃料电池的开发和商用提供融资和补助，投资节能建筑改造工程，为可再生能源和节能领域培养专门人才等（见表 8.1）。

表 8.1　　奥巴马政府经济刺激计划：绿色新政

政府经济刺激政策	投资项目	投资金额（亿美元）
财政支出	智能电网建设	110
	对州政府能源效率化，节能项目的补助	63
	对可再生能源提供发电和送电项目提供融资	60
	对低收入阶层的住房进行节能改造	50
	政府建筑节能改造以及削减能源开支	45
	绿色岗位培训项目	600
	下一代储能电池	20
	二氧化碳封存与捕捉技术	34
	对美国国内氢气燃料电池的补助	20
	购买节能家电的补助	3
减税	对可再生能源的投资实行 3 年的减免税收	131
	扩大对家庭节能投资的减税额度	20
	对插电式混合动力的购买者提供税收优惠	20

资料来源：蔡林海：《低碳经济大格局》，经济科学出版社 2009 年版。

没有美国的减排行动，不可能实现全球减排，同样，如果没有美国的参与，全球低碳经济也不可能加速进行。一方面美国有强大的创新能力，更为重要的是美国具有强大的外交能力。只有美国参与，才可能开辟全球

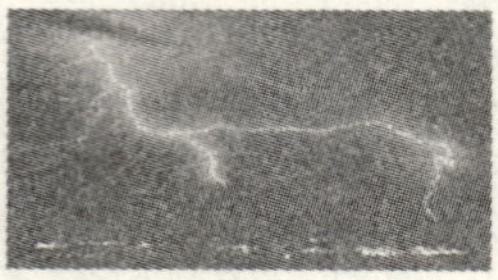

广阔的市场，只有美国参与，各个国家。特别是中国、印度、巴西等多才可能加入全球减排行动，从而创造更多的节能产品、节能市场，这种能力不是欧盟、日本所能够达到的。这也是美国为什么对中国减排如此感兴趣的原因，一方面拉着中国进行减排，另一方面在中国等发展中大国寻找广阔的节能技术和节能产品市场。如果说欧盟是理念和思想上的领导者，日本力图成为技术的领导者，那么美国将会成为全球市场的领导者。

美国的外交转型对我国体现得最为明显。2008 年之前的历次谈判大多是围绕人民币升值、知识产权保护、贸易摩擦，但是在 2009 年中美外交谈判中，气候变化、清洁能源成为压倒一切的议题，中国的外交学者、民众也开始突击式学习气候变化的相关知识。2009 年 2 月美国国务卿希拉里·克林顿访华，掀起了气候变化、低碳经济的高潮，接着是 2009 年 7 月美国能源部长朱棣文和贸易部长骆家辉访华，7 月份的中美战略与经济对话，直到 11 月份奥巴马访华，其谈论的中心和焦点都是气候变化与清洁能源。美国展开的类似双边外交不仅仅只有中国，还有印度、巴西和加拿大等排放大国。

2009 年 4 月，美国邀请澳大利亚、巴西、英国、中国、法国和德国等 16 个主要经济体以及丹麦、联合国代表到华盛顿参加“主要经济体能源与气候变化论坛”。会后，各主要经济体领导人在意大利拉马达莱娜举行峰会。紧接着是 2009 年 9 月美国在 G20 国峰会上倡导逐步取消化石能源补贴的倡议，并得到了一些国家的回应。2009 年 8 月，美国和墨西哥、加拿大共同发表北美领导人宣言，削减温室气体排放。2009 年 12 月，美国参议院 John Kerry 建议实行国际气候变化投资法案，以便为美国履行巴黎路线图中的资助计划作准备。

美国在一年的时间内对全球主要的排放经济体进行了闪电式的国际谈判，进而为全球气候变化和低碳经济的发展铺平道路。

奥巴马的上台改变了美国政府对气候变化的看法，把低碳经济的概念推向了一个新的高度。减少温室气体排放不再仅仅是一个能源问题，更为重要的是通过减排调整美国经济的发展方式，实现美国经济的振兴。减少温室气体排放不仅仅是摆脱石油的对外依赖，更为重要的是全面调整美国的经济战略，进而解决国内的财政和贸易赤字问题。因此，改变对温室气体的看法在一定程度上决定着奥巴马政府的内政、外交战略能否最终实现，决定着美国能否真正实现大家期待已久的“变革”，在一定意义上也决定着发达经济体的未来。

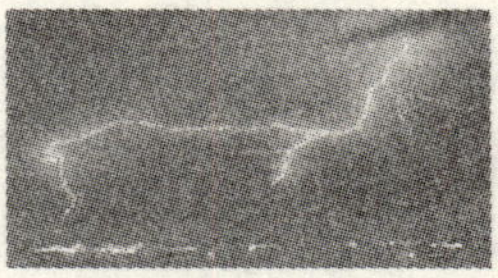

2010 年美国总统奥巴马在国情咨文中明确提出：“虽然还有些人对气象证据表示怀疑，但是提高能源效率和建设清洁能源对美国发展无疑是正确的方向，因为未来哪个国家引领清洁能源经济，哪个国家就能引领全球经济。我相信美国一定会是这个领袖国家”。

美国经济的转型

2000 年 3 月美国纳斯纳斯达克市场崩溃，2001 年“9 · 11”事件爆发。这两个重要的事件给刚刚上台的小布什出了一个难题，但是在美联储主席格林斯潘和布什政府的强力支撑下，美国股市逐渐走出低谷，纽约股市的市值从 2003 年中期的 10 万亿美元上涨到 2007 年 9 月的 25 万亿美元，在 4 年的时间里，美国纽约股票市场上涨了两倍多，住房价格平均上涨了 42%。美国利用其金融霸权，特别是货币霸权，维持国内的低利率和充足的国外资本供给。这种方式维持长达 4 年的金融繁荣，不过 2007 年 9 月以后开始出现破绽，并酿成了自大萧条以来最为严重的国际金融危机。为保证能源特别是海外能源的绝对供给安全，美国不惜血本在中东伊拉克和伊朗打响“两伊”战争，并深陷其中无法自拔，再加上美国超前的消费习惯和国际金融危机，使得美国在 2009 财政年度的财政赤字高达 1.84 万亿美元，创下美国历史上的最高。的确，美国的经济发展方式难以为继，奥巴马上台以后对美国的内政、外交进行了全面的改革。

除了进行金融援助计划、经济刺激计划以稳定美国的经济形势之外，奥巴马还要对美国经济的长期发展作铺垫。美国大力发展清洁能源，扩大美国国内的能源供给，培育清洁技术产业，实现长期经济的转型，提高能源利用效率，减少对外能源的依赖；改革社会保障和医疗保健制度，争取“每一个美国人都有享受可负担得起的医疗保健的权利”；在外交上重塑美国的形象，把恢复和巩固美国在全球的领导地位和影响力作为对外政策的总体目标，利用“巧实力”开展灵活务实的外交，改变布什政府时期的新保守主义的对外政策及单边主义的军事政策，把防务、外交和发展援助作为对外关系的三大支柱。

美国全面转型的制度转型已经开始，但是这是一个长期的过程，特别是清洁技术产业的培育和发展，目前还处于技术长波发展的第一阶段，美国要走出经济的低谷还需要 3 ~ 5 年的时间，失业率将长期偏高。失业率的居高不下反而对美国发展清洁技术产业不利，因为这个产业在发展初期显然是需要高投入的赔本买卖，一般人固有的短见是发展清洁技术产业的最大障碍，也是《美国清洁能源与安全法案》通过的一个民间障碍，当然，我国也要做好中美贸易摩擦的长期准备。

日本的环境战略及其低碳社会纲领

自20世纪70年代以来，日本的经济实力大大增强，其希望谋求政治大国的想法已经非常明显，1988年，日本政府宣布："今天，我国的经济无疑已经占到世界经济的1/10以上，是世界上最大的债权国，科学技术方面已经走在世界前列。因此，各种各样的观点都认为向世界作贡献的时代已经到来了。"但是，日本的宪法限制了其在军事领域的作用，因此，日本希望通过谋求在环境领域的国际合作来提高其自身的影响力，并实现树立大国形象的目的。多年来，日本在国际环境援助方面也一直走在世界的前列，1992～1996年间，日本向国际社会提供了9800亿日元的环境援助，其国际形象大为改善，被联合国环境与发展大会秘书长莫里斯·斯特朗誉为"世界环保超级大国"①。

进入21世纪之后，日本环境援助政策延续了20世纪90年代的发展势头。2007年，日本内阁通过了一份题为《成为21世纪的环境先进国家——日本的可持续发展战略》的重要文件，再次对日本的环境的战略作出清晰的定位，强调要环境立国，引领世界。为此，文件制定了八大战略，其中第一条就是"为应对气候变化问题承担起国际领导的责任"。

日本虽然在应对气候变化上表现出一种"高姿态"，但是在确定具体的中期减排目标方面却步履维艰，其不但未能实现《京都议定书》中规定的减排目标，反而排放量有所增加。日本的减排政策在国内遇到了一定的阻力，有一种观点认为日本在节能减排技术以及节能减排的设施方面已经是世界一流的，其减排的空间已经非常小，进一步减排的成本肯定非常高，承诺大胆的减排目标会打击日本经济，损害其国内相关行业。再加上日本一些有影响力的能源大企业对确定减排目标采取了消极的态度，这些

① 杨洁勉主编：《世界气候外交和中国的应对》，时事出版社2009年版。

动向将会影响日本的气候变化政策。但是，相对于气候变化减排目标，日本政府对清洁技术的支撑政策则走得更远。

在2008年之前，日本的气候变化政策主要侧重于技术创新领域，在相关政策和制度方面则仅仅限于所谓的“企业自主性减排活动和国民运动”。福田首相执政之后，对气候变化开始采取积极的态度。2008年6月，福田首相以“低碳社会与日本”为题，发表了日本的低碳革命宣言，又称“福田宣言”。福田首相指出：“靠消费大量化石能源的经济发展模式是地球变暖的主要原因，从而直接威胁到人类社会的生存，所以人类社会正处在一个巨大的‘十字路口’，对此，在应对气候变暖的对策上，日本必须有新的价值观。”福田首相提出把“向低碳社会的转型”当作是“新的经济增长机会”，并认为地球变暖的政策将会为日本带来新的需求，新的需求又会带来新的就业，产生新的收入，所以应把应对气候变化的政策看做是机会，也是提高日本国际竞争力的一个重要契机。之后，日本的自民党和公民党向国会提交了《低碳社会形成推进基本法案》，以立法的形式，把应对气候变化和构建低碳社会作为日本的“国家战略”，具体规划和描述了日本低碳社会的前景，并以法律的形式规定了国家、地方、企事业单位和国民个人的责任和义务。2008年，日本内阁府“综合科学技术会议”制定了《环境能源技术创新战略》，对电力能源领域、交通运输领域、产业领域、民用领域以及跨部门的横向技术领域作出了详细的低碳技术开发路线图。

日本规定到2020年要将日本可再生能源的比重提高50%以上；每销售2台汽车，其中1台必须是新一代的节能汽车。在太阳能普及率方面，日本必须超过德国，夺回太阳能发电世界第一的宝座，日本的目标是太阳能发电的普及到2020年必须是2008年的10倍，到2030年上升到40倍，并且今后70%的新建住宅必须采用太阳能发电。在为促进太阳能发电，日本政府将导入新的电费制度，并对每一个家庭提供财政补贴。另外，对民用住宅、办公大楼等建筑进行低碳化改造，实施“税制绿化改革”，在消费领域推进“二氧化碳可视化”进程，加大“低碳化教育”投资等。

2009年金融危机爆发之后，日本也和欧盟、美国一样把低碳技术投资作为未来投资的核心，并提出了具体的目标：（1）在低碳技术领域领先世界；（2）太阳能发电世界第一；（3）节能世界第一；（4）环保车的普及（世界上最快的普及速度）；（5）低碳物流（目标：世界上最快）；

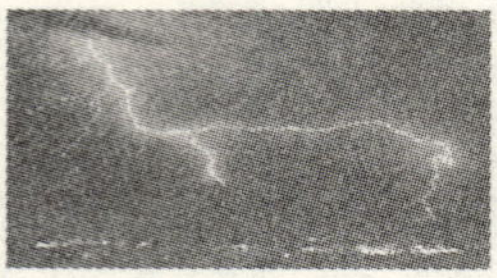

（6）成为资源大国（领导世界低碳再循环的新潮流）。2009 年 4 月，日本政府发表题为《绿色经济与社会变革》的“日本版绿色新政”，该新政的目标是到 2020 年使低碳型产业为日本新创造 50 兆日元的市场需求以及 140 万个新的就业机会。该计划还设立了一个金额为 45 亿日元的基金，以促进日本企业进行温室气体减排，为企业的减排融资提供“贴息”支持①。

日本的低碳技术优势及其未来

为了占领国际环保产业市场，日本进行了长期艰苦的“节能”努力，从而为其积累了具有绝对优势的节能技术。我们知道日本是一个资源十分匮乏的国家，日本的忧患意识和节能意识“渗透”在其骨子里。特别是 20 世纪 70 年代两次石油危机之后，举国上下为推进节能的技术开发和应用积累了大量的节能经验，使得日本在能源效率方面走在世界前列。另外，日本在 20 世纪 90 年代与美国的经济竞争中，由于其在计算机领域中的判断失误，使得美国占据了信息技术的绝对优势，日本从那时开始就希望通过自己的节能技术优势与美国一争高低，现在日本的小排量汽车成功占领美国市场就是一个很好的证明。随着美国汽车能耗标准不断提高，日本汽车将越来越具有竞争优势，以节能为主题的清洁技术革命无疑为日本提供了一个非常好的机会。

日本的国际环境外交战略和国内长期对节能技术的关注，使日本具有节能技术的优势。日本在 1980 ~2008 年的 30 年间，能源效率（单位 GDP 能源消费量）提高了 38%。2005 年，世界主要国家的单位 GDP 能耗全世界平均为3，日本为1，美国为2，中国为8.7（见图8.1）。就能源指数而言，在火电领域，每获得 1 瓩电力的能源指数为 100，德国为 110，美国为 117，中国为 129（见图 8.2）。在水泥生产领域，日本的能源指数为 100，欧盟主要国家为 130，美国为 177，中国为 150（见图 8.3）。在钢铁生产领域，每制造 1 吨钢的能源指数，日本为 100，韩国为 105，欧盟主要国家为 110，美国为 118，中国为 120（见图 8.4）。

① 蔡林海：《低碳经济大格局》，经济科学出版社 2009 年版。

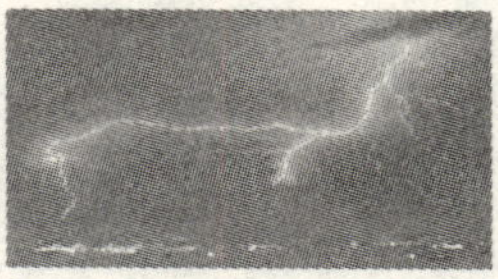

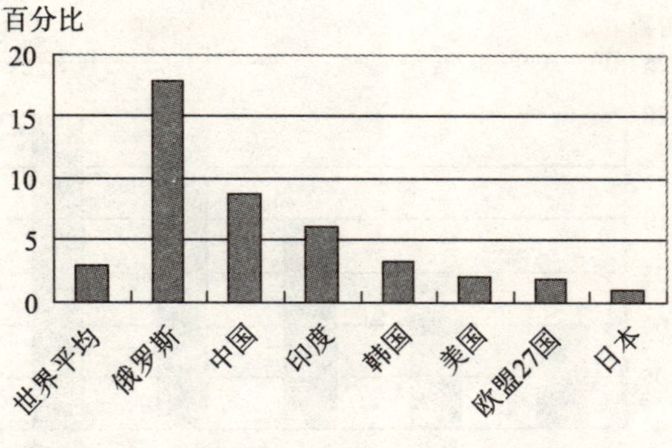

资料来源：蔡林海：《低碳经济大格局》，经济科学出版社 2009 年版，第 140 页。

图 8.1　2005 年世界主要国家单位 GDP 能耗之比

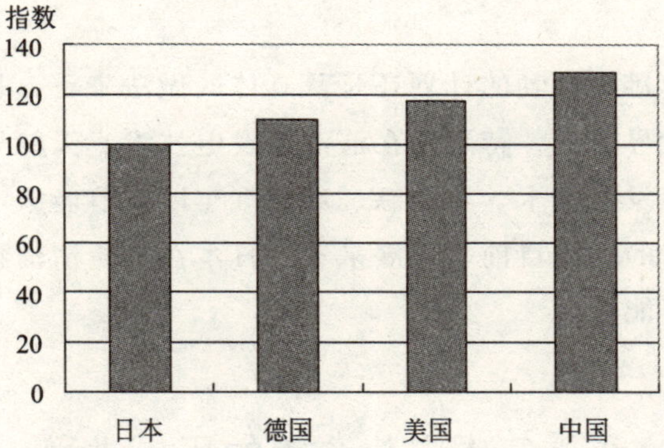

资料来源：蔡林海：《低碳经济大格局》，经济科学出版社 2009 年版，第 140 页。

图 8.2　2006 年世界主要国家火力发电指数的比较

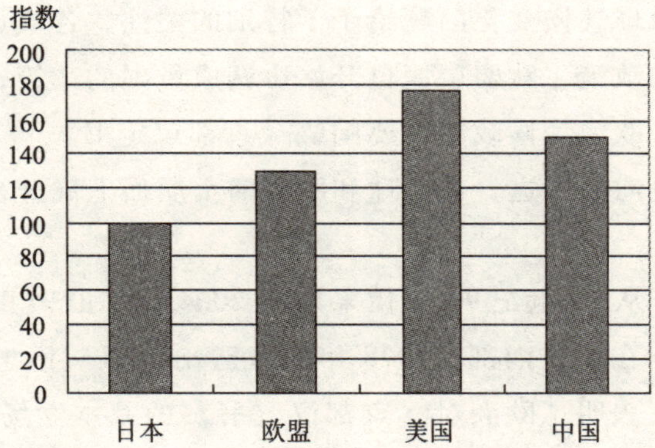

资料来源：蔡林海：《低碳经济大格局》，经济科学出版社 2009 年版，第 140 页。

图 8.3　2006 年世界主要国家水泥生产能源指数的比较

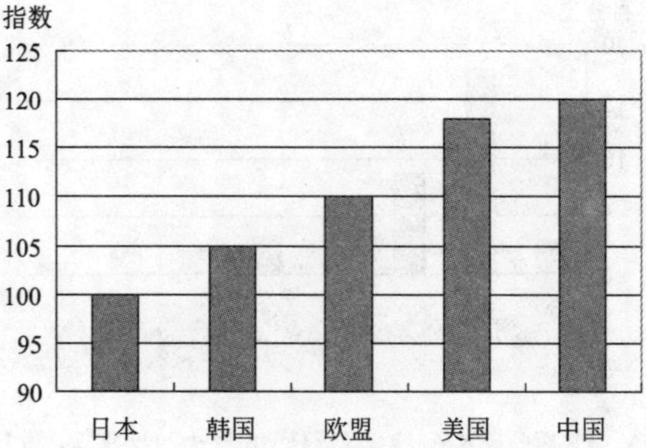

资料来源：蔡林海：《低碳经济大格局》，经济科学出版社 2009 年版，第 140 页。

图 8.4　2006 年世界主要国家钢铁生产能源指数的比较

无论从日本雄心勃勃的计划还是其具体的做法来看，日本在低碳产业中已经走在了世界前列，特别是在清洁煤发电技术、天然气发电技术、第二代薄膜太阳能发电技术、氢能源、环保汽车以及节能家电等领域，在全球都是做的最好的。从目前的进展来看，日本在本轮清洁技术革命中有占据霸权国家的可能性。

欧盟气候变化政策的历史进程

欧盟及其成员国一直是气候和环境国际谈判的主导者，自 1993 年成立以来，就对全球气候变化问题给予了特别的关注，各成员国纷纷提出了应对气候变化的政策，欧盟层面也开始协调成员国的政策，统一行动。20 世纪末期开始，欧盟气候政策主要围绕《京都议定书》、《哥本哈根协议》的不同发展阶段向前推进，在全球和欧盟两个层面上展开，其大致分为以下四个阶段：

第一阶段，从 20 世纪 90 年代末期到 2004 年，欧盟积极推动《京都议定书》生效。在欧盟内部，1998 年底欧盟出台了《欧盟关于气候变化的战略》文件，表明了欧洲对《京都议定书》的基本立场、态度和意见。2000 年，欧盟启动欧洲第一个气候变化方案，并在此框架下以立法形式规定或推荐了若干项节能减排的具体措施，其中包括鼓励使用可再生能源发电、在交通部门推广的生物燃料、改善建筑物能效、建立欧盟碳排放交

易体系。2002 年，欧盟通过了第六届“环境行动计划”，该方案把应对气候变化问题视为欧盟可持续发展战略的重要内容，并将它列为四个优先环保行动的首位，从此减排要求开始纳入欧盟农业、能源、区域和科研等政策领域。与此同时，欧盟通过国际谈判积极协调各方利益，在澳大利亚和美国政府宣布退出《京都议定书》的情况下，欧盟运用了其所有的外交力量动员其他国家支持和参与《京都议定书》。另一方面，欧盟在与以广大发展中国家为主题的“G77 国 + 中国”的谈判中表现出较为灵活的态度，促成了“伯恩政治协议”和“马拉喀什议定”的达成，从而促成了 2005 年 2 月 16 日《京都议定书》的最终生效。

第二阶段，从 2005 年到 2007 年底，欧盟积极推动《京都议定书》各项条款的落实。为此，2005 年 10 月欧盟启动了第二个欧洲气候变化方案，其中主要包括：从 2011 年起，将航空业纳入欧盟排放交易体系，制定降低新车二氧化碳排放量的相关法律，审核现行欧盟排放交易体系并在 2013 年修订，制定安全运用碳埋存技术的立法框架等。2007 年 3 月，欧洲理事会提出了一项《能源和气候一体化决议》，该决议在欧盟气候和能源政策方面具有里程碑式的意义，即“2020 行动”：2020 年将温室气体排放量在 1990 年的基础上至少减少 20%，将可再生能源占总能源消耗的比例提高到 20%，将煤、石油、天然气等化石能源消费量减少 20%。如果达成新的国际协议，欧盟将承诺减少 30%。同时在国际层面。全面推动各国积极应对气候变化的行动。

第三阶段，从 2008 年至 2009 年 12 月哥本哈根会议，欧盟为《京都议定书》在 2012 年到期后的国际气候合作安排进行积极准备。2008 年 12 月欧盟首脑会议最终通过了《能源和气候一体化决议》，并成为正式的法律。新的法律从温室气体种类和企业规模及类别两个方面扩大了温室气体排放交易机制的覆盖范围，并把发展可再生能源置于欧洲发展低碳经济的中心地位。在国际谈判中，跳出美国与中国、印度等国家在减排责任方面的冲突困境，大胆提出了“捆绑目标”方案：如果其他发达国家排放相对较少、经济发达的发展中国家根据自己的责任和各自的能力对全球的努力作出足够的贡献，那么欧盟将自己的减排目标提高到 30%。

第四阶段，哥本哈根之后。欧盟显然对哥本哈根谈判的结果不是非常满意，不过其把气候变化和能源、环境等进行了综合考虑，具体包括，制定具体的可再生能源发展目标，并将此列为减缓气候变化的重要措施，将国内环境质量目标与减缓气候变化挂钩。

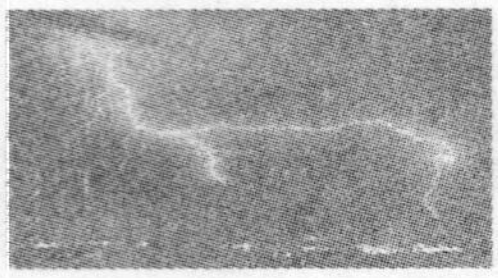

欧盟昔日的帝国能否重现？

第二次世界大战以后，欧洲经济百废待兴，随着马歇尔计划的实施，以德国为代表的欧洲经济取得了很强的国际竞争力，但是20世纪90年代初，欧洲发生了明显的衰退：一是传统工业的危机，其组织形式已经过时，生产方法僵化；二是欧洲各国国民经济总体的结构性危机使欧洲错过了21世纪计算机工业、半导体工业、视听电子产品的发展时机。经过20世纪90年代的调整，欧洲的机械制造、化工、电气、汽车等传统工业的技术又重新处于世界领先地位。半导体工业依靠欧洲精密机械的高质量和欧洲专业技工的高水平，环境工程工业在化学工业和仪器设备工业方面找到了其赖以发展的卓越的启动基础，虽然欧洲的计算机行业依然是一个软肋，但是欧洲特别是德国的传统制造业和新型工业在世界范围内已经具备了绝对的国际竞争力。21世纪第一个10年之后，全球经济从以网络为中心的时代逐步过渡到以网络中所运转的内容来决定的时代，欧洲的竞争优势明显许多。而本次清洁技术革命从本质上是一个系统的、需要精密设计的传统制造业，因此欧洲不仅在理念上领先于世界，而且在技术上也具备了极强的竞争力。

如何继续在未来引领全球经济，欧盟显然进行了深思熟虑，并且非常清醒地认识到发展低碳经济是未来的方向，也把低碳经济上升到了工业革命以来的第二次革命的高度。欧盟，特别是英国，一提到清洁技术、低碳经济，他们很自然地与工业革命联系在一起。欧洲领导了工业革命，但是20世纪欧洲落后了，特别是面对中国和印度的迅速崛起，在原有高碳发展模式之下，欧盟明显感觉到自己竞争力的不足。因此，欧盟希望在低碳经济浪潮中起到领袖的作用，重新引领世界经济的前进方向，2006年世界银行前高级副总裁斯特恩博士写了《气候变化经济学》，该报告从成本—收益的角度来分析实行低碳经济转型的可行性，也为全球发展低碳经济提供了理论依据，并系统论述了温室气体的减排与经济的可持续发展并不矛盾以及发展低碳经济是经济增长的良机，从而使欧盟在全球低碳经济建设的理念中博得头筹。欧盟建设低碳经济的另一个优势就是欧盟民众对环境的关注度、参与度要远远高于其他任何国家，特别是欧盟的公民社会和非政府组织在相关的决策和立法活动中的影响力要高于其他国家。

正是认识到大力发展清洁技术、建设低碳经济是欧盟夺取世界领先地位的唯一出路，其在这方面的支持和关注程度也不遗余力。欧盟在1984年的《欧盟研究和技术开发框架计划》（简称“框架计划”，即FP）中就涉及气候方面的科技研发活动，到现在已经开始执行第七期“框架计划”，并且在第七期“框架计划”中欧盟计划投资727亿欧元，其中用于与气候变化相关研发项目的预算金额高达100亿欧元①。这也是欧盟能够在气候变化领域引领世界的原因。2007年11月，欧盟发表了《欧洲能源技术战略计划》（SET－Plan），该计划从战略规划、有效实施以及资源整合等方面具体地展现了低碳技术创新的战略。金融危机爆发之后，与其他国家一样，2008年11月欧盟推出了总额为2000亿欧元的经济刺激计划，其中为应对气候变化目标的投资为480亿欧元。2009年3月，为使欧盟成为低碳经济领域的世界性领袖，欧盟宣布再对低碳经济领域投资1050亿欧元。

但是，欧盟整体的技术投入与日本相比则少很多，其创新能力显得不足。欧盟成员国内部的技术创新能力参差不齐，整体性、框架性的计划过多，但是针对性不强，成员国之间的协调程度不够，最终还是落实到欧盟各个成员国上，特别是德国的可再生能源技术、新能源汽车，法国的核电技术，丹麦的风力发电技术等。

在应对气候变化上，美、欧之间有所不同。美国由于其原有生活模式难以改变，其发展清洁技术的目的是为国内提供更多的能源，同时占领未来的清洁技术产品的市场，试图弱化其减排的目标，特别是中期目标，即使承诺也是以2005年为基准，而不是以《京都议定书》中所说的1990年为基准，所以美国的这种减排方式也被称做“碳资本主义”；而欧盟由于国内排放增加的空间已经不大，其目标则是实行其高效能、低二氧化碳排放的经济发展方式，也就是所说的“低碳经济”，最终实现以低碳和零碳能源为支撑的可持续发展，这种减排方式称之为“生态资本主义”，其更多地表现出一种霍布斯式的保护主义姿态，而日本则大致处在这两者之间。

虽然世界上各个国家特别是世界上的发达国家为此投入的财力和物力不尽相同，并且由政府所带动的民间资本投资不容易统计，但是毫无疑问，清洁产业中的资金、企业已经蜂聚式的出现，更为重要的是这个时代

① 王伟男：《欧盟应对气候变化的基本经验及其对中国的借鉴意义》，2009年博士论文。

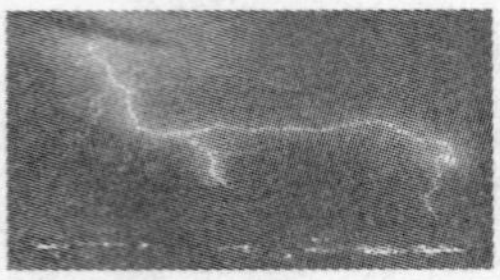

再找不出比这个更好的概念、更宽阔的领域以及更庞大的产业和机会。

从国家间竞争的角度来讲，发展清洁技术产业、实现低碳经济发展是欧、美、日等发达经济体唯一的经济发展战略，因为除了清洁技术产业可以支撑未来的经济增长，创造大量的财富，这些国家无法在短期内找到新的产业能够带动国际经济走向前进，因此他们所有的制度、资金、人才都集中在清洁技术的发展上。对我国来讲，目前几乎不存在夕阳、朝阳产业，因为我国目前的人口构成为3亿多的城市市民，3亿左右的农民工，7亿左右的农民，由于处于不同的收入水平上，其需求水平也不同。我国除了发展清洁技术产业，还有很多高耗能产业不得不发展，我国在产业支持上也不可能把精力都集中在这里，从这个角度来讲，我国在战略支撑上要落后发达国家一截。对于我们而言，更理智的选择是已经处于有利地位的产业要极力推行，没有核心技术和竞争力的产业，我们则要量力而行；切不可为了减排，而不顾国内产业的实际发展水平，把节能要求提得过快，否则其结果就是为国外创造需求市场。

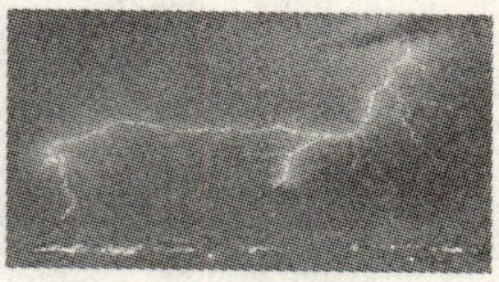

中国的城镇化过程与西方有所不同，中国城市化进程面临着气候变化、粮食安全、能源短缺等诸多挑战，而西方国家的城镇化过程中资源和环境的约束要小得多，其规模也没有中国这么大。

——作者

第九章
气候变化、清洁技术革命与中国

哥本哈根是一个开始？

2009 年 12 月 7 ~ 19 日，备受世界瞩目的哥本哈根会议在一片嘈杂和争论中闭幕，大会最后时刻达成了尚不具备法律约束力的《根本哈根协议》，这个协议的内容主要有三点：一是在长期行动目标方面，维持了此前将全球气温上升控制在2℃的范围内（相对于工业化前）；二是发达国家在2010年1月31日前补充完善其减排目标，发展中国家每年向UNFCC提交一次国家温室气体排放信息通报，受到资金和技术支持的减排项目及减排量则需要遵守“三可”原则（可测量、可报告、可检测，MRV）；三是发达国家在2010～2012年共提供300亿美元的资金支持，到2020年每年“筹集”1000亿美元，以满足发展中国家减排和适应气候变化的需要。

如果说有什么积极的成效的话，首先，会议的规格和人数达到了最多，共有119个国家元首、政府首脑出席会议，注册人数达到35000人，194个缔约方、观察员国，937个联合国相关机构、专门机构、政府间国际组织、非政府组织以及1069个媒体单位，这些都创历史之最。其次，确定了应当依照IPCC第四次评估报告所述愿景，将气温的升幅控制在2℃以内，虽然这是一个几乎难以实现的目标。但是从实际的客观效果来看，哥本哈根会议取得的成果并不理想，一是没有达成共识的法律约束力的会议文件；二是发达国家的承诺远远低于预期，发展中国家承诺了高出巴厘岛路线图要求；三是给未来世界气候谈判留下了阴影，很多人，特别是民意开始对气候变化充满质疑，甚至反感。

美国尼尔森调查公司和牛津大学在2009年10月对54个国家的万名网民所作的调查显示，37%的被访者对气候变化非常关注，而在两年前所作的一项类似调查中，这一比例为41%。在美国的被访者中，对气候变化非常关注的比例从34%下降到25%。2010年1月，BBC国际部的“全球扫描”所作的民意测验一共采访了23个国家的25000多人，结果显示71%的被调查者认为极度贫困依然是最为严重的问题，这些国家包括美国、英国、肯尼亚、澳大利亚、巴西和智利。日本是唯一把气候变化列为最为严重问题的国家之一，美国列为第九。哥本哈根会议之后，对于气候变化的怀疑言论也逐渐频见报端，特别是2010年1月20日IPCC正式承认其2007年发表的气候变化第四次评估报告中存在重大“失误”，其中，喜马拉雅冰川将在2035年消失的结论严重违背事实，并且指出了IPCC报告中亚洲章节中有半页左右的内容出现了惊人的错误，而且数量多达5处。这次哥本哈根会议的失败给气候变化的“信徒”泼了冷水。气候变化如要再次引起如此大的关注，在未来几年可能不会那么容易。所以这是气候变化中一个新的民意的开始。

另一个新的开始就是国际气候谈判中。美国发挥的作用更加扑朔迷

离，甚至会重新“退出”国际气候谈判的行列。根据美国的法律，在重大立法上，只有在100位参议员中有60票赞成，该法案才可能通过，而在2010年1月19日美国马萨诸塞州在投票补选联邦参议员中，民主党失去了这一最具有代表性的参议员席位，由共和党斯科特·布朗夺得，使原本在参议院占60位议席进而拥有绝对多数优势的民主党和亲民主党独立派议员将减为59人，因此美国参议院通过《清洁能源与安全法案》的命运又多了几分凶险。再加上目前美国的失业率已经连续几个月在10%以上，美国民众对气候变化的关注度明显下降。更进一步来讲，即使美国参议院最终能够通过气候法案的立法，但是要让美国在一份新的国际气候协议上承诺的绝对减排目标得到国会批准可能又要花几年的时间。因为根据美国国会的规定，美国政府在国际上签署的条约只有国会投票通过后才能生效，其中众议院的要求是2/3多数通过，即需要67票，所以当气候变化法案在美国参议院已经很难通过的情况下，一份让美国的减排行动接受国际监督和核查的国际气候协议能够得到参议院的通过可能需要更多的时间。我们知道美国的权力在国会而不在白宫，即使美国政府在国际气候谈判中承诺减排目标，而国会不通过，也没有任何意义。当美国在气候变化中不再积极倡导时，整个世界关于气候谈判的前景又将更加扑朔迷离。

更为重要的是，中国自身加大减排力度将是一个新的开始，因为中国在哥本哈根会议前夕，已经单方面宣布了自愿承诺单位GDP排放量减排目标：到2020年单位GDP碳排放量将比2005年降低40%～45%。这个目标并不是一个非常容易实现的目标，而且这个目标将对中国未来的经济产生非常重要的影响。因为中国在未来的10年甚至20年内，工业主导的地位将继续保持；在中国的能源结构中，煤炭的垄断地位难以动摇；中国居民的消费水平将持续提高。而与我国发展大致相当的韩国在20世纪的七八十年代，即在1971～1990年的20年间，韩国单位GDP排放不仅没有降低，反而升高了2.5%，2007年相对于1990年的水平，也只是下降了14.3%；同期，日本的下降幅度也分别只有35%和8.1%；美国为38%和27%；拉丁美洲国家为0%和4.8%。而中国的目标是40%～45%，时间只有15年①。

① 潘家华：“后哥本哈根的挑战更加严峻”，《中国经济导报》，2009年12月19日。

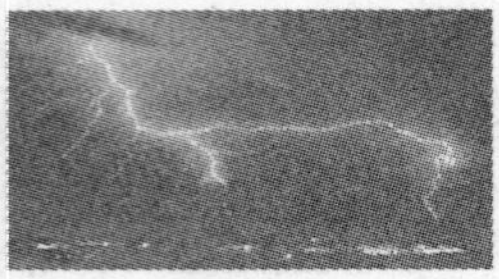

哥本哈根：中国的得与失

中国在哥本哈根会议上的表现是最吸引眼球的。这次会议是中国国际地位发生改变的一个转折点，这反映出中国在参与重大国际问题时不再是一个被动的接受者和被监管者，而是一个主动参与甚至主导世界游戏规则的重要力量，全世界对中国的角色更加关注，国际社会对中国承担全球义务有了更高的要求。

单纯从《哥本哈根协议》来看，首先维护了“共同但有区别”的责任，坚持了“巴厘岛路线图”的授权，坚持了“双轨制”的谈判进程，并在发达国家资金援助、技术支持等方面取得了一定进步。但是从实际效果来看，其结果对中国并不利。

为了有效地应对气候变化，以便在哥本哈根会议上做一个“好人”，同时也希望在国际减排行列中树立一个“榜样”，中国在哥本哈根会议前期，提出2020年单位国内生产总值二氧化碳排放比2005年下降40%～45%的目标，并作为约束性指标纳入国民经济和社会发展中长期规划。研究显示，要实现所承诺的减排目标，今后10年内中国每年需付出300亿美元的增量成本，这意味着每个中国家庭每年将多出64美元的额外负担。

但是，中国的诚心并没有换来其他国家的认可，也没有换来哥本哈根会议的成功。因为无论中国承诺什么样的减排目标，发达国家，特别是美国，都不会“高兴”。按照国际能源署的能源统计，中国的温室气体排放在2007年已成为全球第一，人均排放超过世界平均水平的5%，而且全球新增的二氧化碳排放有一半来自于中国，“树大招风”可见一斑，因此中国招致一些国家特别是发达国家的指责是再正常不过的事情。中国早已是世界的众矢之的，中国的减排问题也是小布什退出《京都议定书》的重要借口。美国谈判代表斯特恩抵达哥本哈根之后首先向中国发难，公开指责中国是世界上温室气体最大排放国，需要承担更大的责任，以试图把中国的责任放大化，为美国的减排预留空间。实际上，在哥本哈根真正结束之前，这个游戏规则就变成了指责中国，英国气候大臣米利班德在2009年12月20日的《卫报》发表文章，指责中国“劫持”哥本哈根气候谈判进程，并辩称“我们未能达成全球温室气体排放量到2050年减少

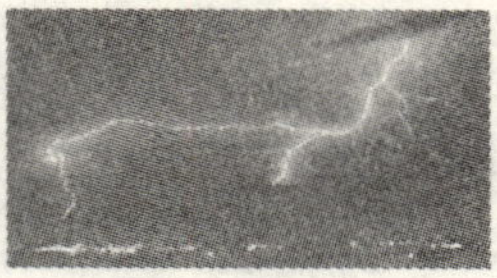

50% 和发达国家减排 80% 的协议，是因为这两项内容都被中国否决，尽管他们得到了发达国家和大多数发展中国家的支持”，显然这是非常不负责任的言论，既不符合逻辑，也不符合事实。

另一方面，美国利用援助资金来“诱惑”最不发达国家，从而使得最脆弱的国家也开始要求中国承担更多的责任，中国是发展中国家的帽子不再那么“合适”了；也就是原来的 77 国集团加中国的一致声音出现了分歧，小岛国联盟关心的是海平面上升对家园的毁灭，因此主张 1.5℃ 的上限。最不发达国家和非洲国家认为其发展前景没有什么大的变化，从而希望尽可能多地争取“援助资金”，对大国之间的争吵不再那么关心。石油输出国更加关心气候变化对石油需求的影响。因此，原来 77 国的谈判格局发生了变化，从而让中国承受了更多的压力。

从会议争论的几个焦点来看，其谈判的结果也并没有沿着中国的路线来走。

首先是气候谈判坚持“双轨”还是“单轨”，因为当时美国并不是《京都议定书》的缔约方，所以“巴厘岛路线图”继续坚持了双轨机制，按照安排，哥本哈根也是一个“双轨”的机制。但是这次会议一开始，发达国家就主张将谈判并轨，也就是模糊发达国家和发展中国家的界限，要求发展中国家特别大国也要承诺强制性减排义务。虽然与会的发展中国家空前团结，使谈判继续按照“双轨制”进行，但是从最终的协议来看，发达国家和发展中国家目前都被写在一张纸上，“单轨”还是“双轨”显得非常模糊，这为未来的气候谈判的彻底单轨埋下了伏笔。

争论的第二个焦点就是长期的减排目标。发达国家坚持 2℃ 的最高上限，到 2050 年二氧化碳浓度不超过 450PPm（PPm 也称百万分比浓度），并且到 2050 年全球温室气体在 1990 年的基础上减排 50%，其中发达国家负责减排 80%。而最不发达国家则坚持 1.5℃ 的目标，二氧化碳浓度不超过 350PPm，到 2050 年全球温室气体在 1990 年的基础上减排 90%。“金砖四国”和发达国家的想法一样，也是最高不超过 2℃，最后达成的结果也是不超过 2℃。在这一点上发达国家和中国的减排目标一致，所以“从了”中国。

争论的第三个焦点就是减排的中期目标，这里最大的问题就是美国。欧盟的目标是到 2020 年温室气体排放比 1990 年下降 20%，如果其他国家作出可比的减排，欧盟将减排幅度提高到 30%。日本承诺到 2020 年在 1990 年的基础上减排 25%，但是以哥本哈根会议达成一个有效和全面的国际气候协定为条件。俄罗斯提出2020年在1990年的基础上减排20%～25%，但是俄罗斯目前实际的减排水平比1990年下降了34%，因此俄罗斯没有什么减排压力。美国则宣布到2050年在2005年的基础上减排17%，仅相当于在1990年的基础上减排4%，而且这个目标还是一个“空中楼阁”，因为美国的《清洁能源与安全法案》通过的时间还遥遥无期，并且美国在中期目标上基本没有设定任何的限制。实际上，即使发达国家的目标能够实现，距离IPCC报告要求的到2020年在1990年水平上至少减排25%～40%的目标也有相当大的距离，也不足以保证把全球温度上升控制在2℃以内。而最后达成的目标是发达国家的减排由自己国家来核查，而发展中国家的转移技术和资金则要坚持“三可”原则（可测量、可报告和可核证）。

争论的第四个焦点就是资金。世界银行的研究指出，发展中国家仅在减缓气候变化的影响上，每年就至少需要4000亿美元，并且在转移资金上是由发展中国家来定，由发达国家来确定具体的分配数额。但实际上却是发达国家确定具体的转移资金，而具体的数额是从2010年到2012年每年提供100亿美元，到2020年每年“筹集”1000亿美元，但并没有确定具体的资金来源。同时，发达国家要求发展中国家也要出资，并且美国明确转移资金不给中国，所以一直以来中国坚持的转移资金突然不但没有得到，而且可能还要出资援助其他国家。

第五个就是关于“三可”问题，也就是排放可测量、可报告、可核查。发展中国家坚持发达国家应该接受国际核查、第三方核查以及专家组核查，而最后达成的结果是对发展中国家实行“国际协商和分析”，发达国家每5年通报一次，发展中国家则是每2年通报一次。

从整体来看，中国并没有在整个谈判过程中得到多少主动，整个谈判事实上最后成为了中美两个国家的谈判，这对中国未来的气候谈判极为不利。因此，中国未来必须坚持民主、透明、参与、协商一致的谈判原则，坚持巩固“77国集团加中国”的策略，反对“G2”的格局，积极宣传中国在减排中所做的努力，用事实来应对发达国家的“只说不做”的情况，实行变守为攻的策略，坚持“双轨制”和资金技术转移。

从这次哥本哈根来看，中国在走向全球大国外交方面还有很长的路要走。中国虽然保住了国家立场，维护了自身发展权，可以称得上赢家，但是我们也要看到中国乃至所有发展中国家在兼顾发展和环境保护这两个方面的艰巨使命。气候谈判的实质就是强权政治，国家竞争力将很快以其低碳发展的能力来重新定义。

你们消费，我们的问题？

根据世界资源研究所的分析，中国总排放量居世界第一，美国第二，中国人均排放5.1吨，世界平均5.5吨，世界排名第72位。根据世界能源署的统计，2007年中国排放二氧化碳总量达60.27亿吨，1990~2007年增长了172.6%，而美国2007年排放的二氧化碳达57.69亿吨，1990~2007年只增加了18.6%。就连我们一直坚持的人均排放量，中国也已经超过了世界平均水平，因此中国自然成为世界关注的焦点，这也是发达国家向发展中国家施压的最大理由。在以民族国家为单位的国际政治秩序中，关于历史、人均排放等公平的要求很多时候不是国际社会考虑的首要因素。

但是很多学者的研究表明，中国1/3的国内实际排放是为他国居民生产消费品，也就是消费品的生产和消费出现了地域分离，导致碳排放的归属权产生了争议。学者把蕴含在贸易品种中的温室气体称之为“贸易内涵排放”，虽然中国温室气体的排放量增长速度非常快，但是潘家华、陈迎、谢来辉（2008）的研究表明，中国内涵能源净出口2006年比2002年增长了162%。Peters和Hertwich（2008a）进行了最为系统的研究，他们计算了2001年87个国家和地区的贸易内涵排放，发现贸易内涵排放已经占到世界碳排放的1/4。其中，中国出口碳排放占到其国内实际排放的24%，进口碳排放则占到7%。Weber、Peters和Guan（2008）发现中国净出口产品的碳排放量占国内碳排放总量的比重已经从1978年的12%上升到2005年的1/3强；齐烨、李惠民和徐明发现2006年中国净出口产品的碳排放量已占到国内碳排放总量的29.3%；中国社会科学院的潘家华（2008）的研究发现，自1993年以来中国虽然是石油净进口国家，但是通过外贸商品的进出口，中国成为内涵能源的净出口大国。2002年，内涵能源出口总量约为4.1亿吨标煤，扣除内涵能源进口1.7亿吨标煤，内涵能源净出口达2.4亿吨标准煤，约占中国当年一次能源消费总量的16%。2006年中国出口约为31.4亿吨二氧化碳，净出口碳排放达到12.5亿吨二氧化碳。

中国著名经济学家樊纲（2008）深入研究世界累计消费排放及人均累积消费排放，发现虽然从1950~2005年中国累计国内实际排放占世界累计排放总量的比例高达10.19%，但是中国累计消费排放仅占到世界累

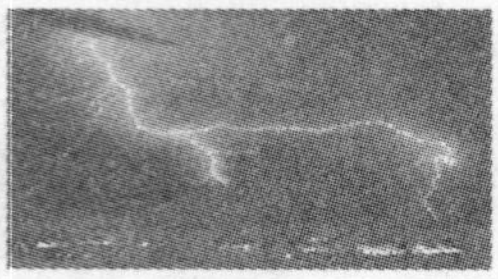

积消费排放总量的 6.84%，这意味着约有 1/3 的国内实际排放是为他国居民生产消费品所致，而大部分发达国家，如日本、英国、法国的累积消费排放要远大于国内实际排放。其中，英国、美国、德国、法国等发达国家的人均累计排放都在 735 吨以上，世界平均水平为 164 吨，而中国仅为 45 吨，所以他坚持把 UNFCC“共同有区别的责任”原则扩展到“共同有区别的碳消费权”的原则，把“减排指标”与消费挂钩，而不是与生产挂钩，一些减排政策应该针对消费而不是针对生产，以便最终改变人的生活方式和消费模式。

如果国际社会按照这种计算方式安排国际气候制度，则给中国预留了非常大的空间，但是随着这种声音的扩大，发达国家突然说：“好吧，那我们以后就减少从中国进口的产品”，而这种方式对我们的打击可能更大。当然发达国家这样做并不会减少全球碳排放，因为发达国家不从中国进口产品，其也要从其他国家进口，因此发达国家的最终消费排放并不会减少。

因此从碳排放的国际角度来讲，我们也要减少出口、扩大内需，不再为碳排放问题吃这么多的“哑巴亏”。

低碳经济、循环经济、绿色经济与清洁技术革命：概念与内涵

目前关于低碳经济、循环经济、绿色经济的概念和文章铺天盖地，但是这些概念的真正含义是什么，有时候并不是非常清楚。在经济发展方式转型的大背景下，这些概念很容易被中国的媒体特别是政府官员引用。但是，概念不清就可能导致政策和行动的不清，好的政策和行动需要好的概念，所以区分一下概念很有必要。

“绿色经济”是由经济学家皮尔斯于 1989 年出版的《绿色经济蓝皮书》中首先提出来的。在经济学界，绿色生产、绿色消费、绿色分配、绿色技术等概念此起彼伏，绿色经济成为经济学界研究和讨论的热点问题。但直到目前，对绿色经济的内涵、外延以及特征等都没有达成统一的认识，相关理论正处于不断探讨和完善之中。一般认为，绿色经济是指人们在社会经济活动中通过正确处理人与自然及人与人之间的关系，高效、文明地实现对自然资源的永续利用，使生态环境持续改善和生活质量持续

提高的一种生产方式或经济发展形态①。所以，绿色经济是资源节约、环境友好和谐的经济发展模式的总称，也就是我们所说的人与自然和谐共处，它强调的是对生态的保护。

“循环经济”是在20世纪60年代环境保护思潮和运动崛起的时代产生的，该术语是美国经济学家波尔丁在20世纪60年代分析地球经济的发展时，受当时发射宇宙飞船的启发，进而提出生态经济时谈到的。“循环经济”一词并非国际通用术语，在学术界尚存争议，从各种文献对它界定的共同性来看，就是指通过资源循环利用使社会生产投入的自然资源最少、向环境中排放的废弃物最少、对环境的危害或破坏最小的经济发展模式。循环经济是以资源的高效利用和循环利用为核心。曲格平认为：“所谓循环经济，本质上是一种生态经济，它要求运用生态学规律而不是机械规律来指导人类社会的经济活动……其特征是低开采、高利用、低排放。”冯之浚等人认为：“循环经济以资源节约和循环利用为特征，也可称为资源循环型经济。”所以，循环经济是以资源的高效利用和循环利用为核心，其目标是要“减量化、再利用、资源化”，因此它必须是“低消耗、低排放、高效率”的一种经济，它是节约型发展，符合可持续发展的理念②。

“低碳经济”最早见诸于2003年的英国能源白皮书《我们能源的未来：创建低碳经济》。2006年，前世界银行首席经济学家、气候变化领域摇滚明星尼古拉斯·斯特恩牵头作出的《斯特恩报告》指出，全球以每年GDP 1%的投入，可以避免将来每年GDP 5%～20%的损失，呼吁全球向低碳经济转型。其主要表现在：工业方面，高效率的生产和能源利用；能源结构方面，可再生能源将占据相当高比例；交通方面，使用高效燃料、低碳排放的交通工具、公共交通取代私人交通，更多地使用自行车和步行；建筑方面，办公建筑与家庭住房都采用高效节能材料以及节能建造方式③。

从本质上看，低碳经济的目的是把碳作为一种限制，其含义是“把大气中温室气体的浓度稳定在防止全球气候系统受到威胁的水平上”，无论人类选择怎样的发展路径，发展速度和发展规模都必须考虑碳排放这一

---

① 杨美蓉：“循环经济、绿色经济、生态经济和低碳经济”，《集体经济》，2009年10月。

② 厉无畏：“绿色发展，需要技术有重大突破”，《绿叶》，2010年第1期。

③ 林伯强：“‘低碳经济’究竟该如何定义”，《第一财经日报》，2009年9月28日。

个约束条件。通过系统的制度激励调整来实现节能技术的创新、低排放技术的应用、能源结构的转变以及农业效率的提高，从而最终实现经济增长与温室气体排放之间的脱钩。所以低碳经济指的是低能耗、低污染、低排放，其重点。一是能源的利用效率要提高；二是能源结构的转化，提高可再生能源的比例，减少对传统化石能源的依赖。

清洁技术革命是一个动态和历史的概念，注重产业的变迁和历史的延续。它以清洁技术产业为核心，以技术、制度、经济变迁为特征，注重系统观，或者按照佩蕾丝的资本主动力的分析框架，这是技术、制度以及经济三者的契合。清洁技术产业主要包括能源供给、能源需求以及清洁技术服务领域，不仅注重清洁能源的生产，更注重能源的消费。社会制度的变迁是指随着人们对气候变化认识的变化，发展清洁技术产业、建设低碳社会成为世界的潮流，世界各国对碳征税的障碍大幅度减少。环境问题、国际金融危机的发生，使新凯恩斯主义、国际民族主义的思潮重新占领优势，政府在环境、劳工保护、经济等方面发挥更大作用的呼声上涨，世界主要发达国家开始向左转。经济的变迁是指金融资本的流向发生了变化，由于大多数有识之士认识到发展清洁产业有广阔的前景，金融资本将从房地产市场、金融市场退出，进入以清洁技术产业为核心的实体经济领域。国际资本肆意泛滥将在一定程度上有所收敛，大量新技术、新产业将加速诞生，从而由此带来新的技术长波，且目前金融资本正处于与清洁技术结合的“恋爱”初期。技术的变迁是强调的重点。目前全球技术发展的重点正从信息技术转向清洁技术，其包括的内容十分丰富，碳封存与捕捉技术，IGCC 发电技术，第四代核能技术，太阳能、风能、地热能、生物质能等可再生能源技术，分布式发电技术，新能源汽车，节能材料，智能电网，储能技术成为本次清洁技术革命中的技术主题。这些概念更多的是延续工业革命的思路，把当前正在全力推行的第六次康德拉基耶夫周期长波称之为清洁时代。

绿色经济、低碳经济、循环经济以及清洁技术革命这四个概念中，绿色经济、循环经济、低碳经济更多的是从经济发展方式的角度来讲，并且绿色经济包括的范围最广，其包含了循环经济和低碳经济以及相应的技术体系，而循环经济和低碳经济应该是绿色经济的两个分支①。

但在我们所处的时代到底应该倡导什么样的概念？

---

① 厉无畏：“绿色发展，需要技术有重大突破”，《绿叶》，2010 年第 1、2 期。

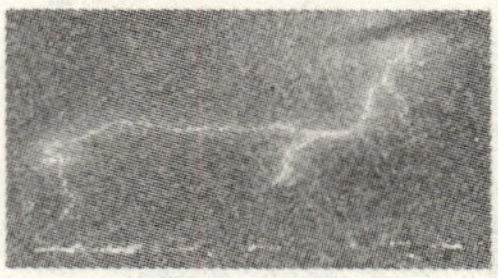

给经济形态命名有多种方法，一是根据主导产业命名，如称工业经济、农业经济（目前工业经济和农业经济也指部门经济）；二是根据资源配置方式命名，如计划经济、市场经济；三是根据一定历史时期发挥决定性作用的某种生产要素或生产工具命名，如知识经济、网络经济、信息经济；四是根据资源利用方式命名，如生态经济、循环经济。这些命名所形成的概念能够反映不同历史时期经济活动的本质特征和发展趋势①。首先，绿色经济、低碳经济的概念应该说是以上多种经济形态命名方式的总称，但是其内涵非常模糊，而绿色经济、低碳经济等概念对目前的中国来讲，指导意义不大，反而可能导致“搬起石头砸自己的脚”。因为虽然提出来非常容易，说起来也好听，在政治上具有正确性，但是这两个概念对指导具体的实践帮助不是很大，什么产业属于低碳经济，国家如果扶持，具体应该扶持哪些产业？不是很清晰。其次，低碳经济的核心是碳排放，而这个问题对我国当前阶段来讲并不是最紧迫的，臭氧层破坏、酸雨、淡水资源短缺、生物多样性减少、土地荒漠化等问题对我国来讲更为紧迫。最后，中国目前的发展阶段和能源结构不可能实现低碳发展（下一节会详细说明），因此实际情况是虽然我们高调提出，但是实际的减排效果不好，导致搬起石头砸自己的脚。

清洁技术革命不仅包括经济发展方式、资源利用方式、主导产业的改变，更包括政治制度、价值观念、技术发展重点的变迁，在这个变迁的过程中，见证国家的兴衰。如果国家大力发展低碳经济，则意味着以减排为核心；但是如果大力宣传清洁技术革命，则意味着我国将以发展清洁技术产业为核心，相关制度、观念、技术研发的重点将进行相应改变。所以清洁技术革命这个“概念”更值得中国当前使用。

“以我为主”：低碳发展没有全球统一的模式

低碳经济概念最近两年突然升温，在百度上搜索“低碳经济”，有高达 1.13 亿个词条，在中国知网上搜索，有 1621 篇以低碳经济命名的文章，但是大多停留在概念的层面，鲜有深入的分析特别是建设性、批判性的文章。支持气候变化是一个政治问题，好像低碳经济的提法也成为一个

---

① 郑志国：“低碳经济概念的科学性质疑”，《理论月刊》，2009 年第 11 期。

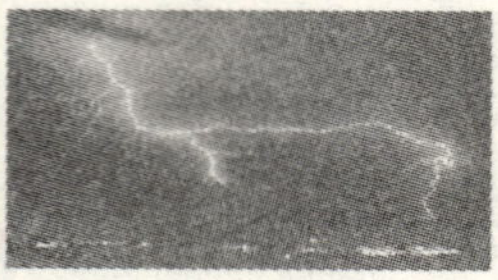

政治正确性的问题，而实际上我国实现低碳经济的难度非常大。

第一，中国所处的发展阶段以及区域发展情况决定了中国未来的碳排放需求量将继续增加。2008 年全国城市化率为 46%，与中等收入国家的 61%、高收入国家的 78% 相距甚远。预计中国到 2020 年大约有 3 亿人口将迁移到城市居住和工作（相当于目前的美国人口），快速的城市化进程将在 2020 年左右告一段落，进入中等收入国家。到 2020 年，城市人口的能源消费是农村人口的 3.5 ~ 4 倍，城市化进程推动大规模城市基础设施和住房建设，其所需要的大量水泥和钢材只能在国内生产，因为没有任何其他国家能够为中国提供如此大规模的钢材和水泥。即使技术进步有可能提高能源利用效率，但为满足经济增长和社会现代化的需要，中国的能源消费总量仍将经历一段刚性的高增长阶段①。在工业化阶段，日本和美国的电力消费增长率与 GDP 增长率基本上都是 1:1 的关系，城市化、工业化阶段的高能源消费增长基本不受资源禀赋不同的影响。尽管日本能源极度匮乏，但日本的工业化时间比美国快 3 倍，其工业化阶段的能源消费增长也比美国快 3 倍多，工业化时间缩短只是意味着能源集中消费，但无法回避能源消费的刚性问题。国际能源署（IEA）发布的《2007 年世界能源展望》中，2005 ~ 2030 年在参考情景和可选择政策情景下，中国一次能源需求年均将分别增长 3.12% 和 2.15%，与能源相关的二氧化碳排放将年均分别增长 3.3% 和 2.2%。在各种情景下，中国都将在 2010 年后超过美国成为世界第一排放大国。国家发展和改革委员会能源所在《中国 2050 年低碳情景和低碳发展之路》报告中的数据表明，中国在 2030 年的一次能源需求达 44.74 亿吨标煤，是 2005 年 21.87 亿吨标煤的两倍多。二氧化碳的排放量到 2050 年才会达到峰值，即使达到排放峰值之后，中国的碳排放能否迅速降下来也是一个未知数；也就是说，中国作为世界上最大的碳排放国家将持续至少 50 年，从这点也可以看出中国的减排压力有多大。工业化、城镇化决定了中国能源要继续坚持以煤炭为主的结构，因为其他可再生能源无法满足如此大的能源需求密度。发达国家的城镇化已经完成，因此其可以大力发展可再生能源进而实现低碳发展。

中国的城镇化过程又与西方有所不同。中国城市化进程面临着气候变化、粮食安全、能源短缺等诸多挑战；而西方国家在城镇化过程中，其资源、环境的制约要小得多，其规模也没有中国这么大。因此，中国在城镇

---

① 林伯强："中国城市化进程的能源刚性需求"，《第一财经日报》，2009 年 8 月 18 日。

化过程中必须坚持清洁技术的大规模广泛利用，比如，必须利用建筑节能材料、必须安装太阳能设备等，因为存在一定的锁定效应，如果目前不强制推广，以后的难度会更大。

第二，中国特殊的区域发展环境制约着中国可再生能源的发展，中国的能源富集地无论是煤炭，还是风能、太阳能，都主要分布在西北部，而能源需求大户则主要分布在东部沿海地带，因此可再生能源的发展面临着当地无法消化的困境，中西部肩负着为东部输送资源的重任。另外，中国的农村虽然具有安装太阳能屋顶的条件，但是农村的用电需求和支付能力却非常有限，这就决定了中国发展分布式能源的局限性，而美国大部分家庭都适合安装太阳能发电设备，并且他们有足够的实力来支付前期的成本。

第三，中国的能源结构。在中国能源探明储量中，煤炭占94%，石油占5.4%，天然气占0.6%。这种“富煤贫油少气”的能源资源结构，决定了中国以煤为主的能源生产和消费格局将长期存在。过去20多年，中国煤炭在一次能源中的消费比重从1980年的72.2%下降到2001年的66.7%。但是2001年后中国经济重工业化所占的比重又有所增加，特别是世界石油和天然气价格上涨，使得煤炭在一次能源消费中所占比重又有回升的势头，2006年达到69.4%①。而在美国，煤炭所占的比重只有23%，俄罗斯17%，法国只有5%。所以中国要实现低碳的目标，必须大力发展IGCC发电技术，以便为CCS技术奠定基础。

第四，从发展阶段上来看，中国目前的能效并不低。中国的能源利用效率是33%左右，比发达国家低10个百分点。常有人以此为证，说明中国能源的利用效率很低；同时，如果简单地把单位GDP和发达国家进行比较，好像中国的能源效率还有很大的提升空间。但是中国所处的发展阶段和发达国家不同，目前美国、日本的服务业在国家GDP中所占的比重已高达80%，但是中国只有34%，如果中国与美国、日本当时的工业化阶段相比，中国工业化阶段的能源利用效率并不低。中国的钢铁、发电的效率已经处于世界先进水平，因为中国绝大多数的火电装机是近5年发展起来的，无论是技术水平还是设备，都是国际一流的，与美国整体运行年限长得多的老火电机组相比，整体燃煤效率更高。“十一五”期间，大量的中小发电厂关停并转的已经差不多了，进一步关停的空间已经非常小。中国的能源效率要在未来，特别是“十二五”期间继续大幅提高的难度

① 金乐琴、刘瑞：“低碳经济与中国经济发展模式转型”，《经济问题探索》，2009年第1期。

非常大，如果没有大的制度性改革来调整产业结构，中国很难在服务业上有根本的改观，所以我们必须应坚持节能为主、大力发展节能技术的策略。

第五，中国强大的外部压力决定了中国在交通领域必须大力发展环保汽车以及大力发展公共交通事业。2001～2008 年，中国汽车需求年均增长 21.8%，远远高于全球汽车年均 2.7% 的增长幅度；即使在危机冲击下的 2009 年，汽车销量接近 1400 万辆，增长幅度仍将是两位数，中国是继美国、日本之后，第三个汽车年产量超过 1000 万辆的国家。到 2006 年，运行中的轿车已经达到 1900 万辆（相当于 70 人一辆），而美国的水平是 1.4 亿辆，达到每 2 人一辆。国际上一般的经验总结是：从汽车开始进入家庭到普及大致需要 20 年的时间，从人均 GDP 进入 1000 美元开始，当人均 GDP 达到 3000 美元的时候，汽车消费开始成为一种时尚，当人均 GDP 达到 4000～5000 美元之间，每百户居民汽车拥有量可达到 20 辆以上，进入汽车大众消费的时代。根据西欧私人汽车拥有量同人均收入之间的关系推算，到 2030 年，中国可能会拥有 3 亿辆私人汽车。但是高速发展的汽车业在带来经济增长的同时，也带来了能源和环境问题，据国务院发展研究中心预测，中国 2010 年汽车将消耗石油 1.38 亿吨，2020 年将达 2.56 亿吨，分别约占石油总消耗量的 43% 和 67%，中国的石油对外依赖度将很快超过美国。

在导致整个大气污染的排放中，汽车的排放大约已占到 70% 以上，如果每年都以 40% 的速度增长（2009 年的增速），那后果惊人。中国与美国、俄罗斯、加拿大等国家相比存在一个很大的区别，就是中国地少人多，这么多汽车需要多少公路？以美国为例，洛杉矶单向八车道上下班都很堵，如果我们发展到它那个水平，那情况将更糟，何况我们哪来那么多土地来修建这么宽的道路呢？这是一个大问题！另外，拥堵带来的就是效率的降低，我们每天在路上多停留上一小时损失是很大的。所以中国是否走美国的汽车发展道路值得深思。

世界上每个国家虽然都大力倡导低碳经济，但是其真实的内涵并不相同，都是根据自己国家的实际情况来选择发展道路，很多时候并不一定是以实现减排目标为第一考虑因素。因此，要把清洁技术作为低碳经济的核心，积极顺应第六次康德拉基耶夫周期长波的发展趋势，开发适合我国国情的能源和环境技术、新工艺和新装备，实行以我为主的清洁技术发展路线。详细分析每一个清洁技术产业，不搞一刀切，要根据自身的实际发展水平决定开放的速度，而不是简单支持或否定低碳经济，也就是我们要更多地从产业更迭的角度来审视低碳经济。

世界产业更迭与中国主导产业

通过考察历史可以发现，世界从 1771 年开始，一共经历了五次技术革命浪潮。这五次技术革命浪潮都带来了新技术—经济范式，并且在新技术—经济范式导入和展开的整个过程中，都有新社会基础设施和新的产业的广泛进入。

2000 年美国“新经济”泡沫破灭之后，美国资本市场上的大量金融资本以房地产、能源以及粮食期货等金融资产部门的价格膨胀来回应社会经济增长的需求，也在深层次上反映了世界经济找不到新产业投资点的困境，信息革命生产力的释放效应逐渐递减。而中国的产业演进并不那么明显。1997 年亚洲金融危机之后，中国积极加入了从 20 世纪 70 年代逐渐形成起来“美国—日本—亚洲四小龙”的“雁行模式”，开始深度融入全球经济，大规承接全球产业链。在中国出现的局面是，各种新旧产业重叠发展，发达国家夕阳产业对中国来讲往往却是新兴产业，在中国很难找到真正的夕阳产业。中国的产业选择和产业规划必须充分考虑到中国的特殊性。

但是应该指出的是，这样的分析框架并不完全适用于中国。我们所分析的、相继出现的技术革命浪潮，对西方资本主义国家来说是一种内生性的更迭现象，因此他们很难逃脱每次技术革命浪潮收尾期产业部门出现的利润边际递减的局面，他们对产业发展的技术变革需求压力的感受也最为敏感。

虽然中国从 1848 年之后就开始了洋务维新运动，但是受改革、革命等一系列历史进程的影响，中国的工业化进程到 1949 年新中国成立以后才真正启动。对于中国，在 1949 年之后逐渐展开的一系列产业发展都不是一种完全的产业内生现象，而是主要受中国自主引进、发达国家产业扩散等一些因素影响。

1978 年改革开放以来，中国经济增长开始提速。这 30 年的经济增长已经表现出较为明显的周期性规律。围绕收入增长、消费结构升级、产业结构升级，中国经济主导产业不断更迭，经济也产生了波动（见图 9.1）。

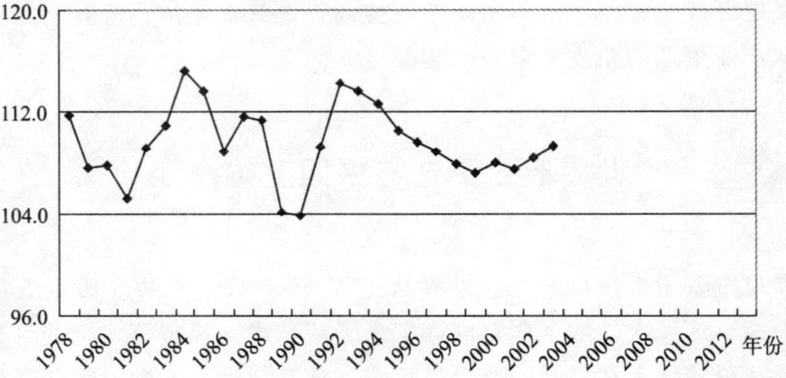

资料来源：中国国家统计局。

图 9.1　中国经济的中长周期机制与趋势分析

在中国第一轮增长周期的上升阶段，改革开放释放出巨大能量（见图 9.2）。这其中的动力有农村体制改革——农业生产快速增长；国有企业改革，尤其是非国有企业的发展推动了工业生产快速增长；对外开放促进了劳动密集型产品出口增长；居民解决温饱问题对日用消费品需求增长的巨大推动作用；能源、原材料基础设施建设在“瓶颈”压力下形成建设高潮；为满足国内工业需要，以引进为主的工业装备快速增长等等。这个阶段的周期上升，带有一定的“补课”性质（见图 9.3 至图 9.5）。

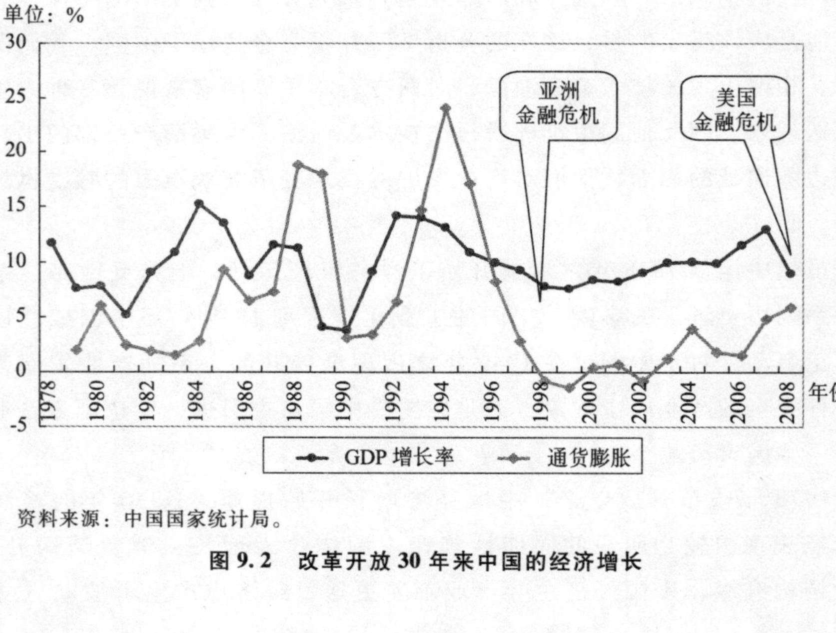

资料来源：中国国家统计局。

图 9.2　改革开放 30 年来中国的经济增长

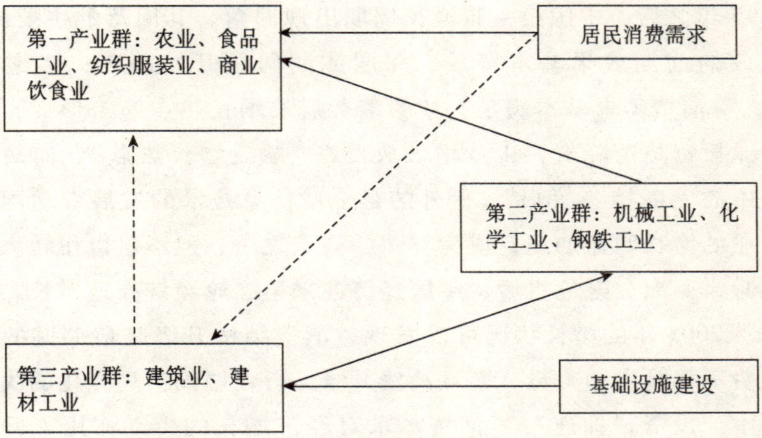

图 9.3　1980～1985 年中国主导的产业群

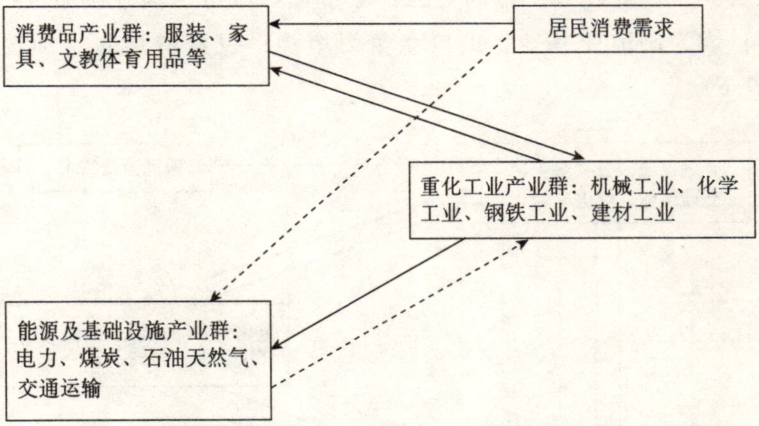

图 9.4　1986～1990 年中国主导的产业群

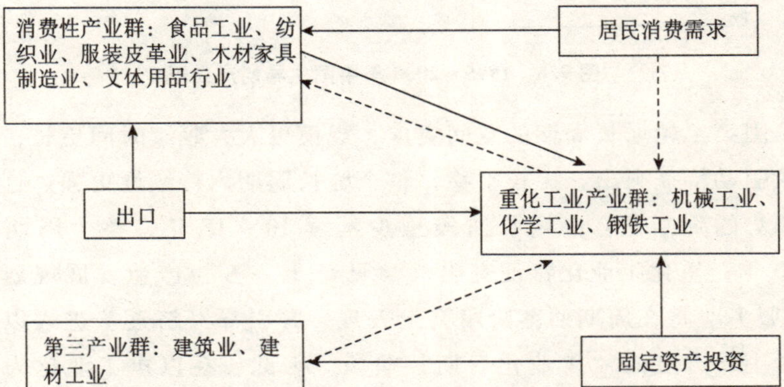

图 9.5　1990～1995 年中国主导的产业群

1995 年之后，中国第一轮增长周期出现回落。其回落的主要原因有：改革开放的前期成果基本释放，深层体制问题开始凸现；温饱层次的“补课式”消费需求基本满足，新的消费需求增长热点尚未形成，进一步导致企业投资热情降低，工业增长放慢，“缺乏增长热点”，向高增长行业转变中的“断档”；但是，例外的是全球信息技术的发展带动国内电子信息产业的增长明显加速，成为不多的亮点之一，但不足以扭转大局。

同时，亚洲金融危机后，中国经济迎来第二轮经济高速增长。我们回顾 2001 ~ 2003 年的增长状况可以发现，消费结构升级是最关键的驱动力量。消费不仅是启动力量，而且消费升级是行业增长格局变化的决定性因素。其中，投资“加速”了消费需求对经济增长的带动作用，但投资是第二位的因素。第二轮经济高速增长的特征主要是：消费结构升级，以汽车、住房为主，规模大，带动力强；城市化和城市结构升级加快；全球产业转移，成为制造业基地，出口竞争力增强；投资增长的“加速”驱动（见图 9.6）。

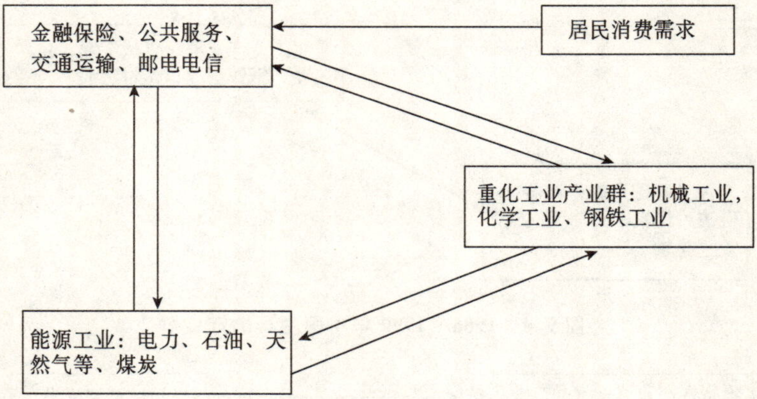

图 9.6　1995 ~ 2000 年中国主导的产业群

中国第二轮增长周期的空间更广，规模更大，延续时间更长；同时因为需求驱动特征突出，比较平稳，整个增长周期内持续性更强。这个周期基本趋势的判断是：高增长阶段至少延续 10 ~ 15 年，整个周期将延续 25 ~ 30 年；重化工业化特征突出（参见“十一五”产业发展规划课题报告）；服务业将在周期回落阶段突出表现，并引导经济逐步进入以服务业增长为主导力量的“工业化后期”阶段。因此，在以重工业化为主的时期，一是通过大力发展清洁技术实现原有工业的改造；二是通过重新发展新的产业，实现增量的提高。

清洁技术革命、世界格局与中国的未来

气候变化这个科学问题，在政治家、企业以及消费者的广泛参与下，所带来的清洁技术革命势必会引起整个经济—社会范式的变化，从而带来制度、经济、社会的变迁，因此这是一个系统工程。从目前世界发展的趋势来看，中国如果较好地利用这次清洁技术革命的机会，将会极大地促进中国的崛起，进而对世界格局产生影响，其主要表现在以下几个方面：

第一，国际气候制度的制定。当前的《IPCC 报告》由来自世界上 100 多个国家的 2500 多名科学家参与写作，《政府间气候变化框架公约》的制定与谈判也是由 100 多个国家参与，有各种力量参与其中，哥本哈根会议注册人数达到 35000 人就是一个很好的证明，世界多极化已经非常的明显。虽然中国在国际谈判中还有很多的问题需要处理，特别是外交技巧需要更加成熟，但是从历史来看，中国有极大的进步和非常好的机会。人类历史上最重要的国际条约《联合国宪政》和《关贸总协定》当时都是由世界上少数几个国家来制定的，特别是《关贸总协定》，中国为适应 WTO 的要求作出很多让步和牺牲。因为中国在以前国际条约的制定中没有机会参加，即使参加，其作用也非常小，而目前的国际气候制度则不同，现在的中国将是国际气候谈判中最重要的力量之一，这为中国争取主动的发展权利和发展空间提供了良好的机遇。中国不再是一个被动的接受者，而是一个能够根据自身实际情况来主动参与国际气候政策制定的国家，国际社会，特别是发达国家想通过国际气候制度来达到制约中国的目的很难实现。

第二，从清洁技术产业的发展来看，目前的清洁技术及相关产业不像前几次技术长波，其技术和相关产业主要垄断在少数国家手中。特别是通讯信息时代，美国几乎垄断了信息技术及相关产业，而清洁技术及相关产业非常分散。一是很多清洁技术和产业本身还都处于发展的初期，技术路线还处于探索阶段，而中国在某些领域，比如太阳能产业、风能产业、电动汽车、高效的家电及一些节能技术，都处在世界的前列，因此在未来的技术路线及标准制定中有很大的发言权，特别是电动汽车的技术路线。二是具有清洁技术及相关产业的国家分布非常分散，蔡林海在《低碳经济大格局》中对欧洲、美国、日本在关键清洁技术产业领域中的优势进行

了比较，从总体来看，欧洲、美国、日本不相上下，各有优势。欧洲在可再生能源、清洁产业服务（比如二氧化碳交易、碳咨询管理等）领域具有优势；美国则在碳封存与捕捉技术、蓄能技术、智能电网、绿色IT、绿色金融等领域具有优势；日本则在清洁煤、第二代薄膜太阳能电池、氢能、环保汽车、能源效率转化、低碳消费以及节能家电等领域具有优势。这为我国引进清洁技术留下了更多的选择余地，某个国家希望通过技术封锁来实现制约我国经济发展的目的也越来越难，不像微软操作系统、英特尔的芯片，几乎垄断了我国的计算机市场。

第三，中国强大的制造能力为中国发展清洁技术产业奠定了坚实的基础，并使中国可能成为未来的“能源”出口国。由于清洁技术产业中的风能、太阳能、潮汐能等新能源，生物燃料，智能电网，节能材料，环保汽车，节能家电，海水淡化等都是制造业，而传统化石能源如煤炭、石油分布，在哪个国家都是无法改变的，但是可再生能源是可以“制造”出来的，制造业的地点可以转移。全球要大力发展可再生能源等清洁技术产业，将给中国带来很大的机遇，因为只有中国能够以如此的低成本来制造。如果中国能够抓住这次机会，那么就意味着中国将是世界上的“能源”制造大国。美国、欧洲、日本都提出到2020年清洁技术产业发展的宏伟目标，据相关分析显示，仅美国市场的太阳能发电设备的需求量就将是2007年全年新增容量的5.8倍，今后5年光伏产业的增长率将至少保持在30%以上[①]，无疑给我国提供了一个新的制造业发展的机会。

第四，中国国内充分竞争的环境为发展清洁技术产业提供了一个良好的环境。由于清洁技术产业，特别是可再生能源，不像传统化石能源煤炭、石油，涉及国家的所有权，要由国家垄断经营。清洁技术产业都是制造业，进入门槛上没有太多的限制，这为我国清洁技术产业提供了良好的市场竞争环境。像风电产业，制造整机的我国就有近30家，加上其相关零部件企业，有上百家，中国制造新能源汽车的就有十几家，类似的情况在清洁技术产业发展中是一个普遍的情况。正是激烈的竞争环境使中国的可再生能源、电动汽车等清洁技术产业的成本下降非常快，如风力行业中的金风科技、电动车领域的比亚迪、太阳能领域的皇明等。都是民营企业。整个行业的发展从一开始市场化水平就比较高，因为技术要求比较高的产业依靠国家的长期垄断经营是不可能发展起来的，在第五次康德拉基

① 查道炯：“告别新能源‘阴谋论’”，《南风窗》，2009年第9期。

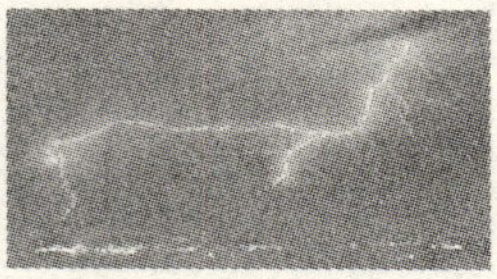

耶夫周期长波即信息化时代，中国信息产业领军企业——联想、搜狐、百度等，国有化背景都不强。

第五，中国特殊的政治制度环境和足够的财政能力为中国发展清洁技术产业提供了一个良好的外部环境。托马斯·弗里德曼在《又挤又热又平》一书中明确提出希望美国做一天中国。在美国等民主国家要在气候变化上走出一小步都非常难，美国的《清洁能源与安全法案》就是一个很好的例子。但是中国则不同，当中国的领导人高瞻远瞩决定承认气候变化和大力发展清洁技术产业以后，这个事情就很容易推广开来，其减少了很多麻烦，这是西方国家所不具有的优势。此外，全世界包括美国、欧洲、日本的财政都捉襟见肘，主权债务危机频繁发生，美国财政的钱很大部分都用于挽救濒临破产的金融企业。但是中国近年来积累了庞大的财政资金和外汇储备，中国有足够的财力购买国际先进的清洁技术，也有足够的资金支撑清洁技术的发展，这两个优势是发达国家的清洁技术企业求之不得的。虽然目前中国在清洁技术产业的很多领域还不具有优势，但是从这几年的发展来看，如果我们能够把握好节奏，完全有能力成为清洁技术产业的受益国。比如风力行业，2005 年，《国家发展改革委关于风电建设管理有关要求的通知》曾规定："风电设备国产化率要达到 70% 以上，不满足设备国产化率要求的风电场不允许建设。" 2002 年底，我们的风电装机容量仅为 45 万瓩，随着技术的不断进步和国家产业政策的大力扶持，风电的装机容量年均增长达 70% 以上。到 2008 年底，全国（不含港、澳、台）有 22 个省区市共建成风电场 239 个，安装风电机组 11638 台，总装机容量 1217 万瓩。2008 年，全国新增风电装机 614 万瓩，当年风电上网电量 148 亿瓩时，按照每户每年用电量 1500 瓩时计算，可基本满足 1000 万户城市居民一年的生活用电需求。目前，美国、德国和西班牙位列世界风电累计装机前 3 名，中国从 2007 年的第 5 名上升至 2008 年的第 4 名，占据 10% 的市场份额。虽然直到目前其中的一些关键技术还需要进口，但是我们技术进步的速度非常快，我国已基本掌握了大型风电机组的制造技术，整机生产企业达 70 家，形成能够批量生产单机容量 1.5 兆瓦级风电机组的大连华锐、东方电气、金风科技等龙头企业。单机容量 2 兆瓦级、3 兆瓦级风电机组的批量生产也将很快实现。同时，国内还有一批企业进入风电机组零部件的配套生产，已经能够批量生产发电机、叶片和塔架等。在这个时候我国又适时地退出国产化率这个硬性要求，从而促进了产业的公平竞争，加快了技术进步，最终形成产业的健康发展。类似的情况在国际上也有先例。像法国，不管国际油价是几美元还是几百美元，几十年来一直坚定不移地发展核能。法国开始是从美国购买技术，慢慢拥有了独立的知识产权，如今，法国80%的能源来自核能。在这一过程中，法国没有认为核能是美国的阴谋，也没有因为可能的核事故和核废料的处理而因噎废食，而是认准了这条道路一直走下去。丹麦发展风电也是这么一路走来的。

在工业革命以来的五次技术长波中，始于1829年的蒸汽、铁路和机械化时代时期，中国正处于“康乾盛世”时期，“天朝上国”的盲目自尊和“禁海令”关上了中国通向世界的大门；始于1875年的钢铁、电力、重工业时代，中国在西方列强的炮舰下开展了“师夷长技以制夷”的洋务运动，但是因落后的封建制度以及对近代科学技术认识的肤浅而告终；始于1908年的石油、汽车和大规模生产时代时期，中国正处于军阀混战时期，中国没有时间和精力实现科学救国和实业革命；始于1971年的信息和远程通讯时代，中国则正处于“文革”时期。但是，2008年后的节能时代，中国正处于迅速崛起的阶段，而且清洁技术产业所处的发展阶段及其特殊的性质为这个具有强大的制造能力、特殊的政治制度环境和良好的国内发展环境的中国提供了千载难逢的机会。

在每一次技术革命中，技术路线的选择甚至决定了一个国家的前途和命运。日本在20世纪后半期几项重大技术发展方向上的决策失误使其在高科技产业上落后于美国，进而国际竞争力下滑。例如，在电脑技术上，20世纪80年代日本的个人电脑技术和美国不相上下，在芯片等方面还处于领先地位，但日本政府却把大型计算机作为发展方向，虽然取得了一定成功，但是其市场容量十分有限；而美国则大力发展个人电脑，培育出前景广阔的信息产业，使日本在信息技术领域比美国落后5~10年；又如在高清晰度电视的开发上，日本一直坚持其领先的传统模拟技术，而美国则发展了数字技术，日本不但在这场竞争中败北，而且严重影响了家电业这一传统强项的发展。

在这一关键的时候，任何的怀疑、彷徨、抱怨与不作为都是没有用的。我们必须从经济产业发展的角度高瞻远瞩，坚定拥护气候变化这一大旗，以清洁技术革命为契机，集中全社会的力量来解决未来最重要的资源与环境问题，尤其解决中国的水资源问题，因为资源与环境是中国未来发展的最大制约因素。

参考文献

1. 苏珊·斯特兰奇著，杨宇光等译：《国家与市场》，上海世纪出版社 2006 年 10 月版。

2. 保罗·肯尼迪著：《联合国过去与未来》，海南出版社 2008 年 12 月版。

3. 赫尔曼·M·施瓦茨著，徐佳译：《国家与市场》，江苏人民出版社 2008 年 8 月版。

4. 庄贵阳、陈迎著：《国际气候制度与中国》，世界知识出版社 2005 年 12 月版。

5. 杰弗里·M·霍奇逊著，任荣华等译：《演化与制度》，中国人民大学出版社 2007 年 10 月版。

6. 张海滨著：《环境与国际关系》，上海人民出版社 2008 年 3 月版。

7. 姜冬梅、张蒙衡、陆根法主编：《应对气候变化》，中国环境科学出版社 2007 年版。

8. 徐再荣著：《全球环境问题与国际回应》，中国环境科学出版社 2007 年 8 月版。

9. 罗伯特·布伦纳著，王生升译：《繁荣与泡沫》，经济科学出版社

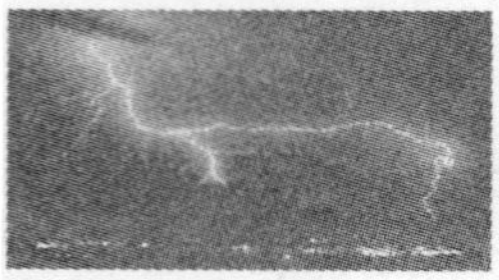

2003年11月版。

10. 布罗代尔著：《资本主义的动力》，1997年4月版。

11. 杰里·本特利、赫伯特·齐格勒著，威凤勒等译：《新全球史》，北京大学出版社2007年版。

12. Paul Hawken，Amory Lovins，L. Hunter Lovins著，王乃粒、诸大建、龚义台译：《自然资本论——关于下一次关于革命》，上海科普出版社2000年6月版。

13. 国家气候变化对策协调小组办公室/中国21世纪议程管理中心著：《全球气候变化——人类面临的挑战》，商务印书馆2004年8月版。

14. 汤因比著，陈晓林译：《历史研究》，台湾桂冠图书公司，中华民国六十七年。

15. 卡萝塔·佩蕾丝著，田方萌等译：《技术革命与金融资本》，中国人民大学出版社2007年10月版。

16. 蔡林海著：《低碳经济大格局》，经济科学出版社2009年12月版。

17. 阿尔弗雷德·克劳士比著：《人类能源史——危机与希望》，中国青年出版社2009年1月版。

18. 托马斯·弗里德曼著，王玮沁译：《世界又热又平又挤》，湖南科学技术出版社2009年4月版。

19. 丹尼尔·埃斯蒂、安德鲁·温斯顿著：《从绿到金》，中信出版社2009年6月版。

20. 胡鞍钢、管清友著：《中国应对全球气候变化》，清华大学出版社2009年12月版。

21. 曹荣湘主编：《全球大变暖：气候经济、政治与伦理》，社会科学文献出版社2010年4月版。

22. 熊焰著：《低碳之路：重新定义世界和我们的生活》，中国经济出版社2010年1月版。

23. 杨洁勉主编：《世界气候外交和中国的应对》，时事出版社2009年5月版。

24. 宋立刚、胡永泰主编：《经济增长、环境与气候变迁：中国的政策选择》，社会科学文献出版社2009年5月版。

25. 吕薇主编：《可再生能源：发展机制与政策》，中国财政经济出版社2008年12月版。

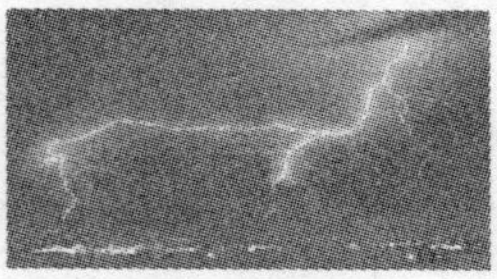

26. 保罗·罗伯茨著：《石油恐慌》，中信出版社2008年12月版。

27. 刘建生著：《面向新未来：后化石能源时代》，经济日报出版社2005年8月版。

28. 约瑟夫·P·托梅因，理查德·D·卡达西著，万少廷译：《美国能源法》法律出版社2008年1月版。

29. 张利军著：《中美关于应对气候变化的协商与合作》，世界知识出版社2008年12月版。

30. 钱伯章编：《新能源——后石油时代的必然选择》，化学工业出版社2009年1月版。

31. 符勇著：《危机逼近人类》，世界知识出版社2008年11月版。

32. 迈克尔·阿拉贝著，马晶译：《气候变化》，上海科学技术文献出版社2006年1月版。

33. 刘燕华主编：《气候变化与科技创新》，科学出版社2009年1月版。

34. 吕学都、王文远著：《全球气候变化研究：进展与展望》，中国气象出版社2003年12月版。

35. 周大地著：《和平发展的中国，中国能源问题》，新世界出版社2006年12月版。

36. 周大地著：《全面建设小康社会的能源战略研究》，中国计划出版社2006年4月版。

37. 大卫·希尔曼、约瑟夫·韦恩·史密斯著，武锡申、李楠译：《气候变化的挑战与民主的失灵》，社会科学文献出版社2009年12月版。

38. 安东尼·吉登斯著，曹荣湘译：《气候变化的政治》，社会科学文献出版社2009年12月版。

39. 王伟光，郑国光主编：《应对气候变化报告2009——通向哥本哈根》，社会科学文献出版社2009年10月版。

40. 郜若素著，张征译：《郜若素气候变化报告》，社会科学文献出版社2009年12月版。

41. Vern A. Brimley and Rulon R. Garfield. "*Financing Education in a Climate of Change* (*10th Edition*)", Allyn & Bacon; 10 edition March 17, 2007.

42. Burton Richter. "*Beyond Smoke and Mirrors*: *Climate Change and Energy in the 21st Century*", Cambridge University Press April 30, 2010.

43. Eric Pooley. "*The Climate War*: *True Believers*, *Power Brokers*, *and the*

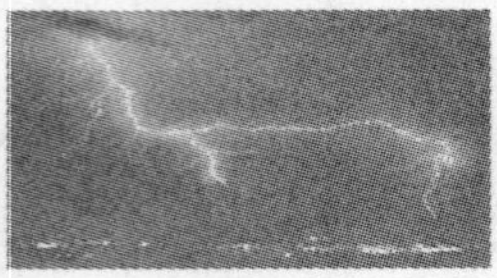

Fight to Save the Earth", Hyperion June 8, 2010.

44. M. Hulme. "*Why We Disagree About Climate Change: Understanding Controversy, Inaction and Opportunity*", Cambridge University Press May 25, 2009.

45. Frances Beinecke . "*Clean Energy Common Sense: An American Call to Action on Global Climate Change*", Rowman & Littlefield Publisher, November 5, 2009.

46. Mike Hulme. "*Climate Change: A Multidisciplinary Approach*", Cambridge University Press; 2 edition, March 31, 2010.

47. James Garvey. "*The Ethics of Climate Change: Right and Wrong in a Warming World*", Athlone Pr, March 21, 2008.

后 记

气候变化既是环境问题，又是社会问题，既是外交问题，又是内政问题，既是政治问题，又是经济问题，在历史上从来没有一个问题像气候变化一样涉及到如此多的领域。但是能够把如此多的问题“统筹”在自己的分析框架中，并提出自己的一些观点，我感到非常欣慰。

同时本书也是个人学习、思考的一个阶段性成果，该书的内容涉及到政治、经济、科技、文化等诸多领域，这是对自己能力的巨大挑战，难免挂一漏万，对有些地方还很不满意，因此本书的面世也让我感到有些“不安”。

本书能够最终面世，首先要感谢我的好友杨浩勇，是他引导我进入这个广阔的领域，并在本书的写作阶段给了我很多灵感。

感谢中国社会科学院城市发展与环境研究所所长潘家华教授、美国研究所所长黄平教授、中海油能源研究院管清友研究员以及我的好朋友朱雄兵、赵柯以及刘建华，他们在百忙之中阅读了我的书稿，并提出了非常宝贵的意见。

感谢中国财政经济出版社，从本书的立项到最终面世，出版社的很多领导都非常关心。特别是郑保华、梁涛两位主任以及本书的责任编辑付克华，本书倾注了他们巨大的心血，没有他们的督促和不厌其烦的修改，不

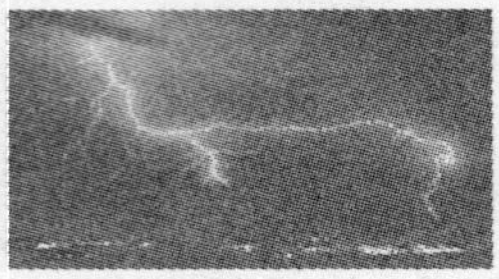

可能有本书的面世。

感谢我的家人，他们给予了我巨大的支持，也是我前进的动力。

王子忠

2010 年 7 月 9 日